Refuse to draw hard,only need to apply directly-Providing professional source file for designers!

拒绝埋头苦画，只要即插即用——为室内设计师提供图纸源文件

景观灯具
3D模型

见27页

见27页

见27页

景观灯具
3D模型

见33页

见34页

见32页

景观灯具
3D模型

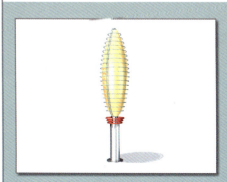
见29页

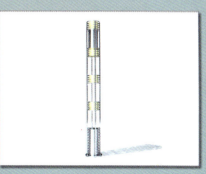
见29页

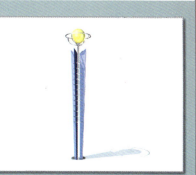
见29页

更多3D模型请登陆WWW.DWG-COOL.COM

Refuse to draw hard,only need to apply directly-Providing professional source file for designers!

拒绝埋头苦画，只要即插即用——为室内设计师提供图纸源文件

景观标牌
3D模型

见36页　　　　　　　　　　　见36页　　　　　　　　　　　见36页

景观标牌
3D模型

见36页　　　　　　　　　　　见36页　　　　　　　　　　　见36页

景观标牌
3D模型

见38页　　　　　　　　　　　见37页　　　　　　　　　　　见37页

更多3D模型请登陆WWW.DWG-COOL.COM

Refuse to draw hard, only need to apply directly-Providing professional source file for designers!

拒绝埋头苦画，只要即插即用——为室内设计师提供图纸源文件

景观坐椅
3D模型

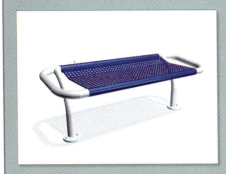
见44页

见44页

见44页

景观坐椅
3D模型

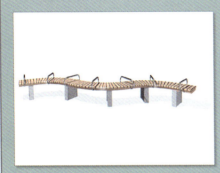
见46页

见46页

见46页

景观坐椅
3D模型

见45页

见45页

见45页

更多3D模型请登陆WWW.DWG-COOL.COM

Refuse to draw hard, only need to apply directly-Providing professional source file for designers!

拒绝埋头苦画，只要即插即用——为室内设计师提供图纸源文件

景观喷泉
3D模型

见76页　　　　　　　　　见64页　　　　　　　　　见63页

景观喷泉
3D模型

见68页　　　　　　　　　见66页　　　　　　　　　见74页

景观喷泉
3D模型

见70页　　　　　　　　　见56页　　　　　　　　　见56页

更多3D模型请登陆WWW.DWG-COOL.COM

Refuse to draw hard, only need to apply directly-Providing professional source file for designers!

拒绝埋头苦画，只要即插即用——为室内设计师提供图纸源文件

景观喷泉
3D模型

见60页　　　　　　　　　见73页　　　　　　　　　见58页

景观喷泉
3D模型

见69页　　　　　　　　　见61页　　　　　　　　　见57页

景观喷泉
3D模型

见72页　　　　　　　　　见75页　　　　　　　　　见71页

更多3D模型请登陆WWW.DWG-COOL.COM

Refuse to draw hard, only need to apply directly-Providing professional source file for designers!

拒绝埋头苦画，只要即插即用——为室内设计师提供图纸源文件

景观喷泉
3D模型

见109页　　　　　见92页　　　　　见105页

景观喷泉
3D模型

见83页　　　　　见101页　　　　　见98页

景观喷泉
3D模型

 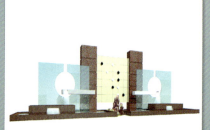 

见102页　　　　　见103页　　　　　见93页

更多3D模型请登陆WWW.DWG-COOL.COM

Refuse to draw hard, only need to apply directly-Providing professional source file for designers!

拒绝埋头苦画，只要即插即用——为室内设计师提供图纸源文件

景观喷泉
3D模型

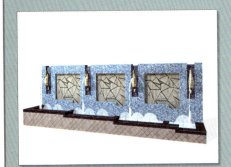
见77页

见100页

见79页

景观喷泉
3D模型

见111页

见81页

见107页

景观喷泉
3D模型

见80页

见110页

见82页

更多3D模型请登陆WWW.DWG-COOL.COM

景观栏杆
3D模型

见210页　　见210页　　见210页

景观栏杆
3D模型

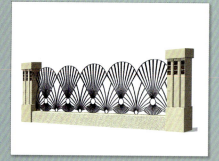  

见214页　　见214页　　见214页

景观栏杆
3D模型

见213页　　见213页　　见213页

 更多3D模型请登陆WWW.DWG-COOL.COM

Refuse to draw hard, only need to apply directly-Providing professional source file for designers!

拒绝埋头苦画，只要即插即用——为室内设计师提供图纸源文件

景观亭
3D模型

见134页　　　　　　　　见131页　　　　　　　　见137页

景观亭
3D模型

见130页　　　　　　　　见129页　　　　　　　　见132页

景观亭
3D模型

见142页　　　　　　　　见140页　　　　　　　　见144页

更多3D模型请登陆WWW.DWG-COOL.COM

Refuse to draw hard, only need to apply directly-Providing professional source file for designers!

拒绝埋头苦画，只要即插即用——为室内设计师提供图纸源文件

景观亭
3D模型

见141页　　　　　　　　　　见139页　　　　　　　　　　见143页

景观亭
3D模型

见145页　　　　　　　　　　见151页　　　　　　　　　　见146页

景观亭
3D模型

见147页　　　　　　　　　　见152页　　　　　　　　　　见149页

更多3D模型请登陆WWW.DWG-COOL.COM

Refuse to draw hard,only need to apply directly-Providing professional source file for designers!

拒绝埋头苦画，只要即插即用——为室内设计师提供图纸源文件

景观楼梯
3D模型

见227页

见224页

见226页

景观地台
3D模型

见157页

见155页

见156页

景观桥
3D模型

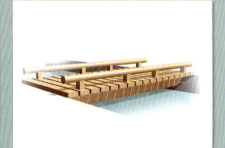
见160页

见161页

见165页

更多3D模型请登陆WWW.DWG-COOL.COM

Refuse to draw hard,only need to apply directly-Providing professional source file for designers!

拒绝埋头苦画，只要即插即用——为室内设计师提供图纸源文件

景观廊架
3D模型

见178页　　　　　　　　　见181页　　　　　　　　　见171页

景观廊架
3D模型

见176页　　　　　　　　　见175页　　　　　　　　　见179页

景观廊架
3D模型

见186页　　　　　　　　　见177页　　　　　　　　　见172页

更多3D模型请登陆WWW.DWG-COOL.COM

Refuse to draw hard,only need to apply directly-Providing professional source file for designers!

拒绝埋头苦画，只要即插即用——为室内设计师提供图纸源文件

端景台
3D模型

见230页

见230页

见244页

端景台
3D模型

见238页

见239页

见241页

端景台
3D模型

见244页

见230页

见236页

更多3D模型请登陆WWW.DWG-COOL.COM

Refuse to draw hard,only need to apply directly-Providing professional source file for designers!

拒绝埋头苦画，只要即插即用———为室内设计师提供图纸源文件

端景台
3D模型

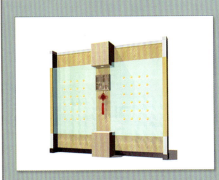  

见235页　　　　　　　　　　　　见243页　　　　　　　　　　　　见235页

端景台
3D模型

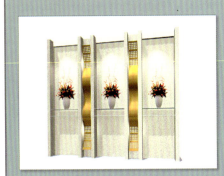  

见246页　　　　　　　　　　　　见247页　　　　　　　　　　　　见247页

端景台
3D模型

见237页　　　　　　　　　　　　见237页　　　　　　　　　　　　见246页

 更多3D模型请登陆WWW.DWG-COOL.COM

Refuse to draw hard, only need to apply directly-Providing professional source file for designers!

拒绝埋头苦画，只要即插即用——为室内设计师提供图纸源文件

景观墙
3D模型

见251页　　　　　　　　　见251页　　　　　　　　　见249页

景观墙
3D模型

见258页　　　　　　　　　见255页　　　　　　　　　见263页

景观墙
3D模型

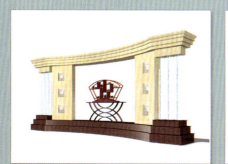  

见272页　　　　　　　　　见256页　　　　　　　　　见261页

更多3D模型请登陆WWW.DWG-COOL.COM

Refuse to draw hard, only need to apply directly-Providing professional source file for designers!

拒绝埋头苦画，只要即插即用——为室内设计师提供图纸源文件

景观墙
3D模型

见267页

见262页

见277页

景观墙
3D模型

见266页

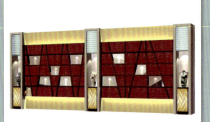
见273页

见273页

景观墙
3D模型

见262页

见308页

见306页

更多3D模型请登陆WWW.DWG-COOL.COM

CAD 室内设计施工图常用图块
——金牌室内景观
7

（含光盘）

武 峰　王深冬　孙以栋　主编

中国建筑工业出版社

本图集汇集了各类室内及庭院景观设计及施工图常用图块、详图，是从大量的设计施工图实例中精选出来的，经过加整理，使其典型化，综合而成。内容涵盖景观图块、水景、花坛、亭子、平台、景桥、廊架、地面、柱子、栏杆、入口、走廊、梯下景、端景台、景观墙、屋顶花园、生态餐厅、漏花纹饰等部分，品种繁多，图样丰富，风格各异。

本图集附带光盘，书中每个图形元素在光盘上都有对应独立的DWG源文件，用户可以即插即用，大大提高了设计成图的效率。

本图集适用于室内设计、景观设计、装饰装修、景观产品生产厂家、施工单位等技术人员、景观爱好者、建筑与环境艺术院校师生参考。

责任编辑：朱象清　唐　旭

图书在版编目（CIP）数据

CAD室内设计施工图常用图块．7，金牌室内景观／武峰等主编．—北京：中国建筑工业出版社，2007
ISBN 978-7-112-08997-0

Ⅰ．C... Ⅱ．武... Ⅲ．①建筑设计：计算机辅助设计—图集②室内设计：计算机辅助设计—图集　Ⅳ．TU201.4—64

中国版本图书馆CIP数据核字（2007）第017879号

《CAD室内设计施工图常用图块》

7

编委会成员名单

武　峰	朱伯才	袁世民	侯　震
尤逸南	孙以栋	王加强	武　山
王深冬	张海民	王政强	常　恺
孙德锋	王红江	刘　军	毛一心
宋成杰	耿海榕	左小枫	保智勇
慕战宇	尹会崇	于　斌	李　明
黄洪源	王利民	马增峰	高宝营

CAD室内设计施工图常用图块
——金牌室内景观
7
（含光盘）

武　峰　王深冬　孙以栋　主编

*

中国建筑工业出版社出版、发行（北京西郊百万庄）
新华书店经销
北京嘉泰利德公司制版
北京中科印刷有限公司印刷

*

开本：880×1230毫米　1/16　印张：20　插页：8　字数：665千字
2007年2月第一版　　2007年2月第一次印刷
印数：1—8000册　　定价：120.00元（含光盘）
ISBN 978-7-112-08997-0
（15661）

版权所有　翻印必究
如有印装质量问题，可寄本社退换
（邮政编码 100037）

本社网址：http://www.cabp.com.cn
网上书店：http://www.china-building.com.cn

编 者 的 话

在现代社会不断高速发展的今天，面对钢筋水泥冰冷面孔的同时，人们越来越渴望环境的舒适与和谐，对环境有着更多的期待与向住，从而景观设计就显得愈发重要；从古到今任何时候都可以看到人们对改善环境所作出的努力，从中国古代园林到西方古希腊文明，印证了景观设计这个古老而年轻的生命。"峰和图库"系列丛书第7册《金牌室内景观》就是由此应运而生。此书较全面地收录了室内外景观所涉及到的各类造景元素，同时也提供了大量的精彩实例，概括全面且表达丰富，不失为一本景观设计参考借鉴、引发思路以及直接即插即用的优秀图集工具书。

本书可分为两大部份，第一部分主要包含各种景观造景元素：景观图块、水景、花坛、亭子、平台、景桥、廊架、地面、柱子、栏杆等等，均占用较多篇幅详细例举了其在不同环境中的构成及细部构造；第二部分主要以景观应用实例为主，例举了室内各种不同空间，如入口、走廊、梯下景、端景台、景观墙等室内视觉焦点的景观设计，同时也涉及到了屋顶花园、生态餐厅、漏花纹饰等新潮流行空间或元素的景观设计。

时逢中国建筑工业出版社与"峰和图库"联手打造业界金牌系列图书6周年之际，回馈数十万金牌系列图书的忠实读者，同时也为了更好地协调传统图书模式与网络下载模式的"卡书结合"，更好地弥补图书出版版面不足的局限，本册图书为您再添三重惊喜！助您设计进步腾飞！

• 赠送本册图书CAD全部1680个DWG源文件，文件名对应光盘查找，即插即用，方便快捷！

• 赠送"峰和图库"网站价值60元"VIP下载卡"——卡书结合，按需下载网站收费图纸源文件！

• 赠送精编"金牌系列"1～6册图书精华930个DWG源文件以飨读者，衷心感谢您的鼎力支持！

免费赠送峰和图库配套客户端软件"方案王3.0"，为设计师建立快速形成设计方案和实施图纸最有效的知识管理，核心优势为：一，内容丰富，分类清晰，使用便捷，操作简单，贴合设计人员的使用习惯；二，除具有常用的图片浏览功能外，还完全支持CAD图纸DWG格式源文件的矢量化显示及直接CAD即插即用；三，即时通信功能，方便与客户服务沟通等等。

"专业为室内设计师提供优质图纸源文件服务"是"峰和图库"长期不懈努力的方向。"峰和图库"网站WWW.DWG-COOL.COM或WWW.CAD2008.COM是为金牌系列图书用户提供的配套专业性服务网站——设计师拥有一个设计资源丰富、使用便捷的数据库，将大大提升工作效率和增强企业竞争力。真诚希望大家对我们提出宝贵的意见和建议，以便我们能够更好地为业界朋友们提供更为专业化的电子商务服务。

本书大量图稿由慕战宇、李娜、贴佳、周君、王欣、付法岗、李玉龙、马良、何志强、于斌、刘燕飞、李长荣、尹会崇等同志协助绘制，在此表示衷心感谢。

目 录

景观图块
植物·图块 …………………… 2
山石·图块 …………………… 7
雕塑·图块 …………………… 10
木雕·图块 …………………… 18
景灯·图块 …………………… 26
标牌·图块 …………………… 35
坐椅·图块 …………………… 43
环保箱·图块 ………………… 49

水景
喷泉落水口·图块 …………… 52
喷泉落水口·详图 …………… 55
喷泉·详图 …………………… 57
水景·图块 …………………… 85
水景·详图 …………………… 87
跌水·详图 …………………… 106
瀑布·详图 …………………… 116

花坛
花坛·图块 …………………… 120
花坛·详图 …………………… 123

亭子
中式亭·详图 ………………… 126
西式亭·详图 ………………… 139
现代亭·详图 ………………… 145

平台
平台·详图 …………………… 154

景桥
景观桥·详图 ………………… 160

廊架
连廊·详图 …………………… 170
花架·详图 …………………… 184

地面
拼花·图块 …………………… 190
拼花·详图 …………………… 197

柱子
柱子·图块 …………………… 200
柱子·详图 …………………… 203

栏杆
栏杆·图块 …………………… 210

实例
入口·详图 …………………… 216
走廊·详图 …………………… 220
楼梯·详图 …………………… 224
端景台·详图 ………………… 230
景观墙·详图 ………………… 249
屋顶花园·详图 ……………… 279
生态餐厅·详图 ……………… 289
漏花纹饰·详图 ……………… 305

景观图块

http://www.dwg-cool.com

景观图块　　LANDSCAPE　　植物·图块

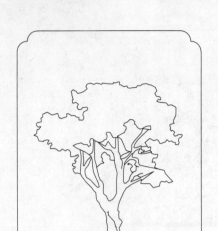
FH077665

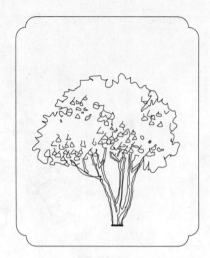
FH079609

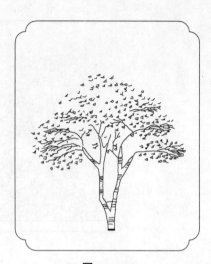
FH077330

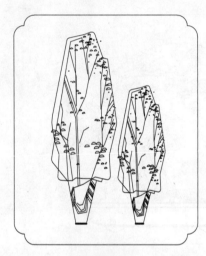
FH078394

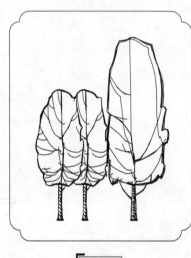
FH076739

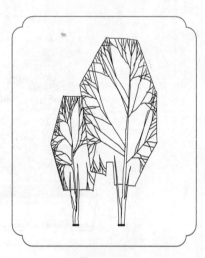
FH076576

FH075860

FH073571

FH075040

-Interior Design-

山石·图块　　　LANDSCAPE

FH071803

FH079387

FH072088

FH071505

FH076301

FH077819

山石·图块　　　LANDSCAPE　　景观图块

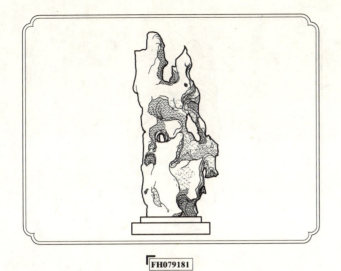
FH079181

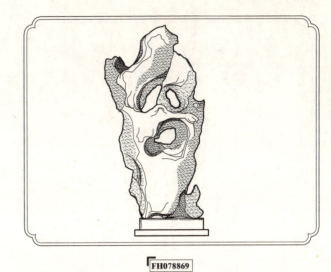
FH078869

FH076036

FH072929

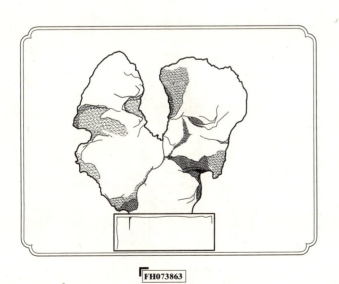
FH073863

FH079265

-Interior Design-

景观图块　LANDSCAPE　　雕塑·图块

FH074275　　FH073621
FH075779　　FH075939
FH077291　　FH077788

-Interior Design-

10

雕塑·图块　　LANDSCAPE　　景观图块

FH076289　　FH078100　　FH072362

FH075451　　FH071202　　FH072225

-Interior Design-

11

雕塑·图块　　LANDSCAPE　　景观图块

FH076004　　FH079305　　FH073453

FH075832　　FH077105　　FH078902

-Interior Design-

景观图块 LANDSCAPE　　雕塑·图块

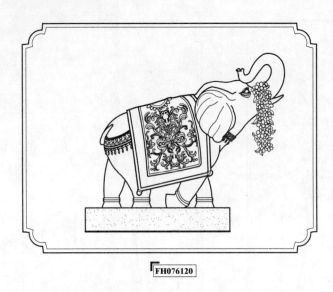

FH076120

FH071200

FH073212

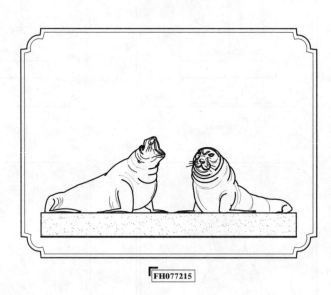

FH077215

FH073741

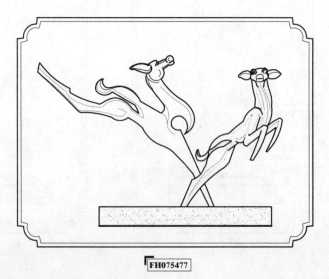

FH075477

-Interior Design-

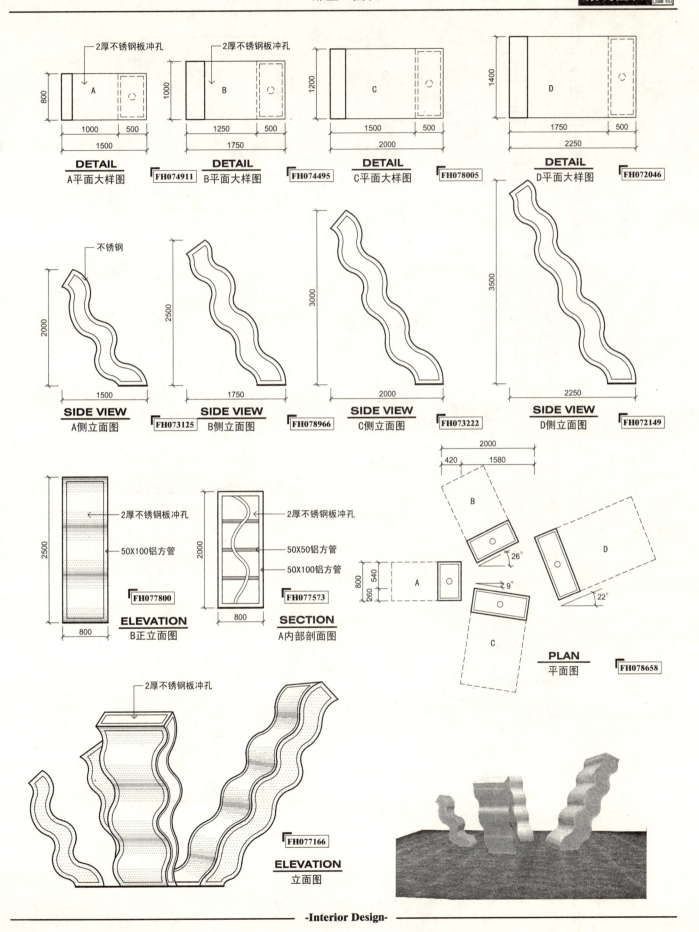

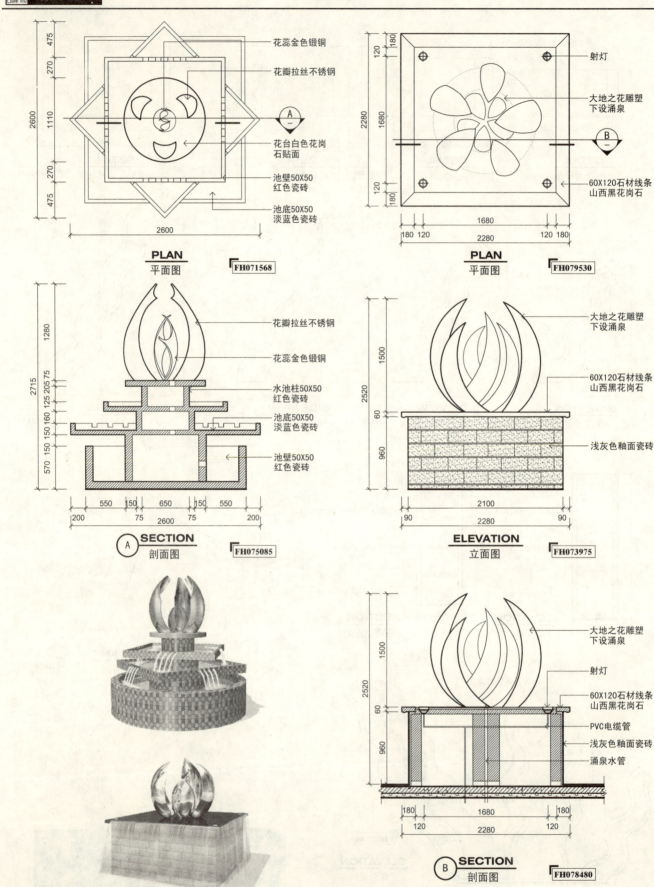

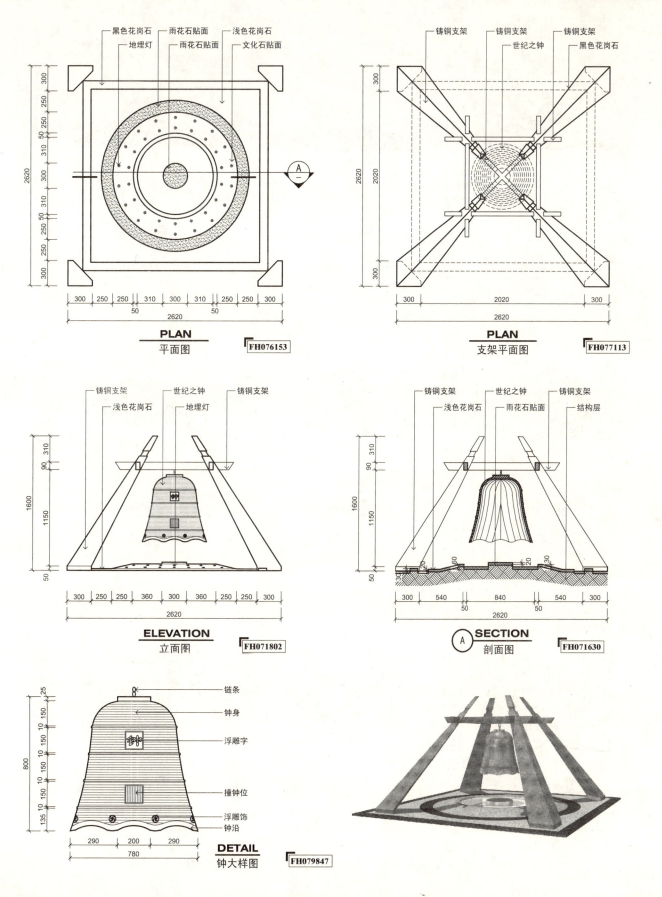

木雕·图块　　LANDSCAPE　　景观图块

FH073215　尺寸：宽600x高600x厚30　中式元素

FH079859　尺寸：宽600x高600x厚30　中式元素

FH078601　尺寸：宽600x高600x厚30　中式元素

FH077839　尺寸：宽600x高600x厚30　中式元素

FH073892　尺寸：宽600x高600x厚30　中式元素

FH077000　尺寸：宽600x高600x厚30　中式元素

FH077007　尺寸：宽600x高600x厚30　中式元素

FH073048　尺寸：宽600x高600x厚30　中式元素

FH074216　尺寸：宽600x高600x厚30　中式元素

-Interior Design-

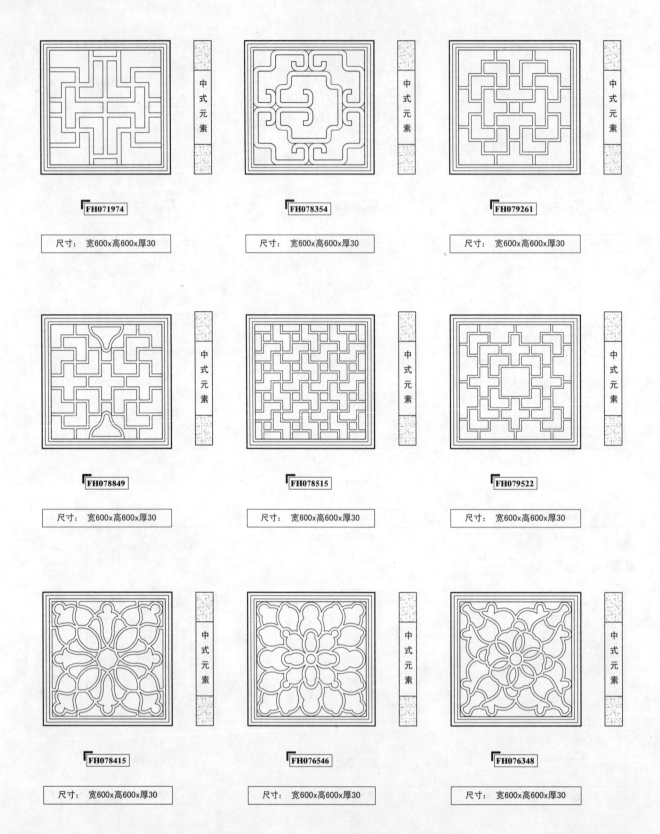

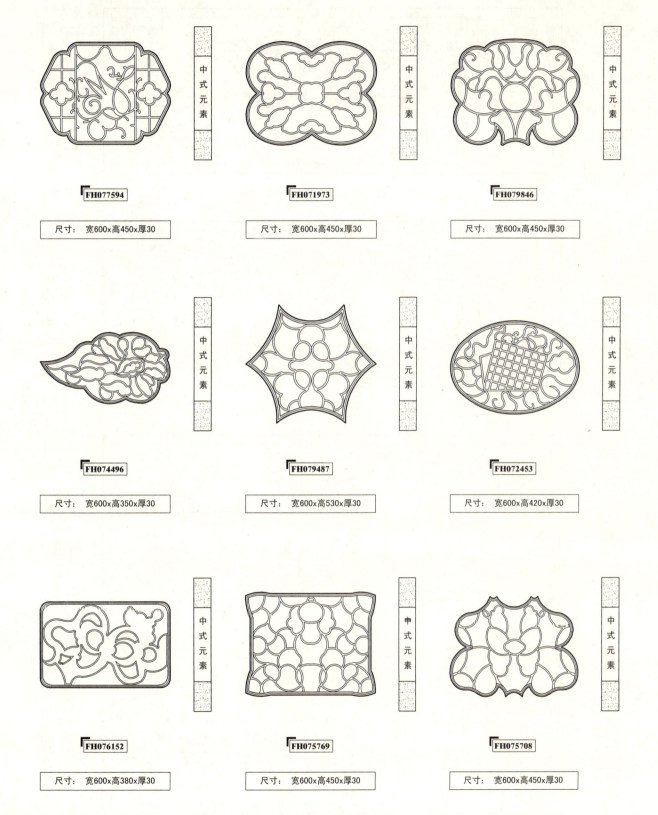

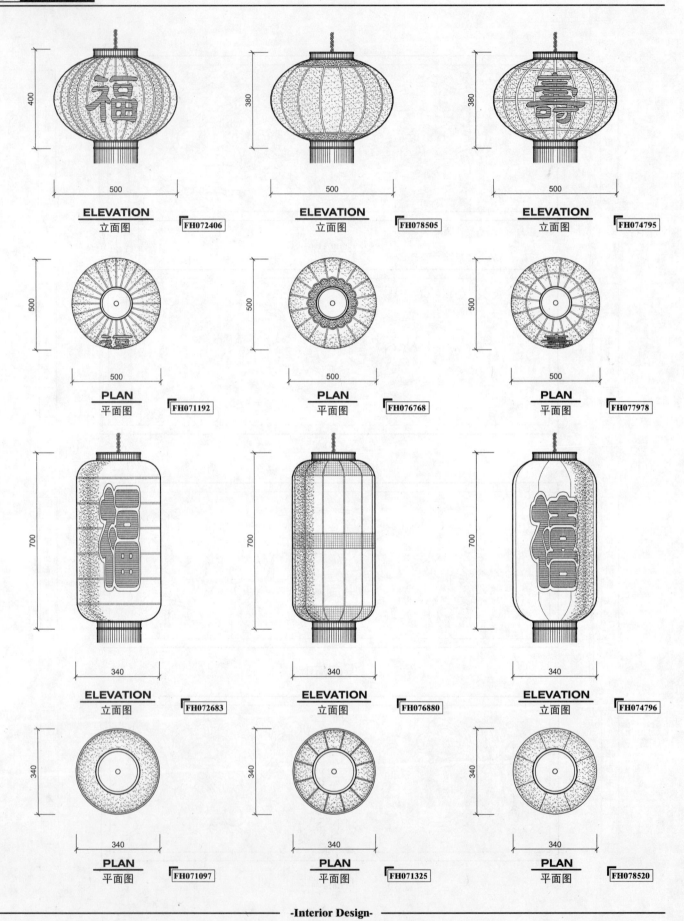

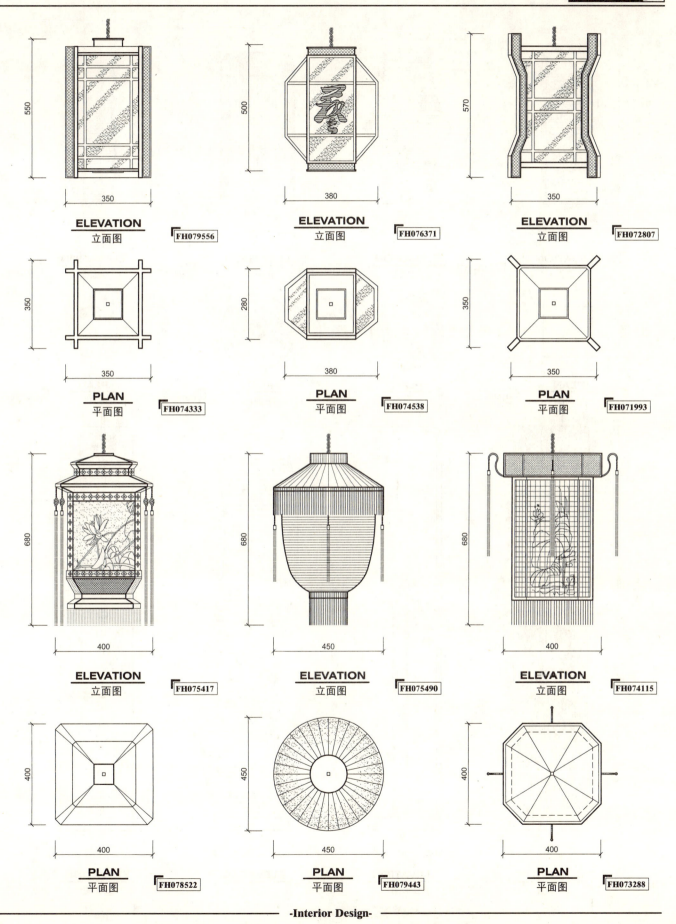

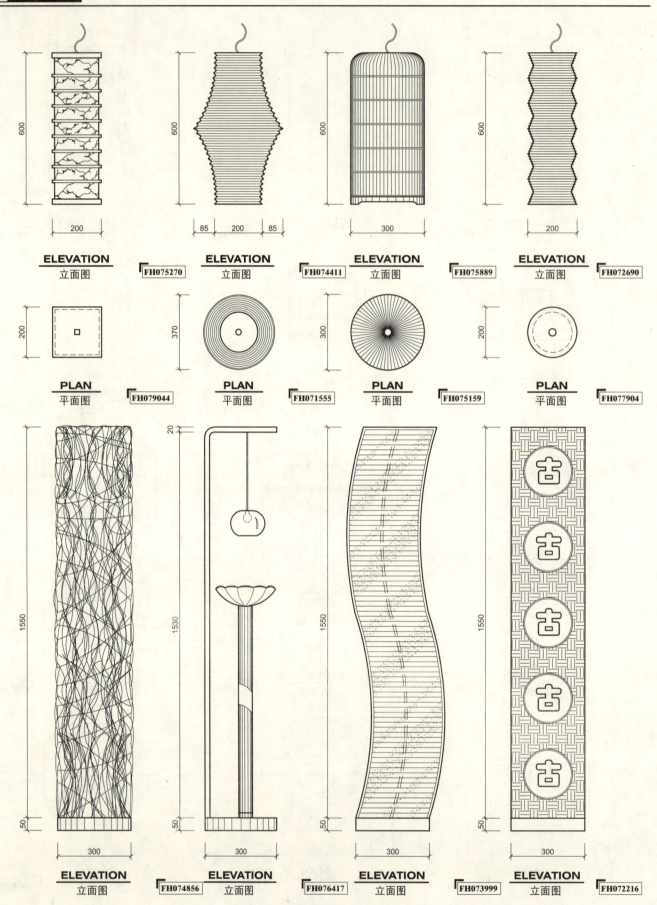

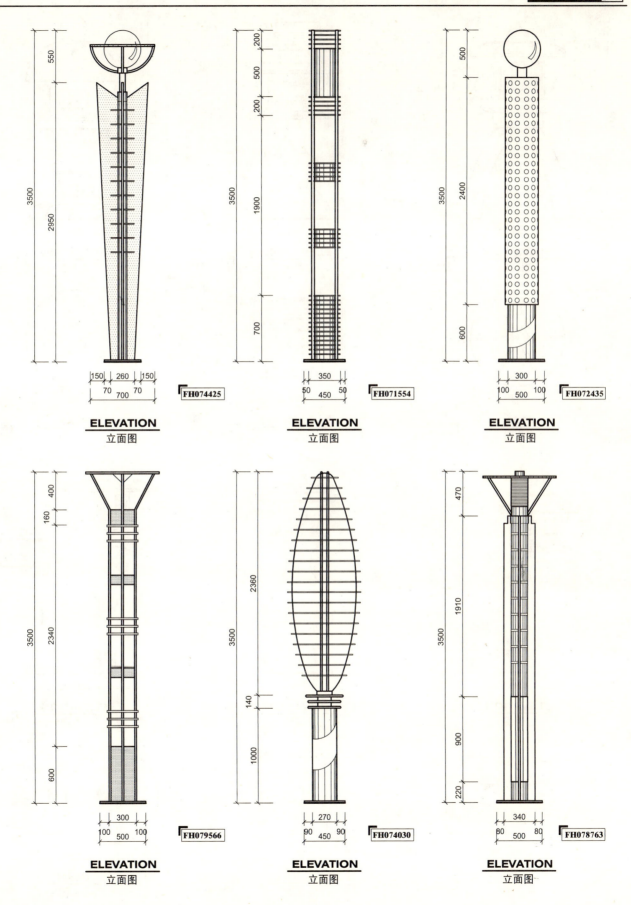

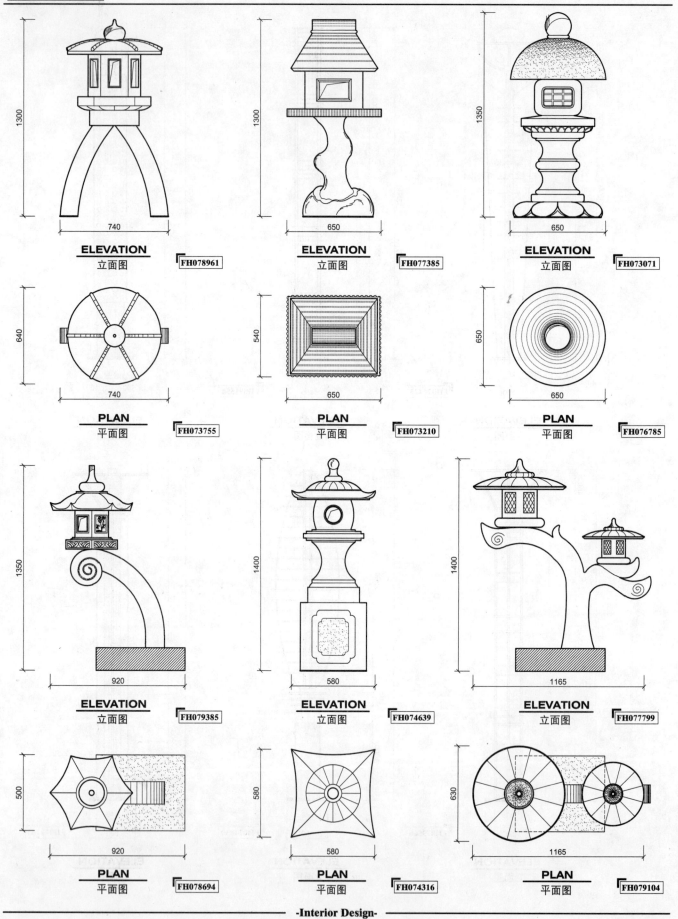

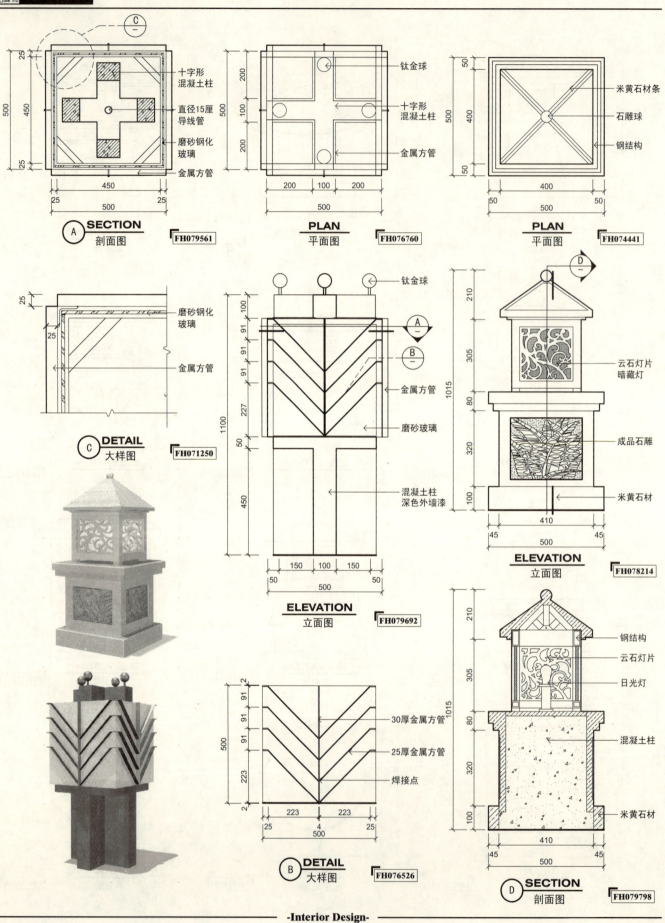

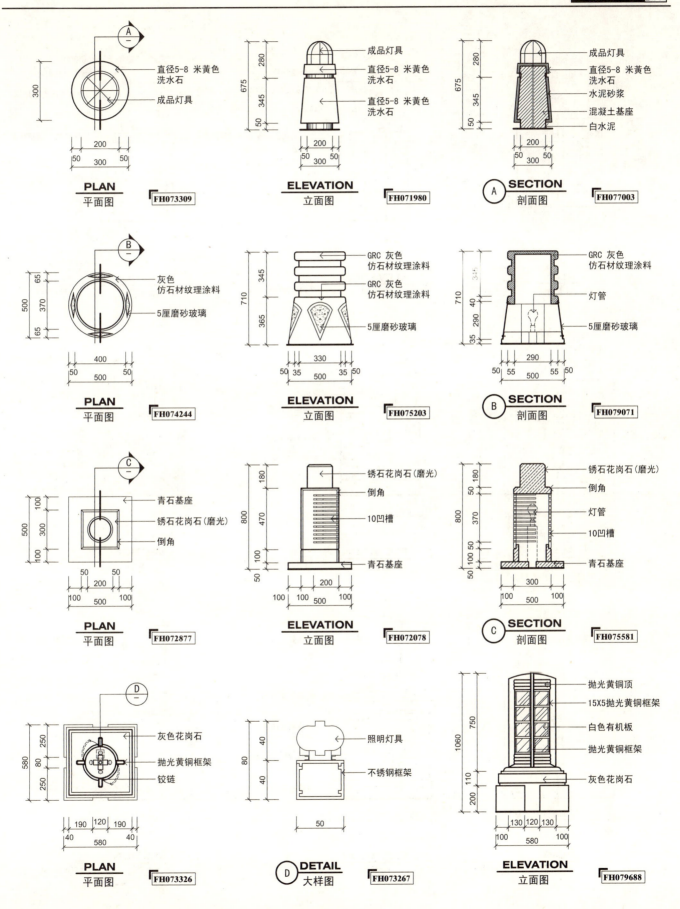

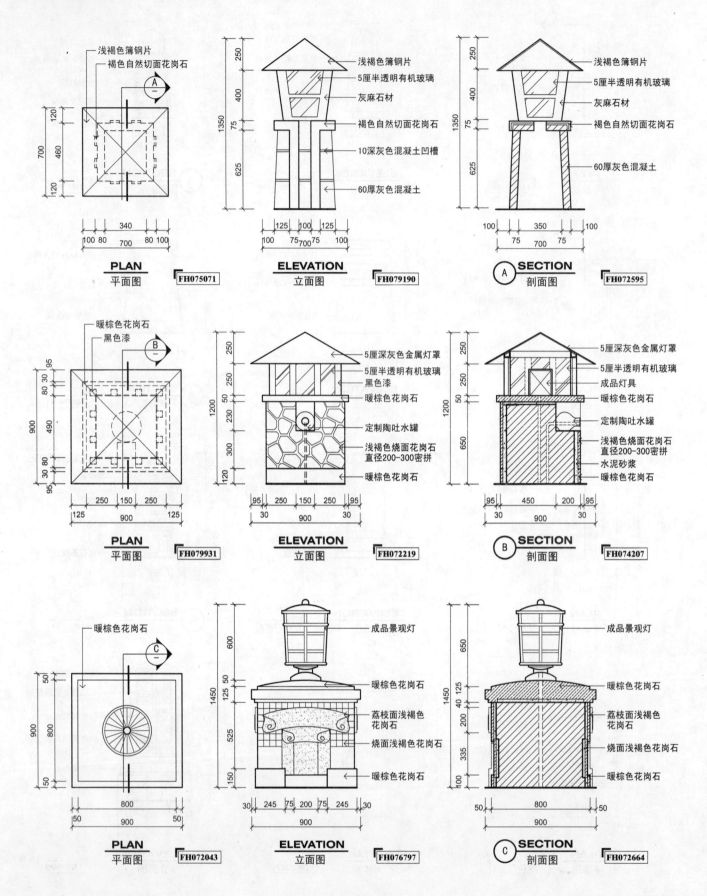

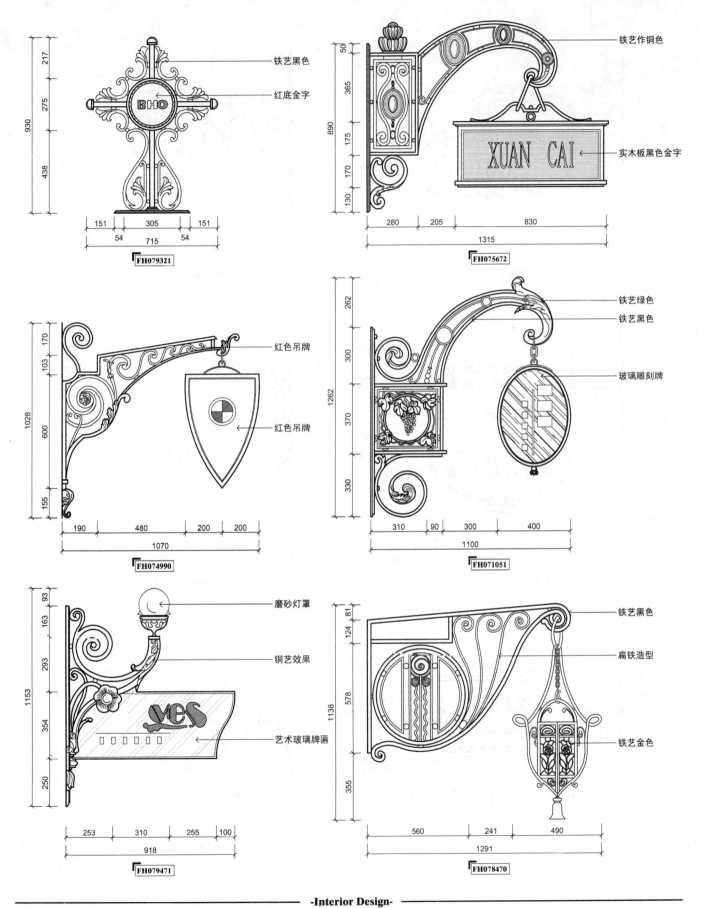

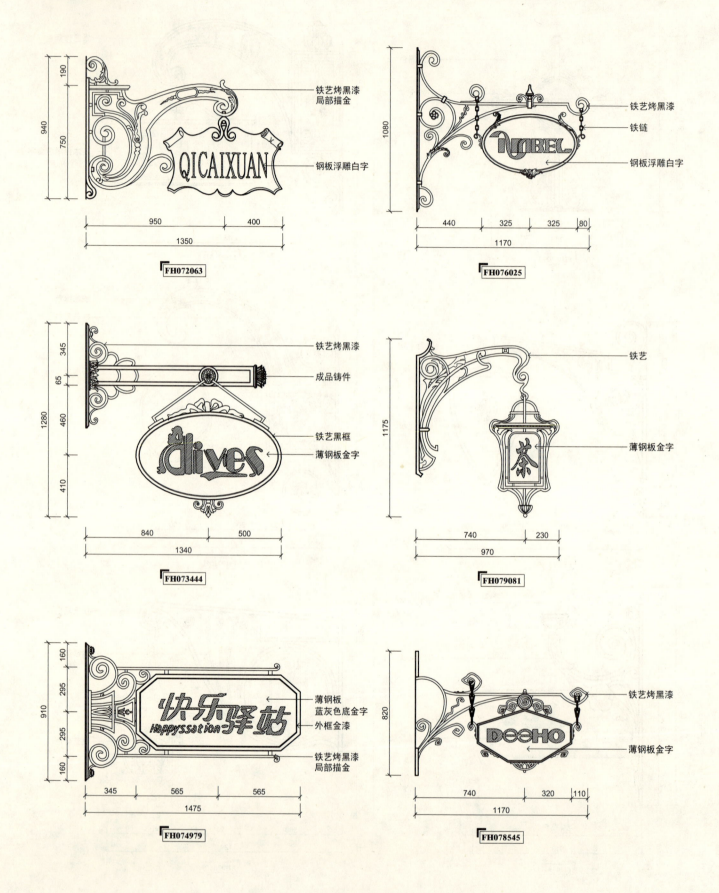

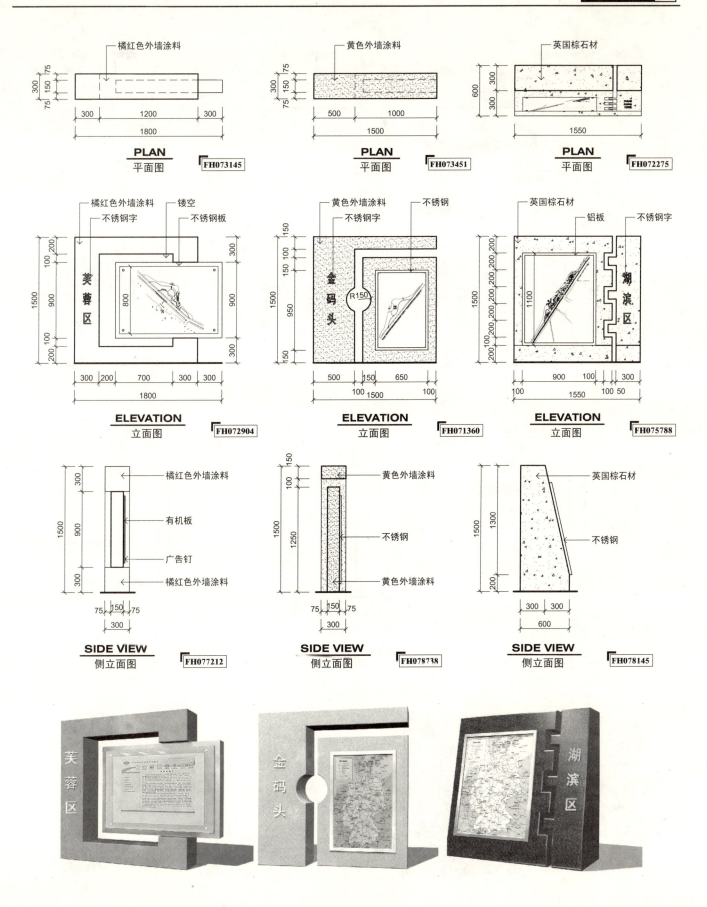

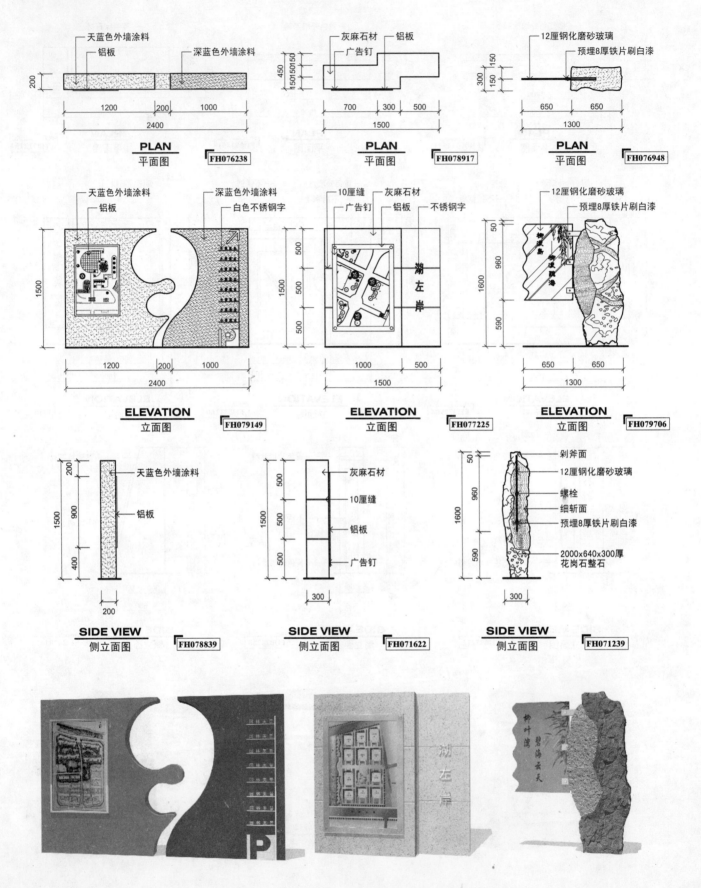

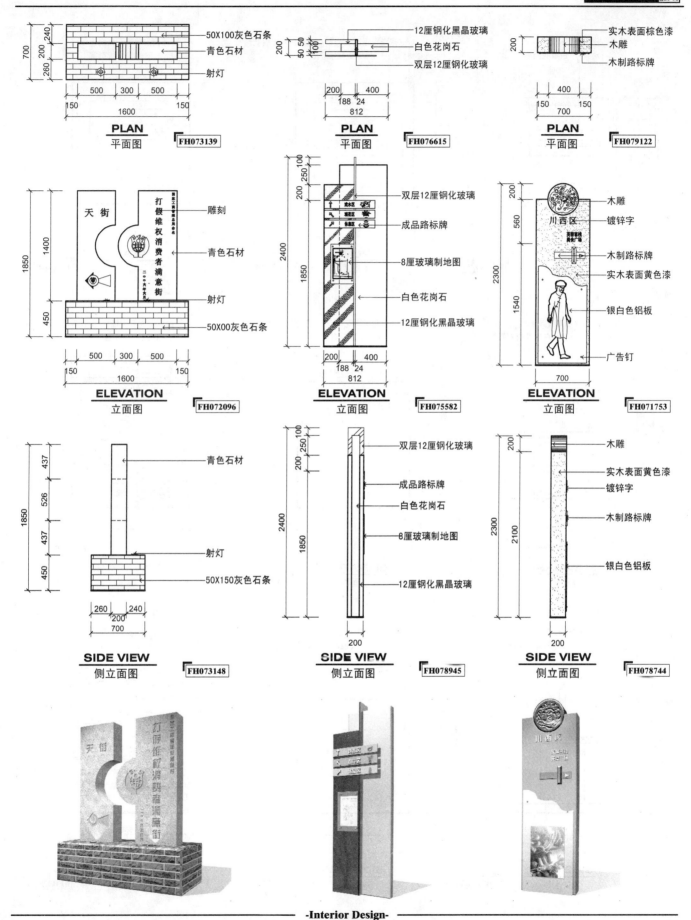

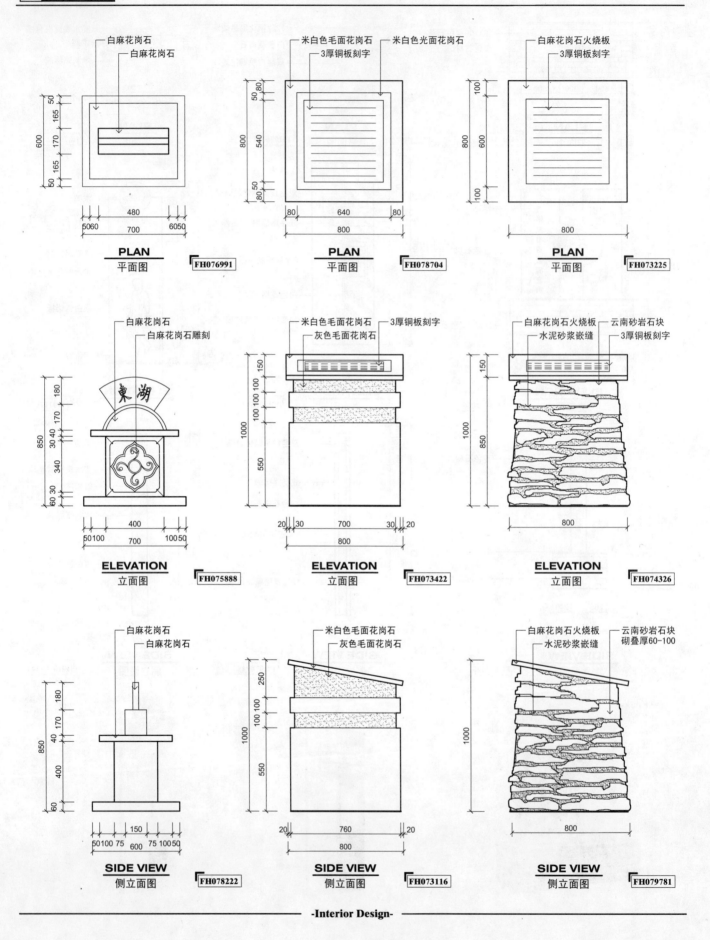

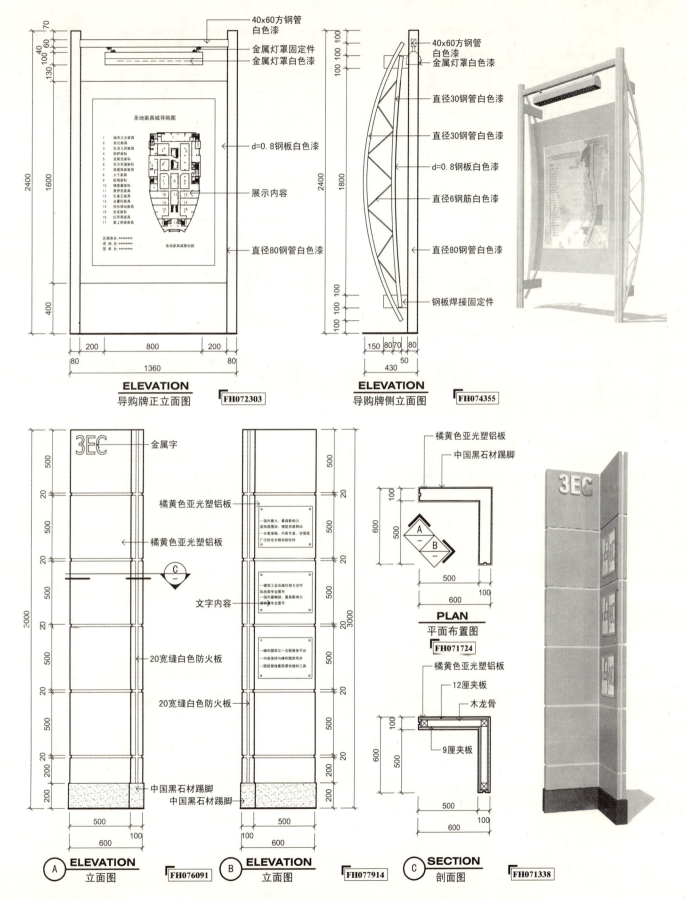

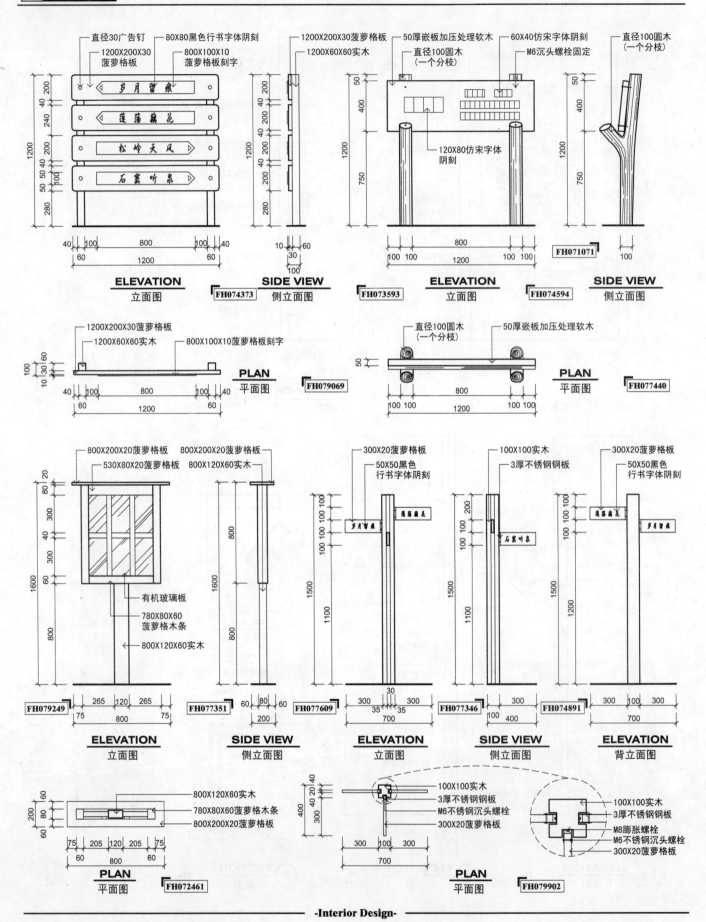

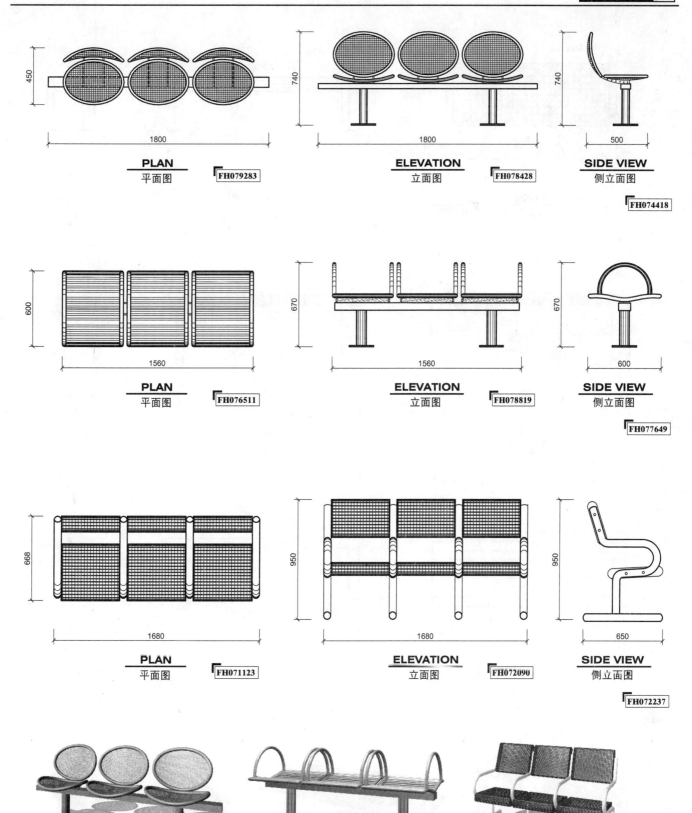

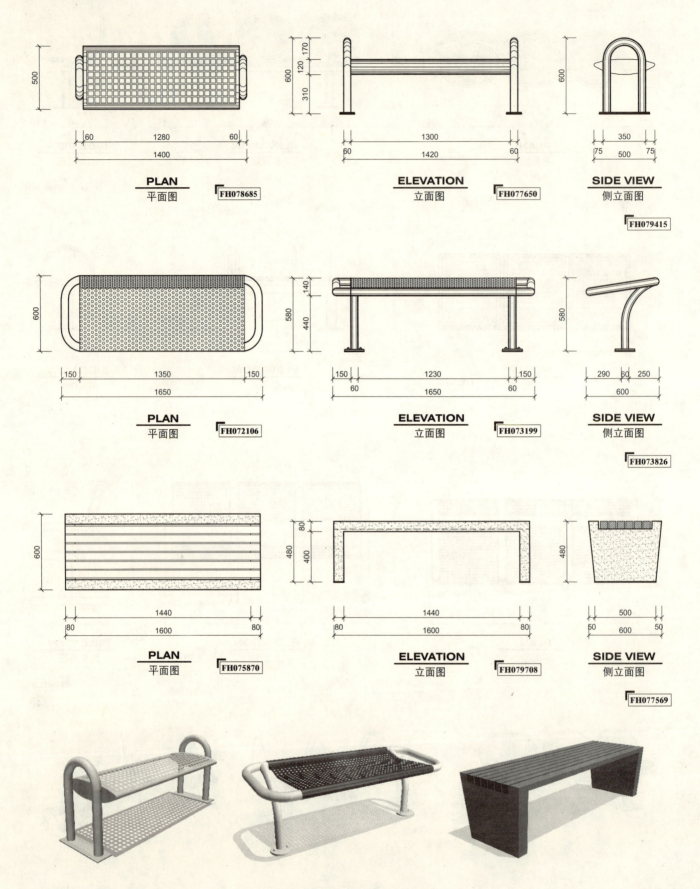

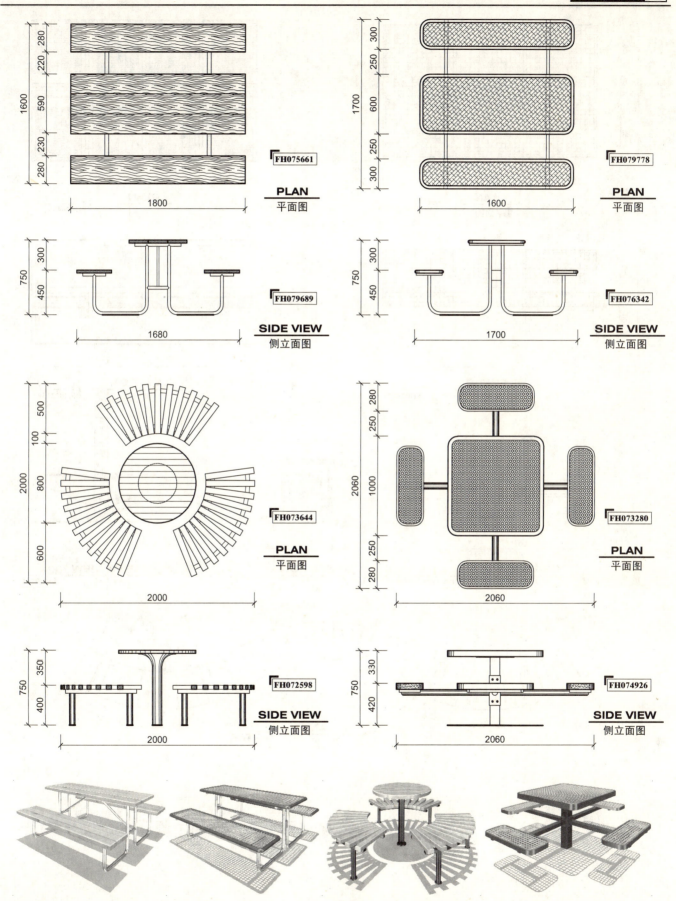

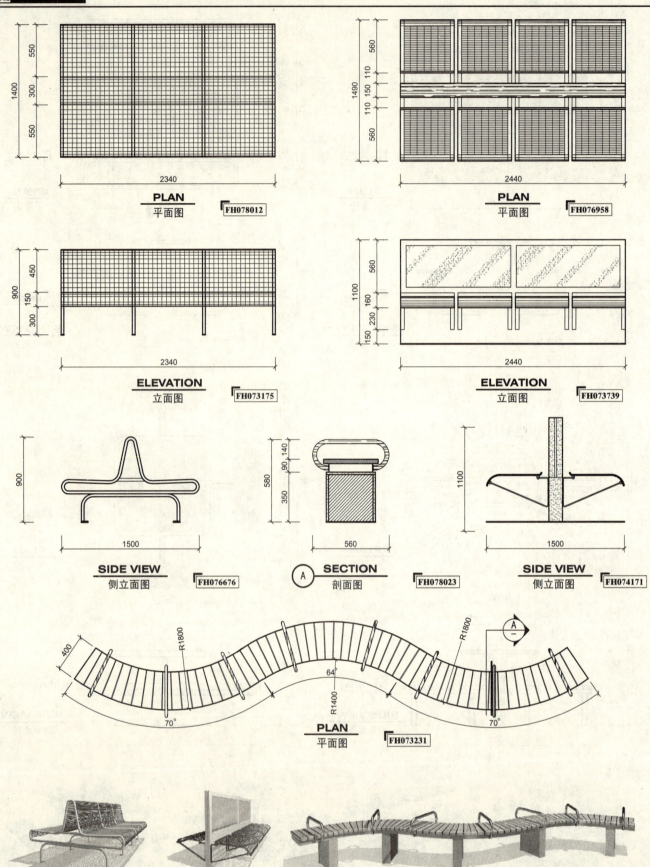

景观图块 LANDSCAPE　　坐椅·图块

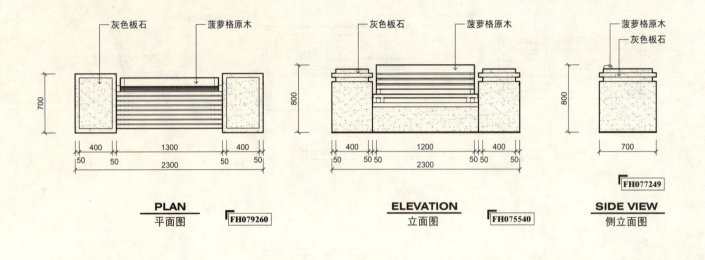

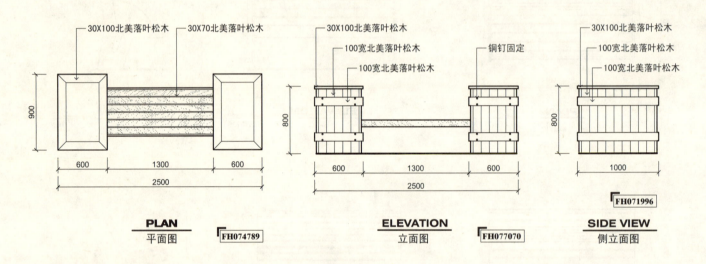

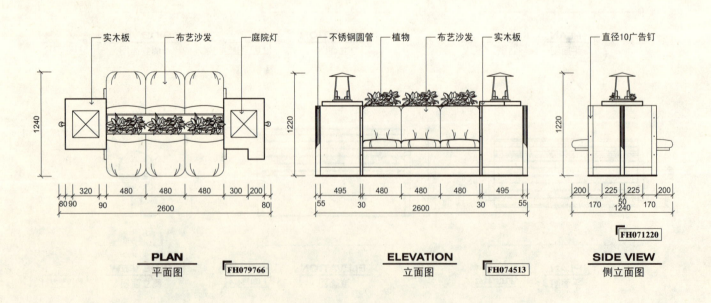

-Interior Design-

环保箱·图块 LANDSCAPE 景观图块

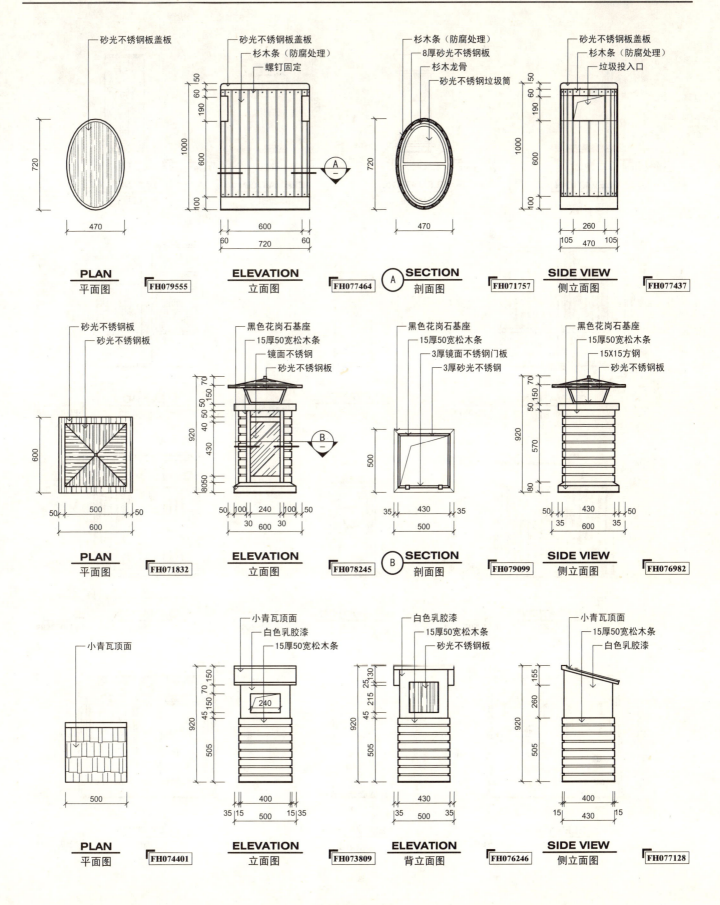

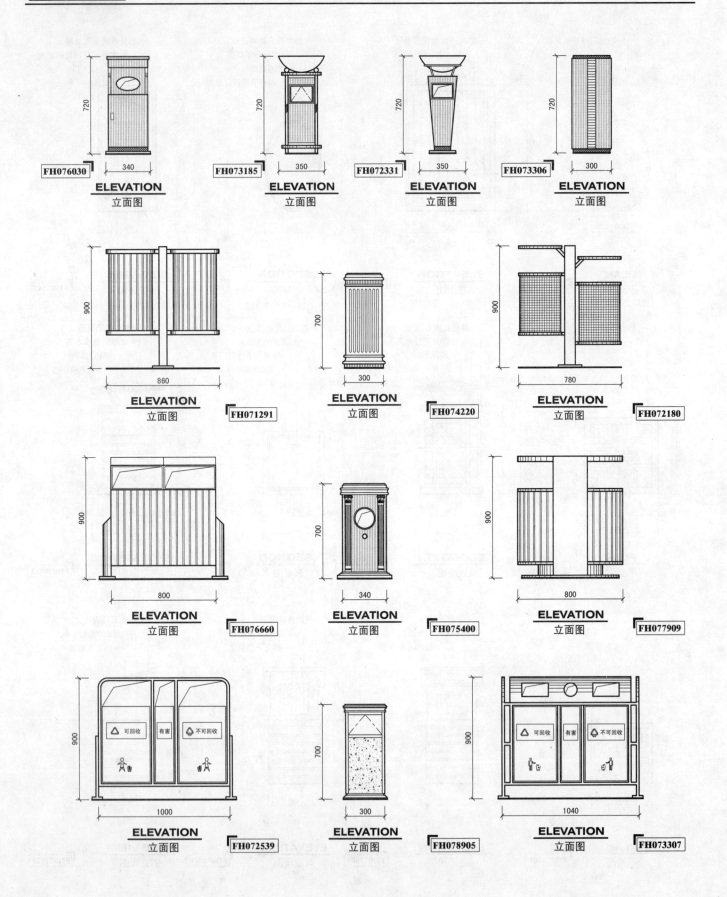

水景

http://www.dwg-cool.com

水景 WATERSCAPE 喷泉落水口·图块

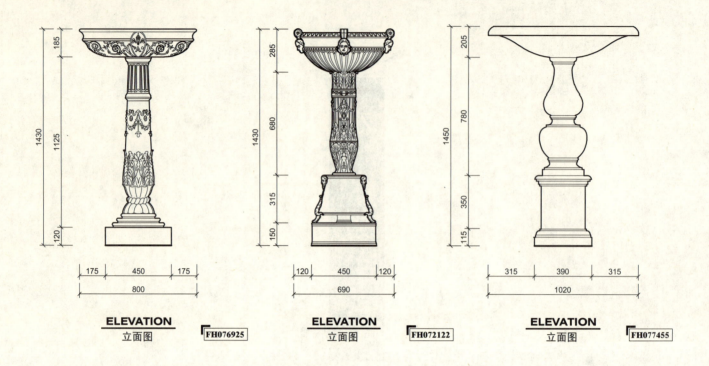

ELEVATION 立面图 FH076925

ELEVATION 立面图 FH072122

ELEVATION 立面图 FH077455

ELEVATION 立面图 FH073729

ELEVATION 立面图 FH078691

ELEVATION 立面图 FH076605

-Interior Design-

水景 WATERSCAPE 喷泉落水口·图块

-Interior Design-

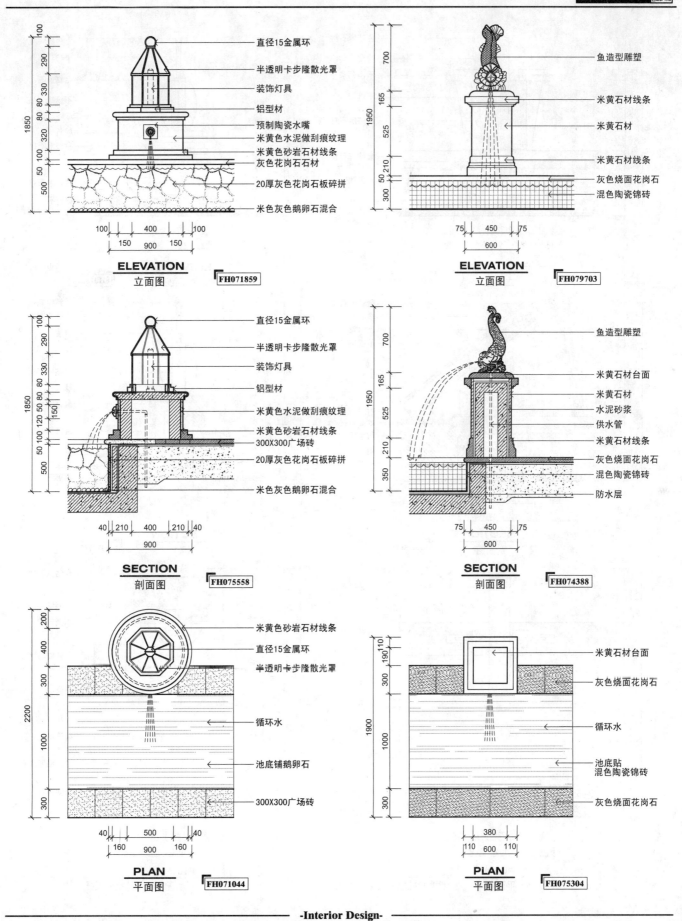

水景 WATERSCAPE 喷泉落水口·详图

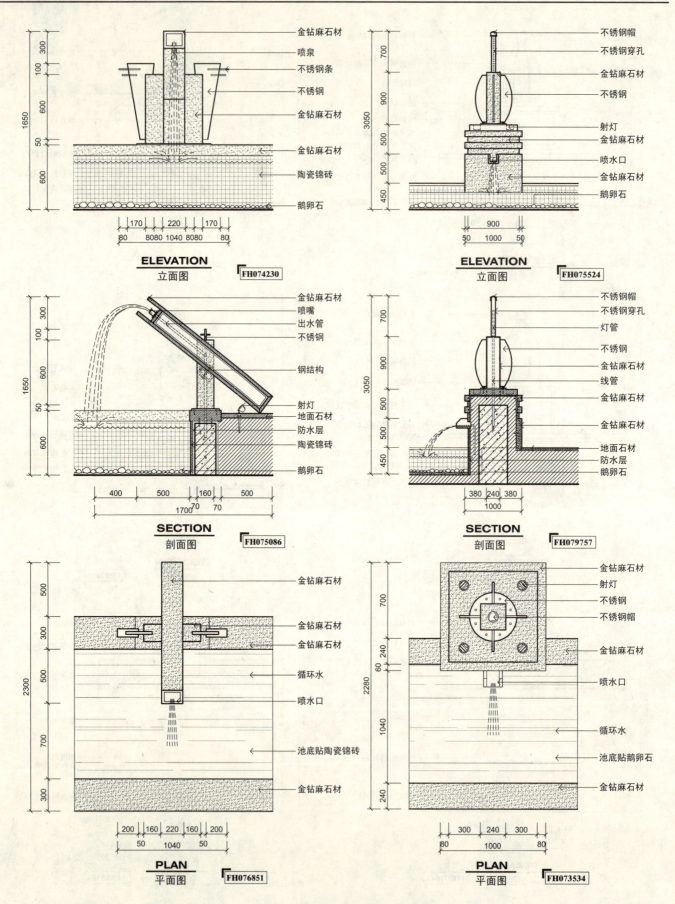

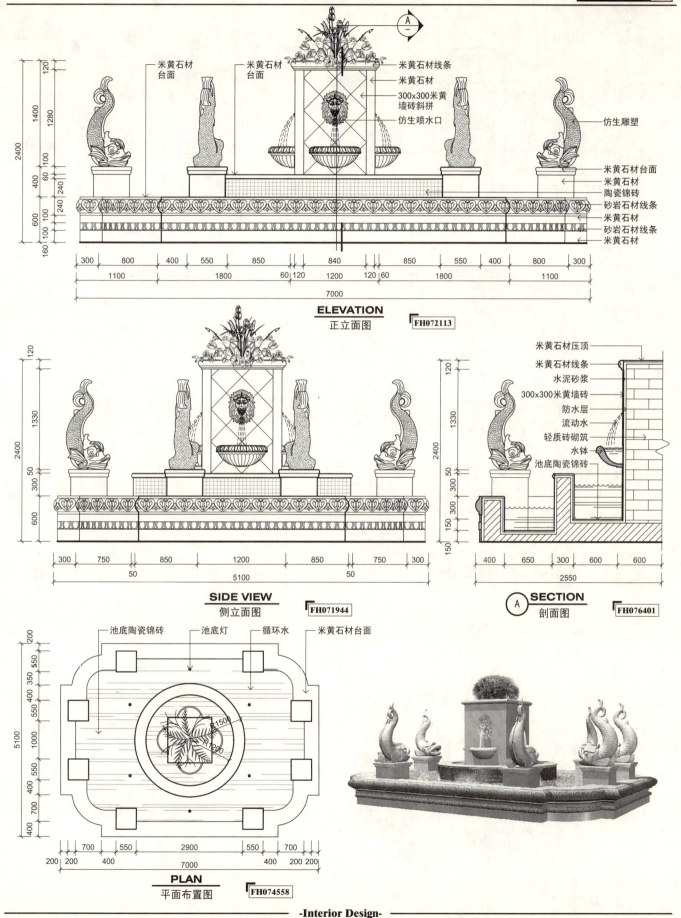

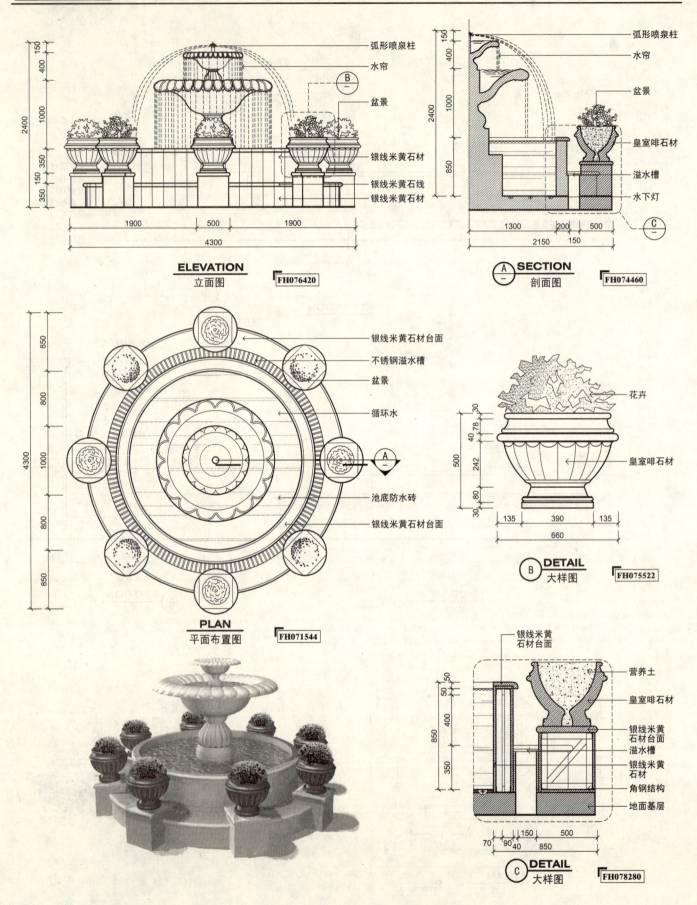

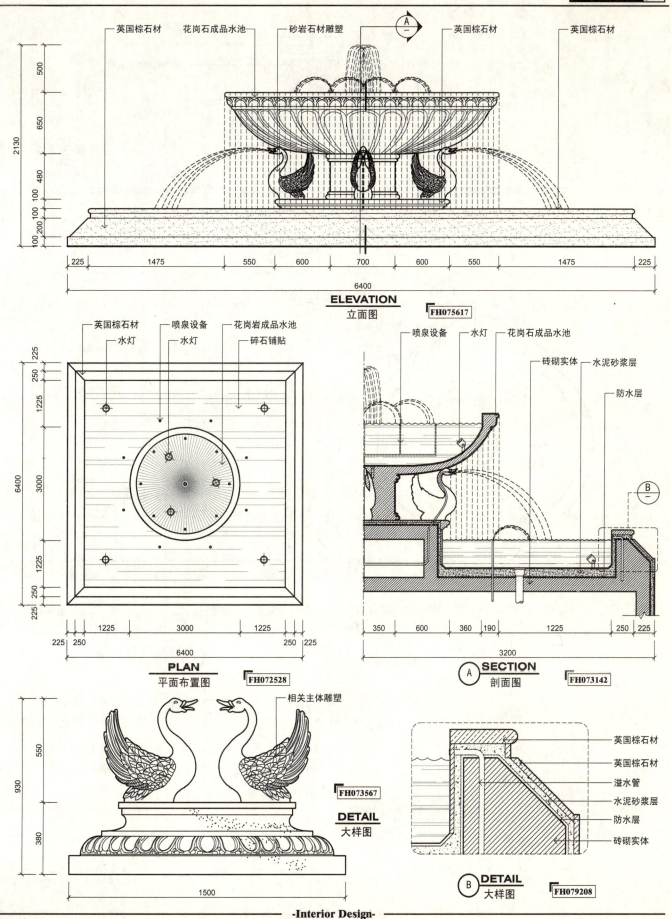

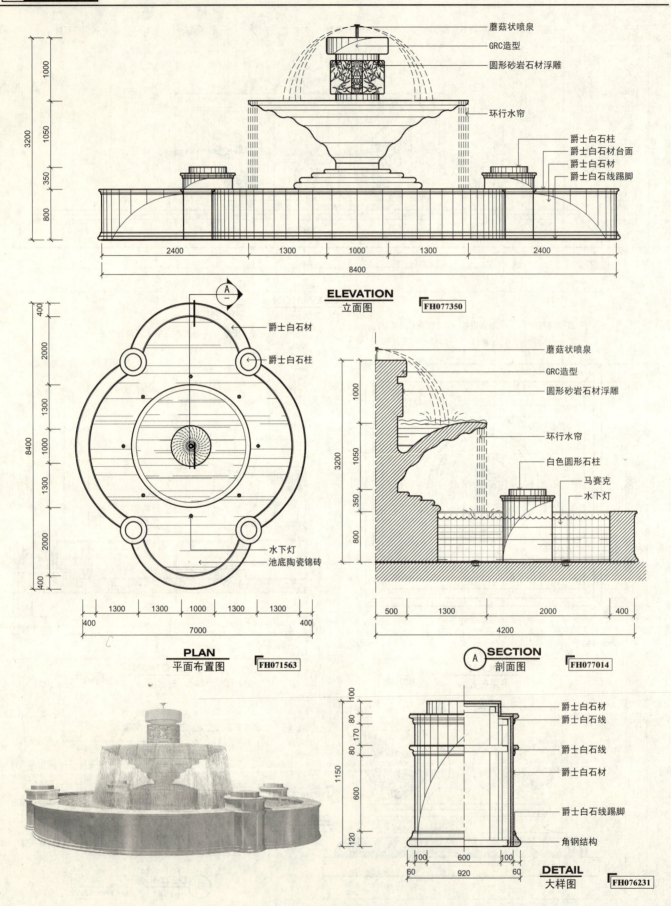

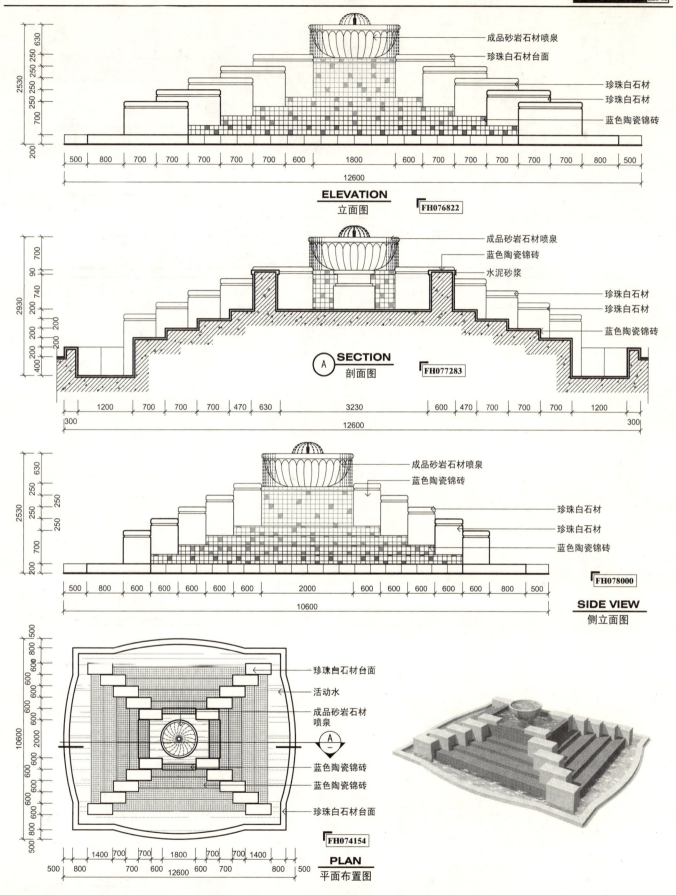

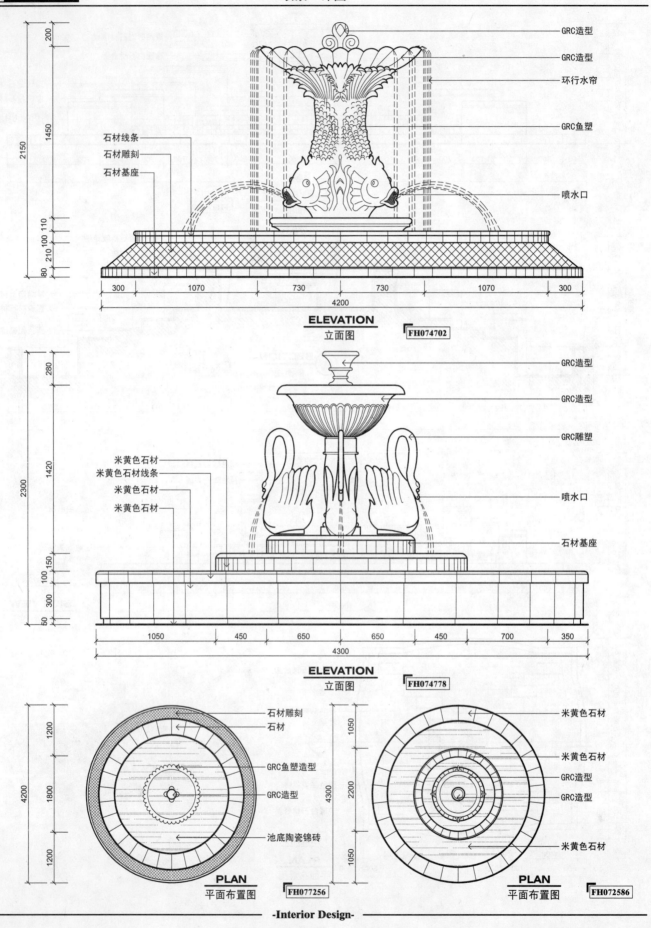

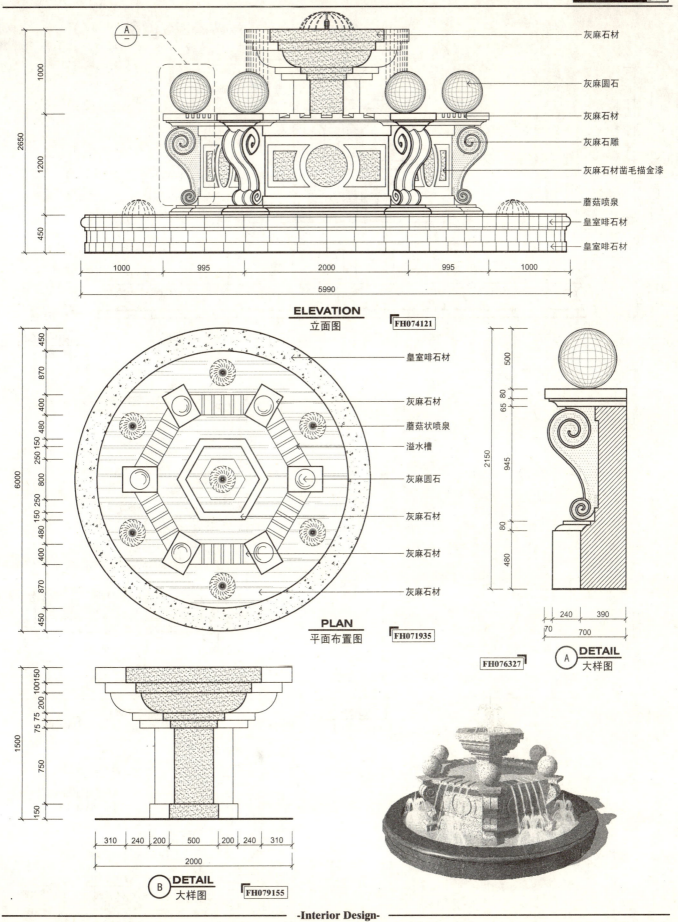

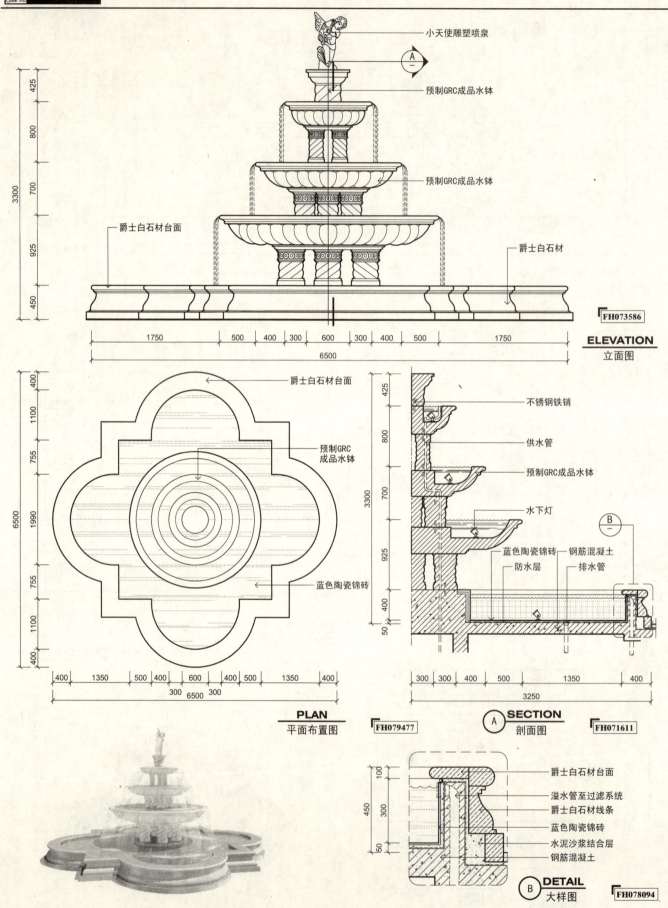

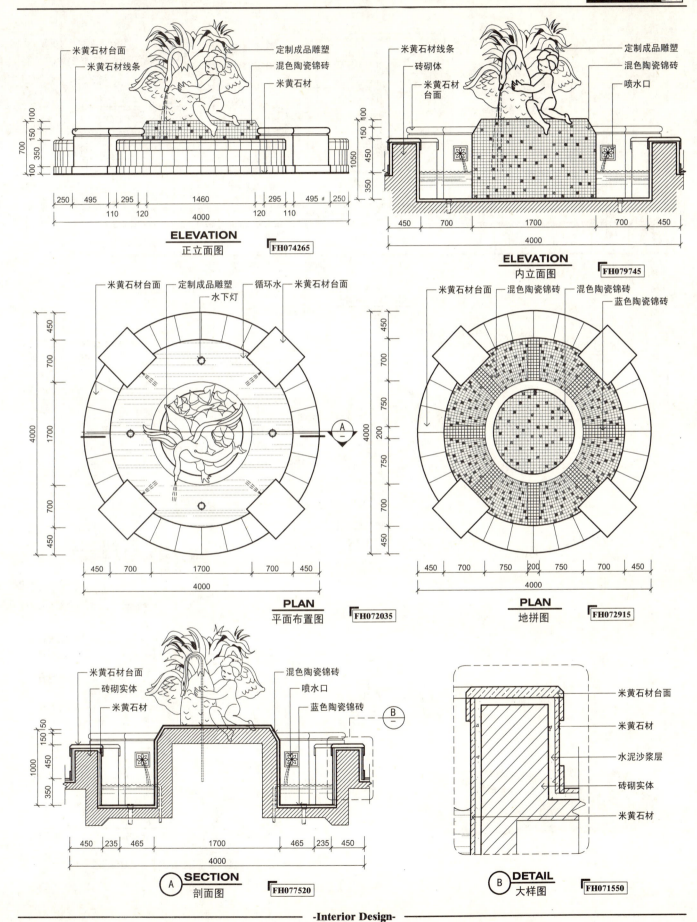

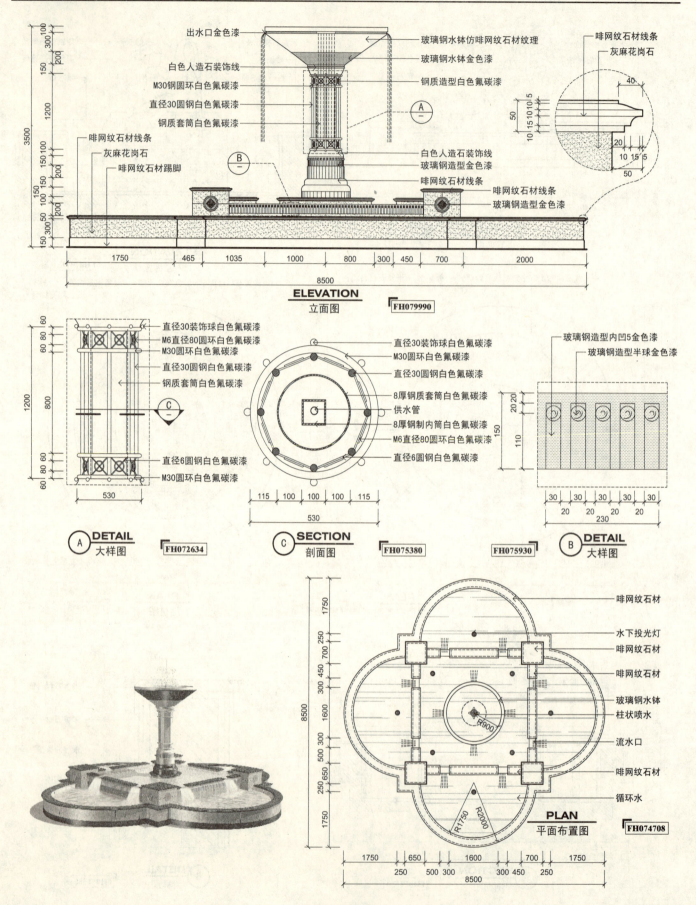

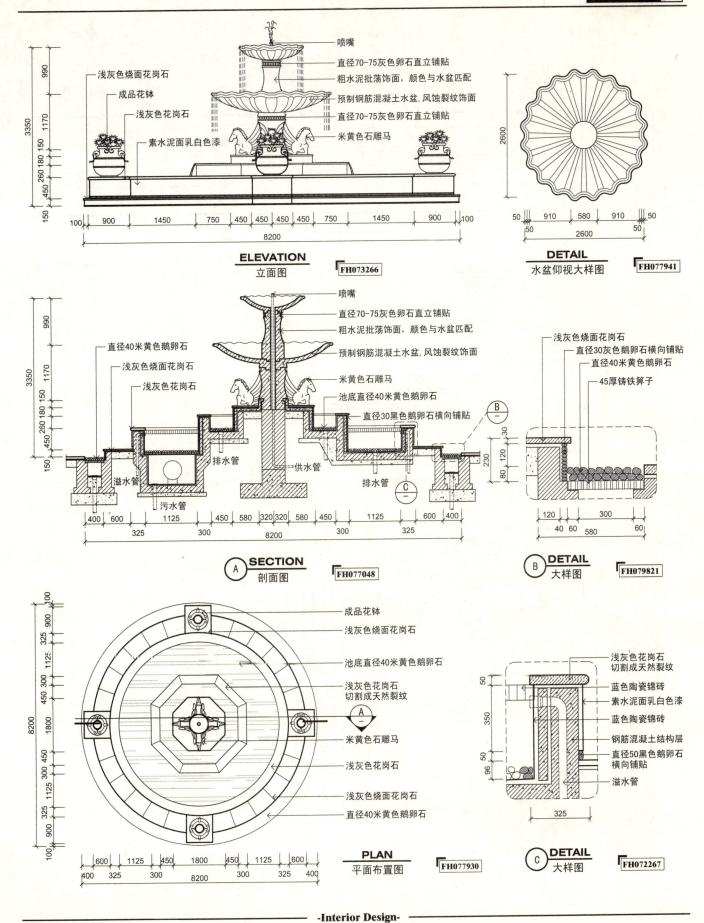

水景 WATERSCAPE 喷泉·详图

ELEVATION 立面图 FH078425

黄色水晶石 / 光面花岗石 / 光面花岗石跌水坝 / 光面花岗石 / 浅蓝色广场砖

SIDE VIEW 侧立面图 FH071769

黄色水晶石 / 光面花岗石 / 光面花岗石 / 光面花岗石

DETAIL 大样图 FH071588

50×50的网格

PLAN 平面布置图 FH079584

火烧面花岗石 / 浅蓝色广场砖 / 循环水 / 冲天柱状泉 / 叠泉 / 黄色水晶石 / 黄色水晶石

-Interior Design-

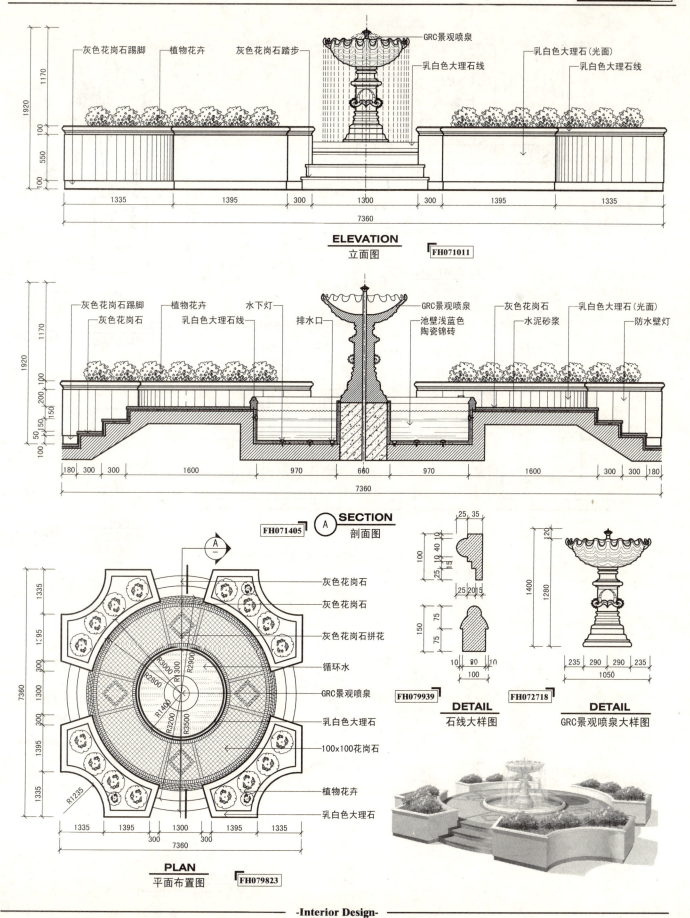

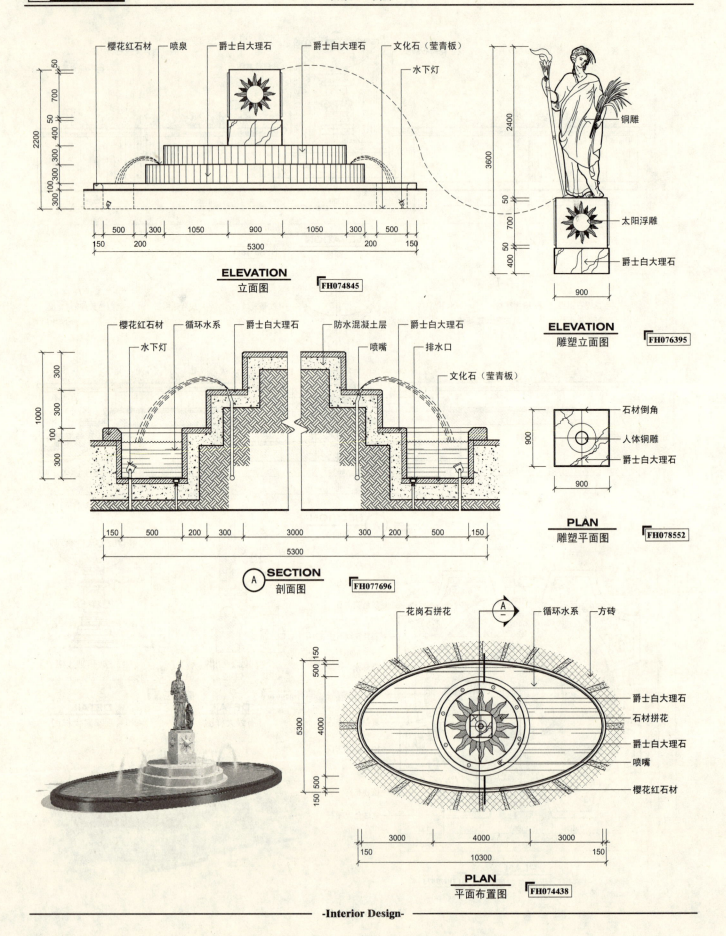

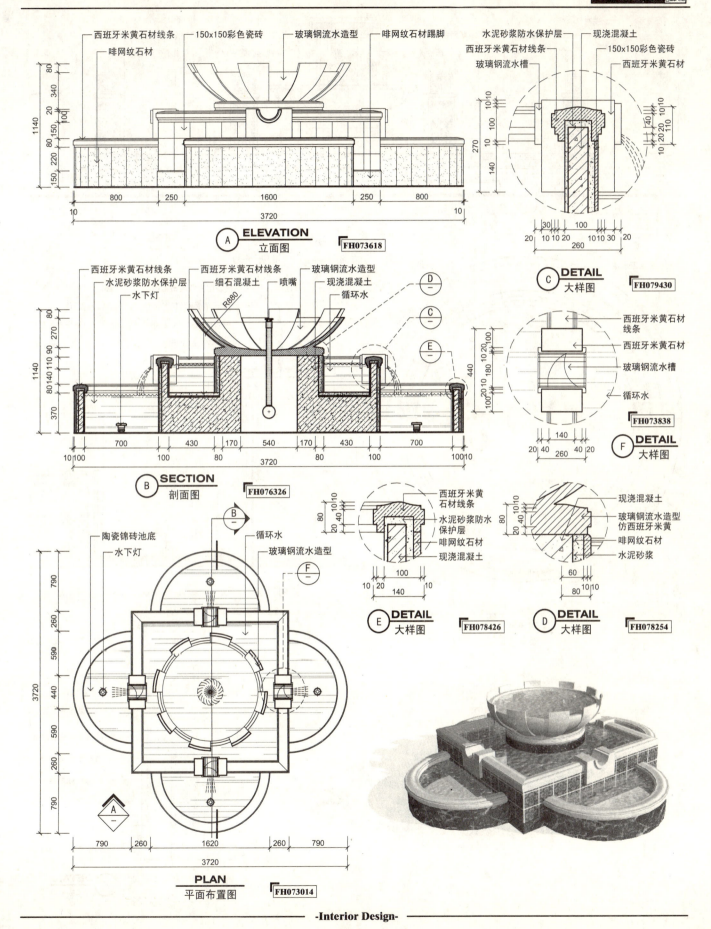

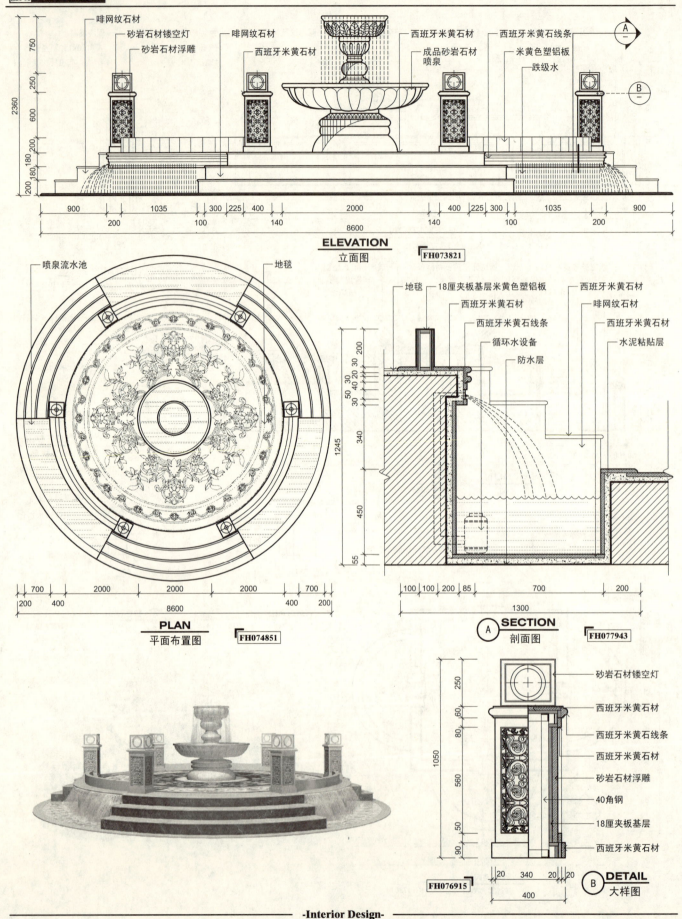

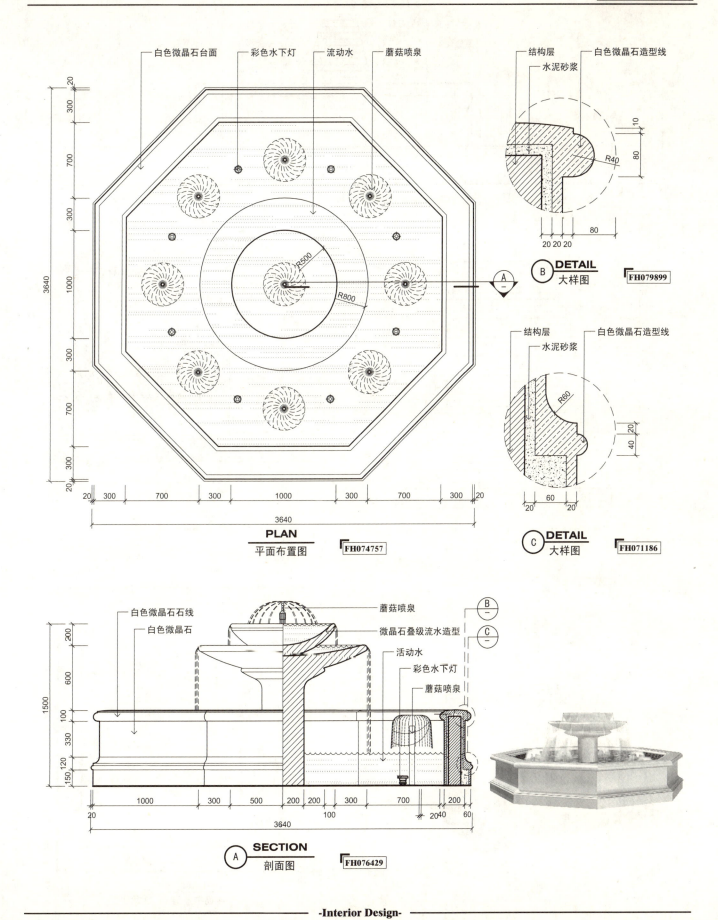

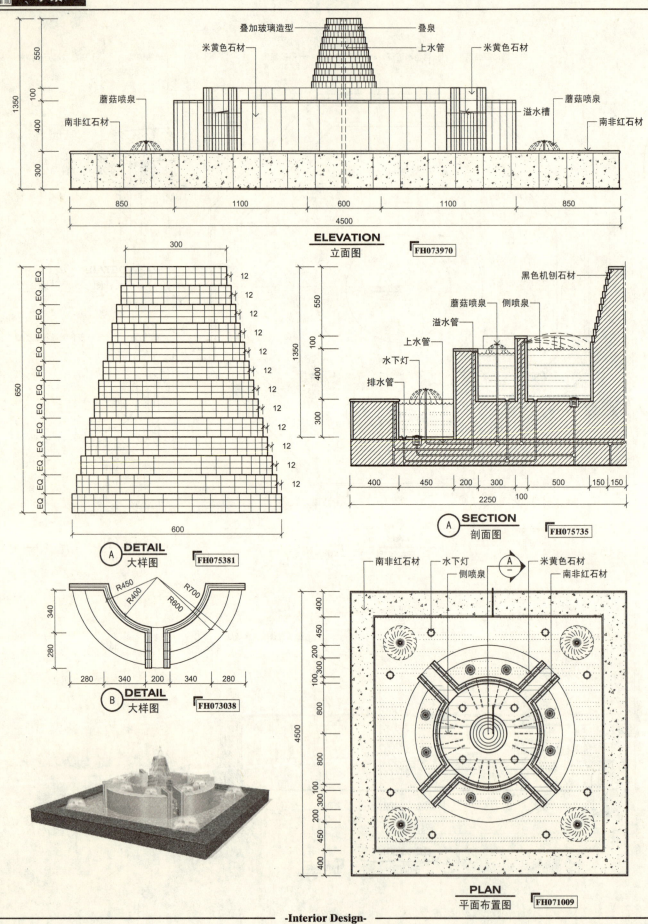

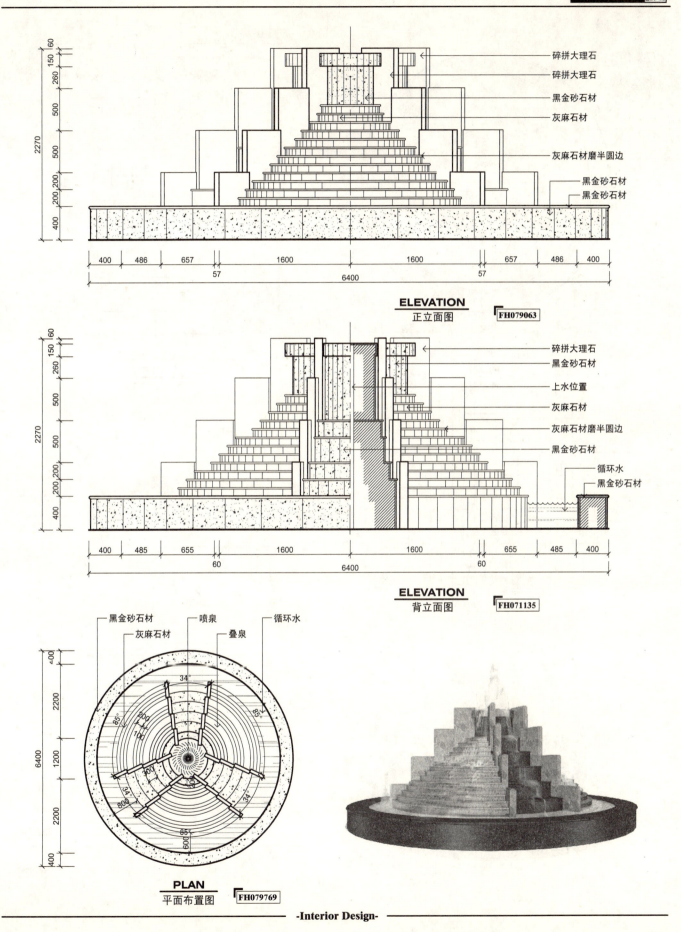

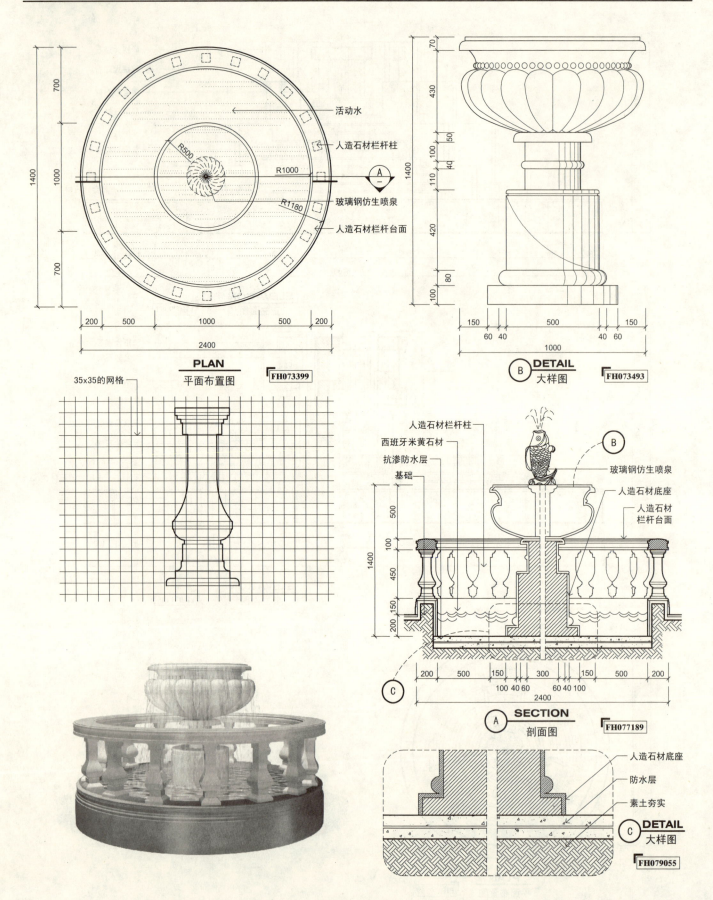

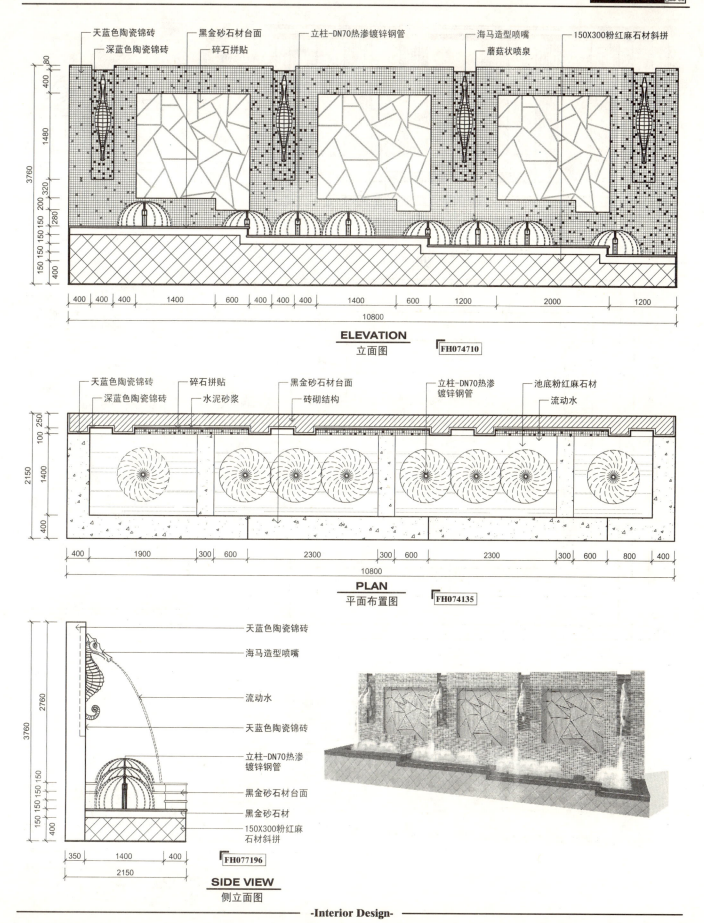

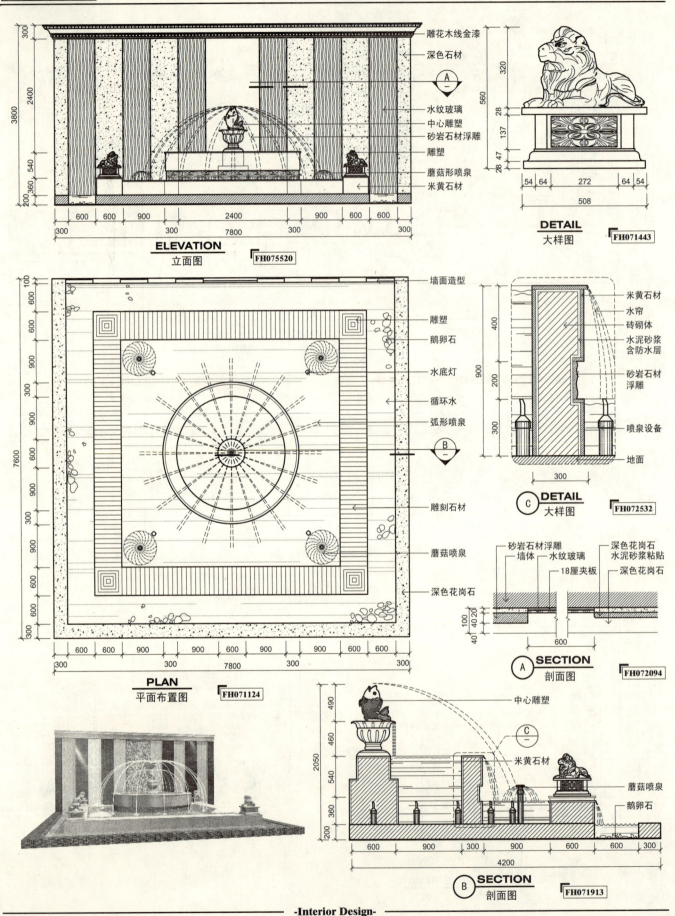

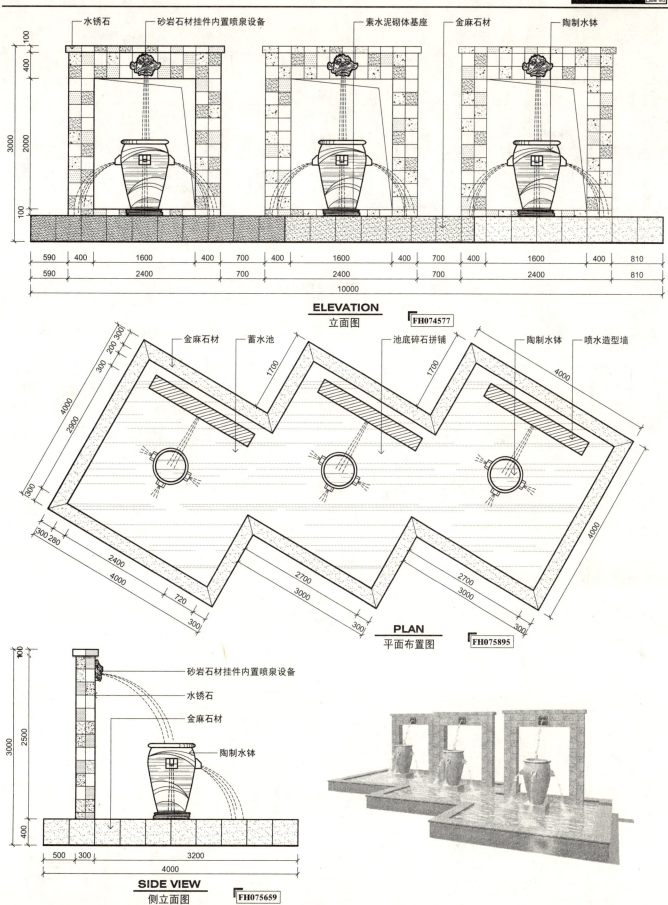

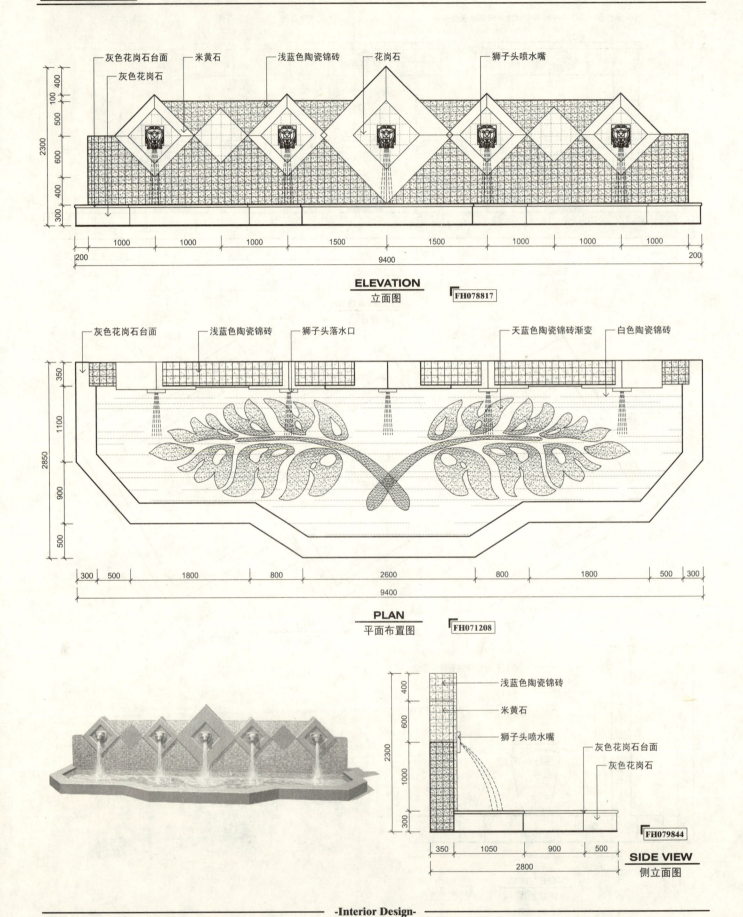

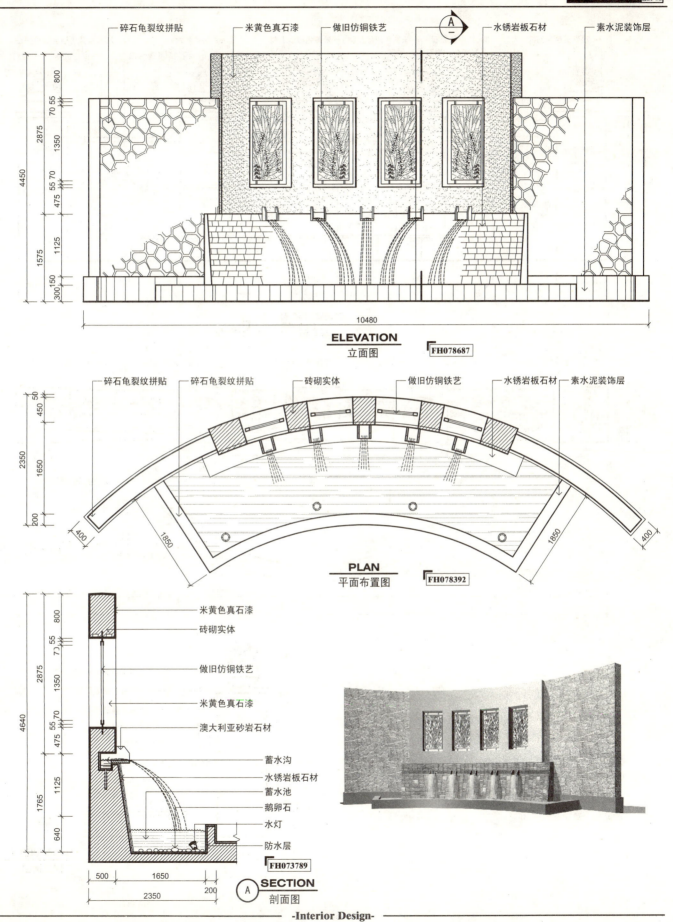

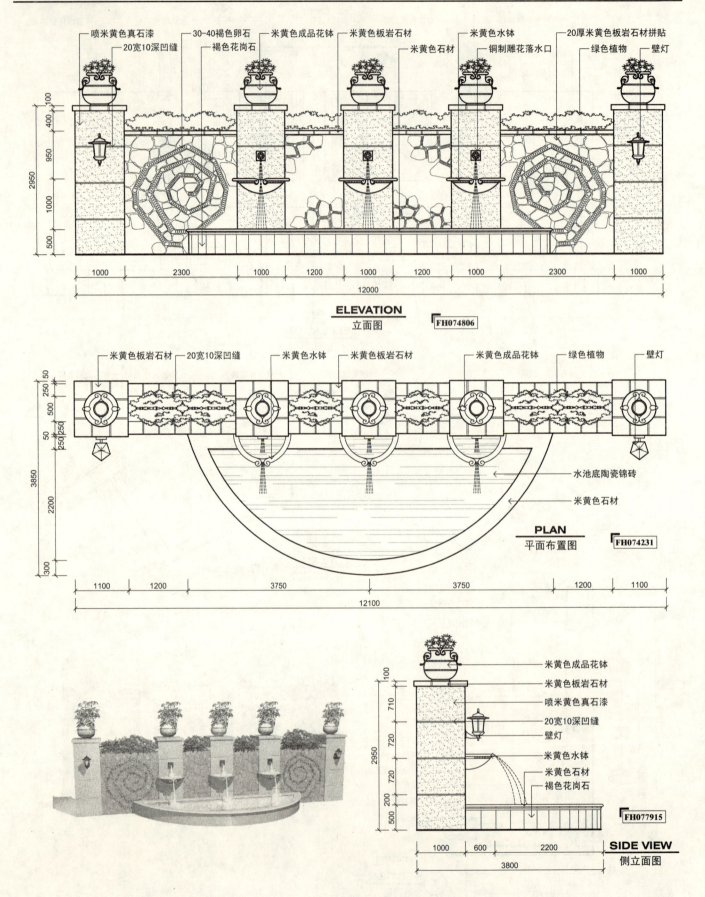

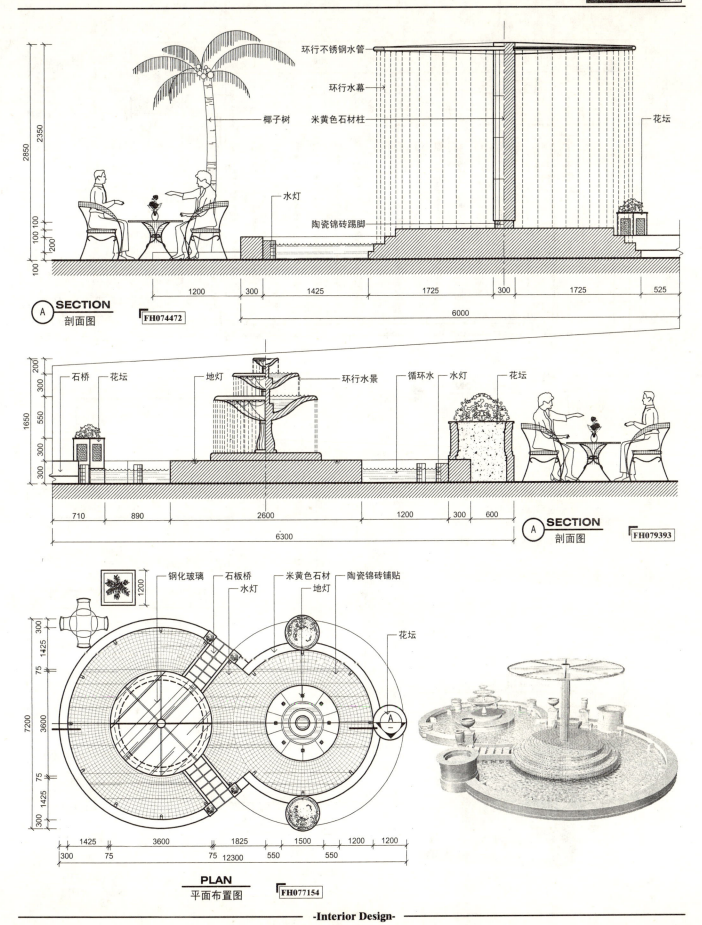

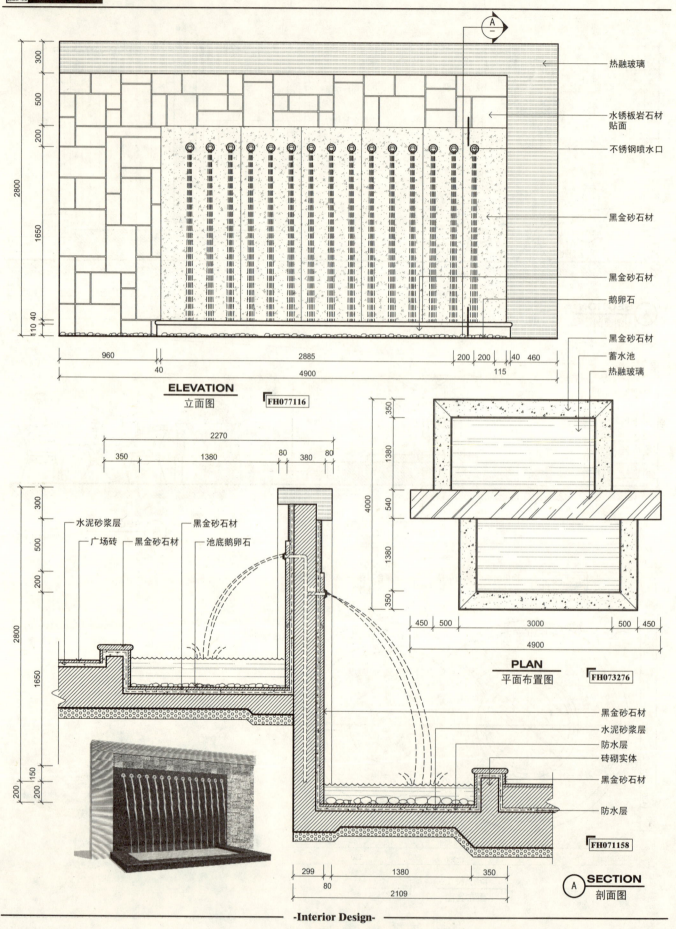

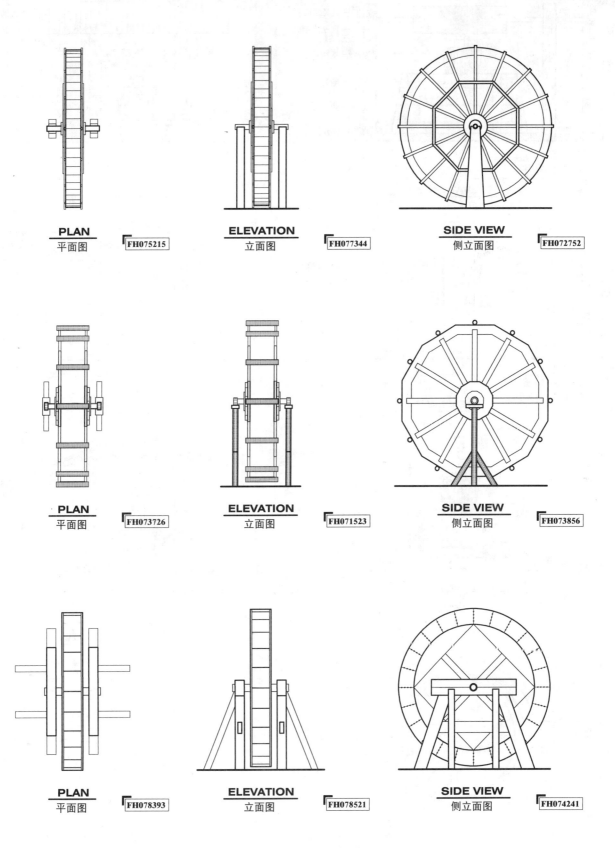

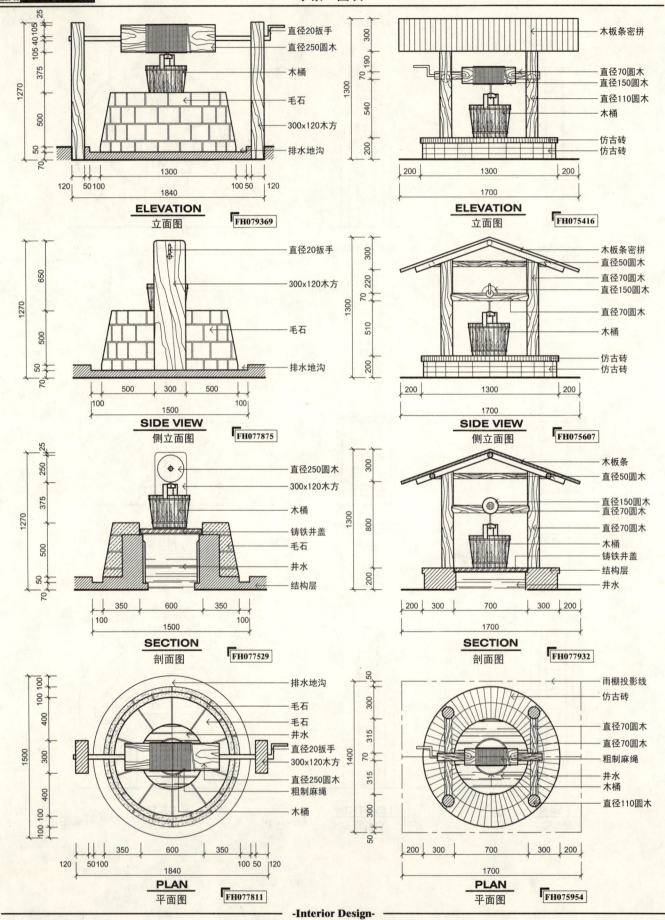

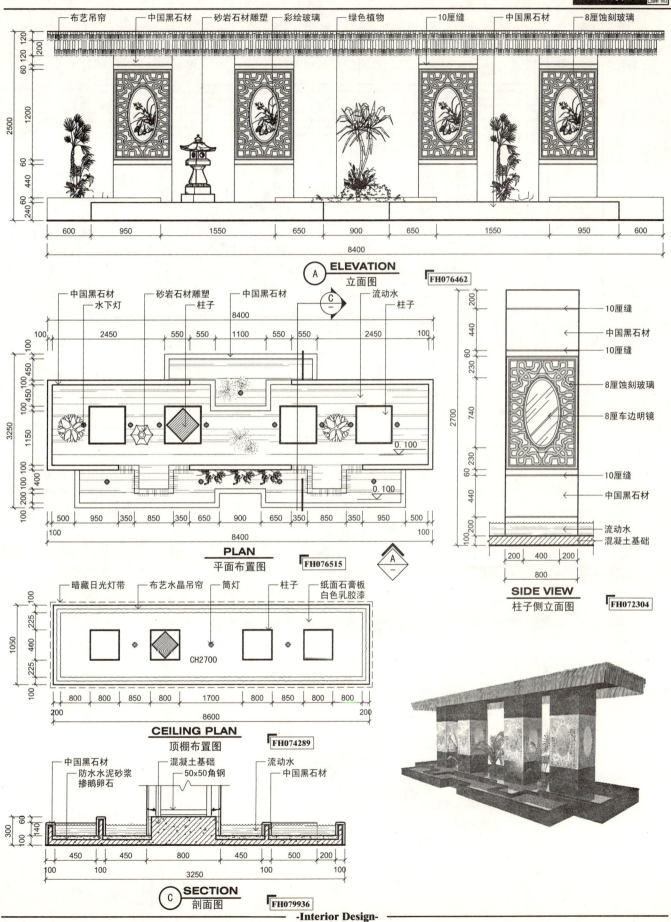

水景 WATERSCAPE 水景·详图

PLAN 平面布置图 FH071840

标注：深色大理石、防腐木、深色大理石、荷花、水池、镙丝固定、池底满铺雨花石

尺寸：3600（300+600+1800+600+300）；6200（600+1250+1250+1250+1250+600）

A SECTION 剖面图 FH077421

标注：深色大理石、花坛、鹅卵石、防腐木、深色大理石、水泥砂浆层、荷花、防水层、水池、水下筒灯、地坪层

尺寸：400（20+60+270+50）；3600（300+1800+300），60×n，15×n

B SECTION 剖面图 FH076966

标注：深色大理石、鹅卵石、水泥砂浆层、防腐木

尺寸：400（50+300+50）；1200（550+50+600）

-Interior Design-

88

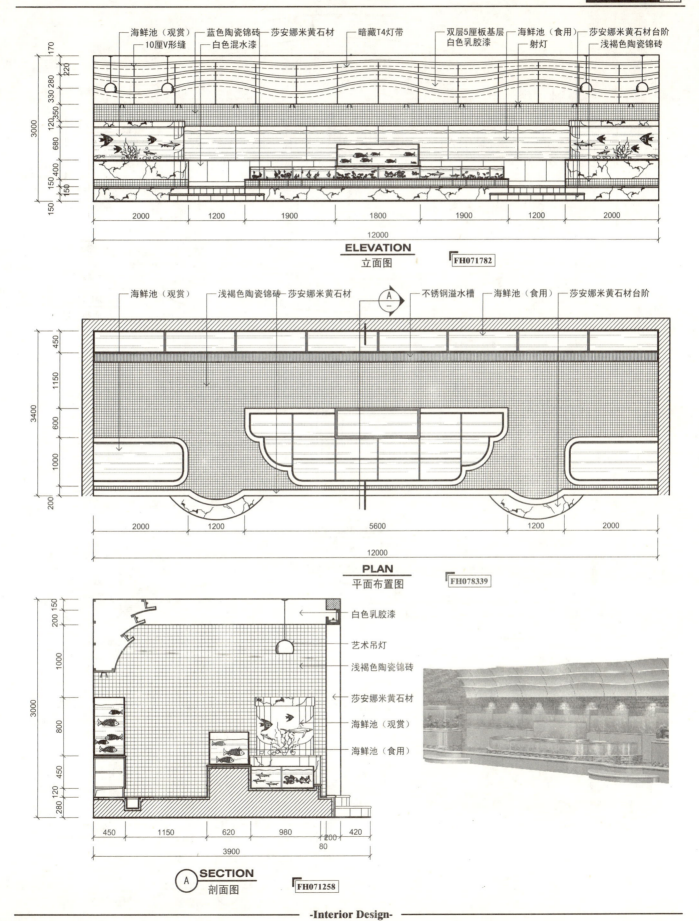

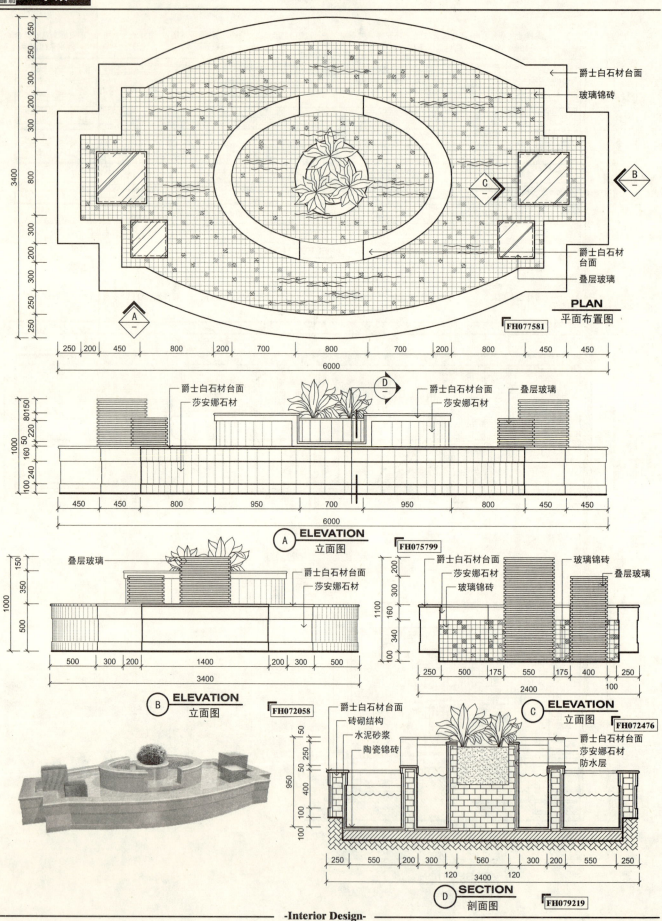

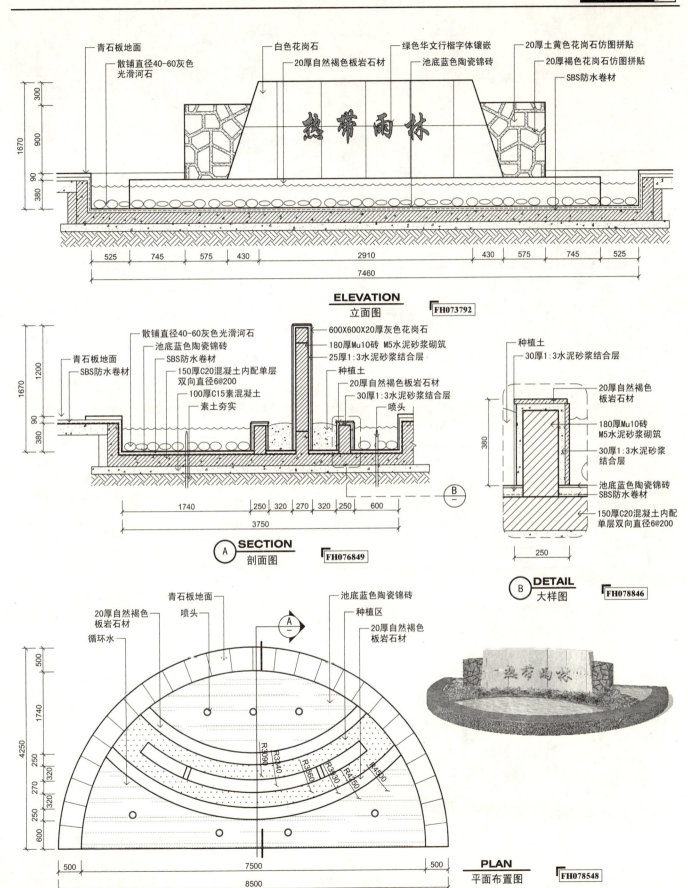

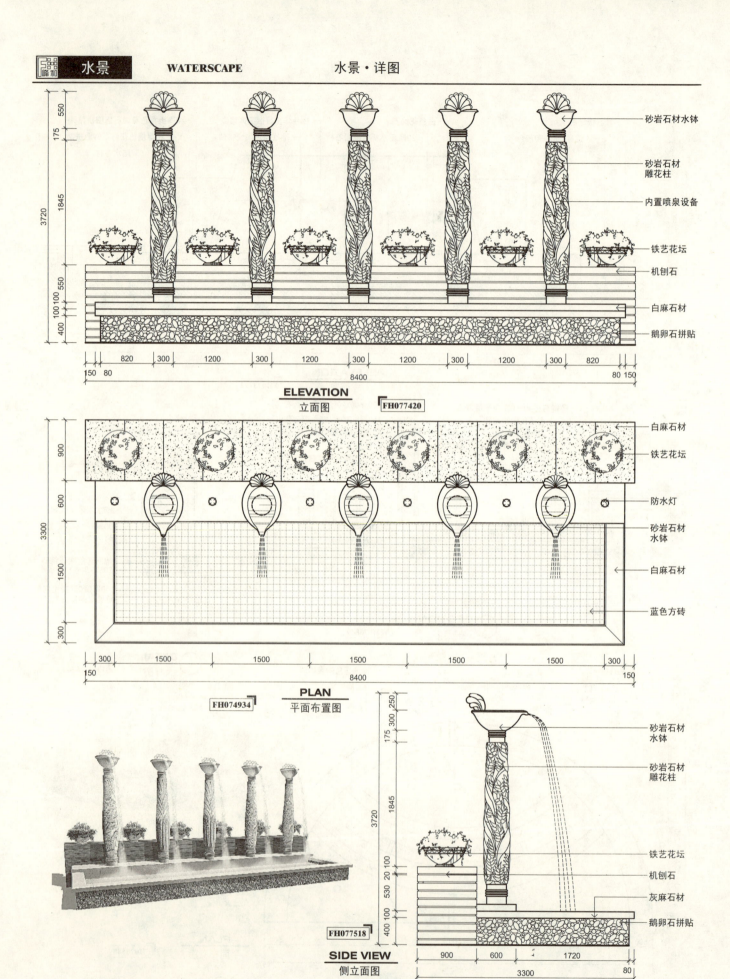

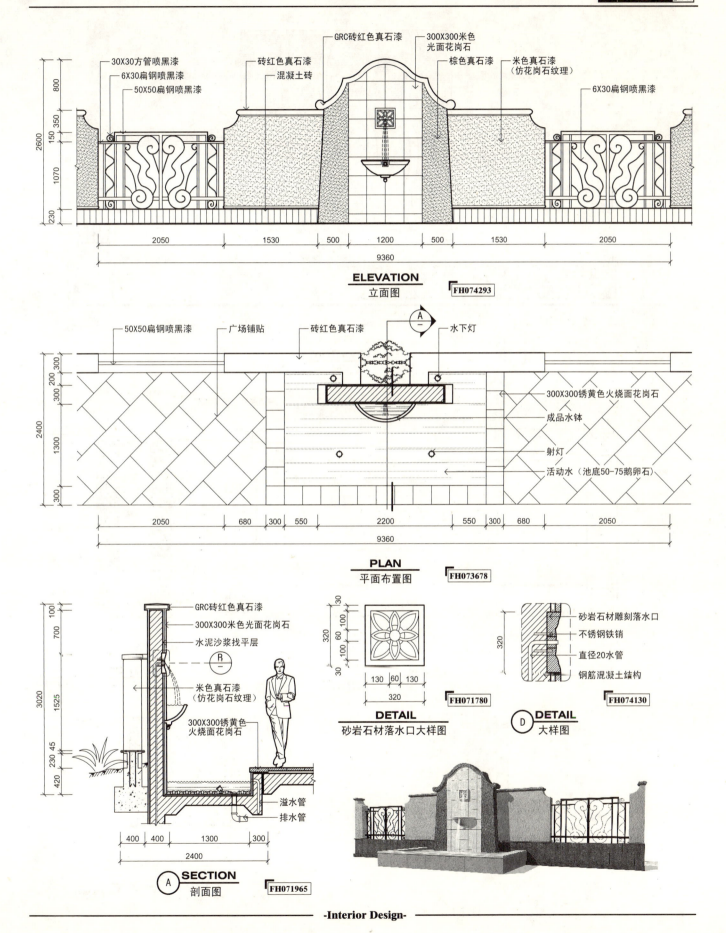

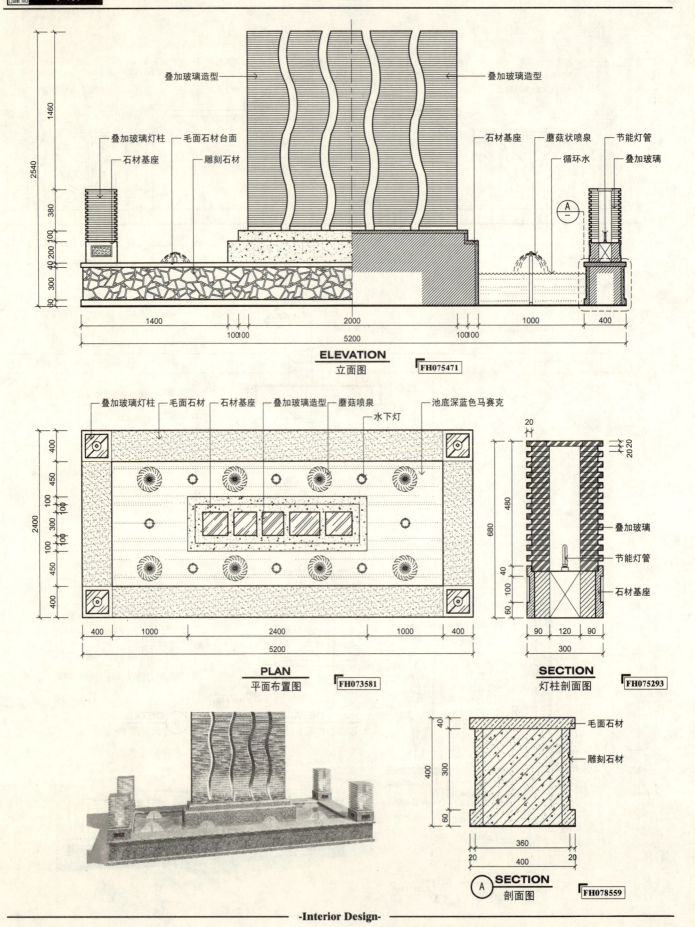

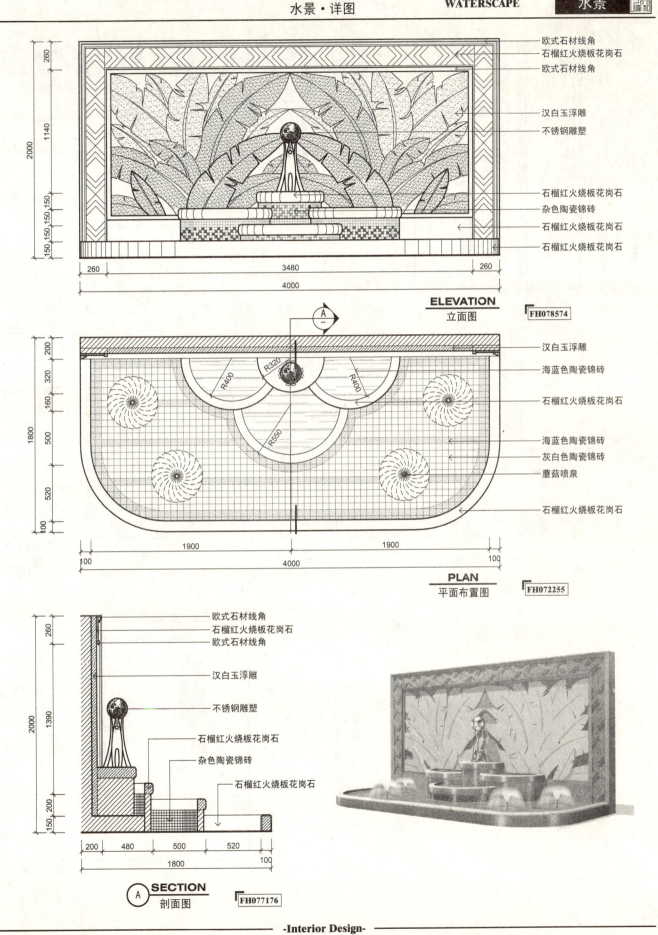

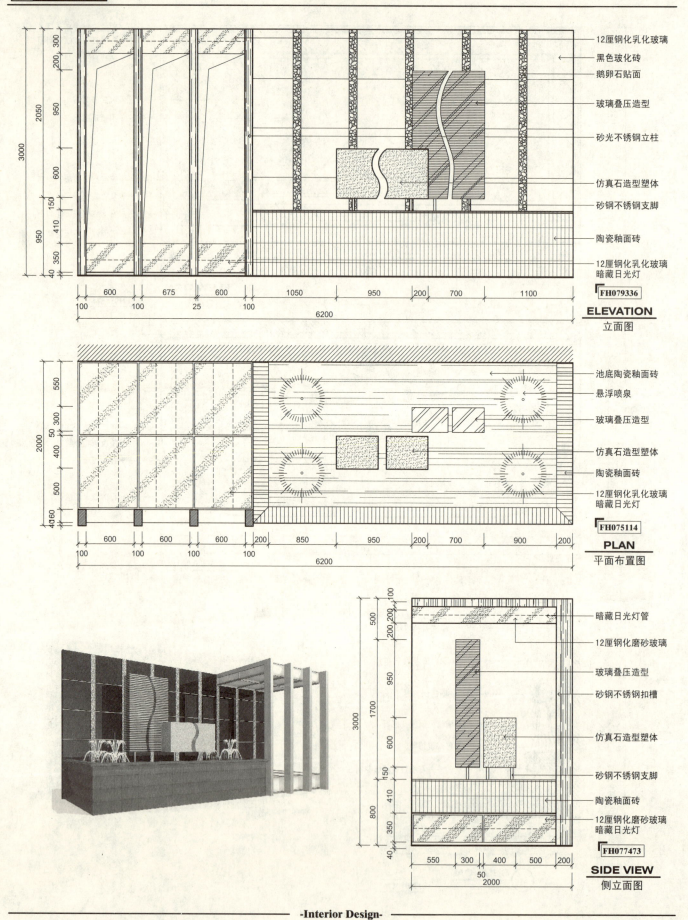

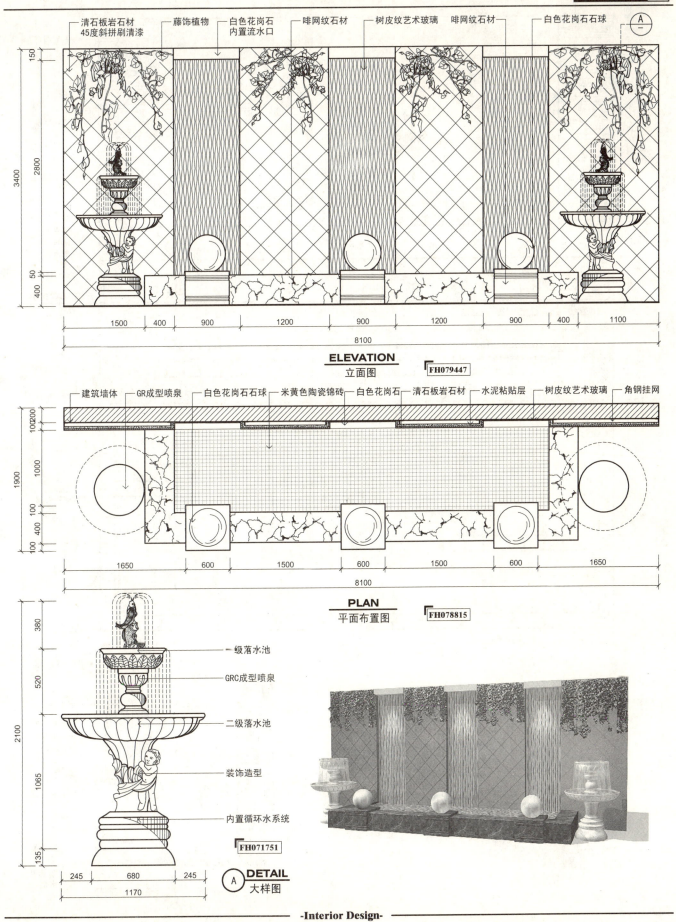

水景 WATERSCAPE 水景·详图

ELEVATION 立面图

- 片岩石材
- 玻璃水幕
- 旅人蕉
- 灌木类植物
- 莎安娜米黄石材
- 出水口

FH072509

PLAN 平面布置图

- 玻璃水幕
- 防水射灯
- 花池
- 莎安娜米黄石材
- 水池
- 水下灯

FH077192

SECTION 剖面图

- 片岩石材
- 玻璃水幕
- 出水管
- 25厘钢化玻璃
- 不锈钢螺栓
- 30×30角钢
- 出水管（接循环水泵）
- 水下灯
- 莎安娜米黄石材
- 回水管（接过滤器及循环水泵）

FH071104

-Interior Design-

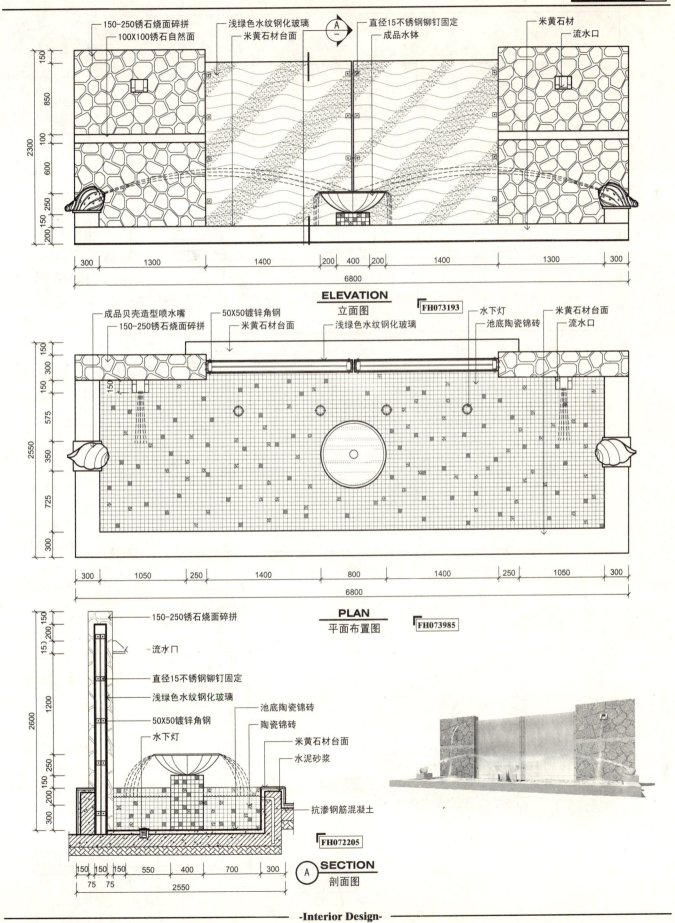

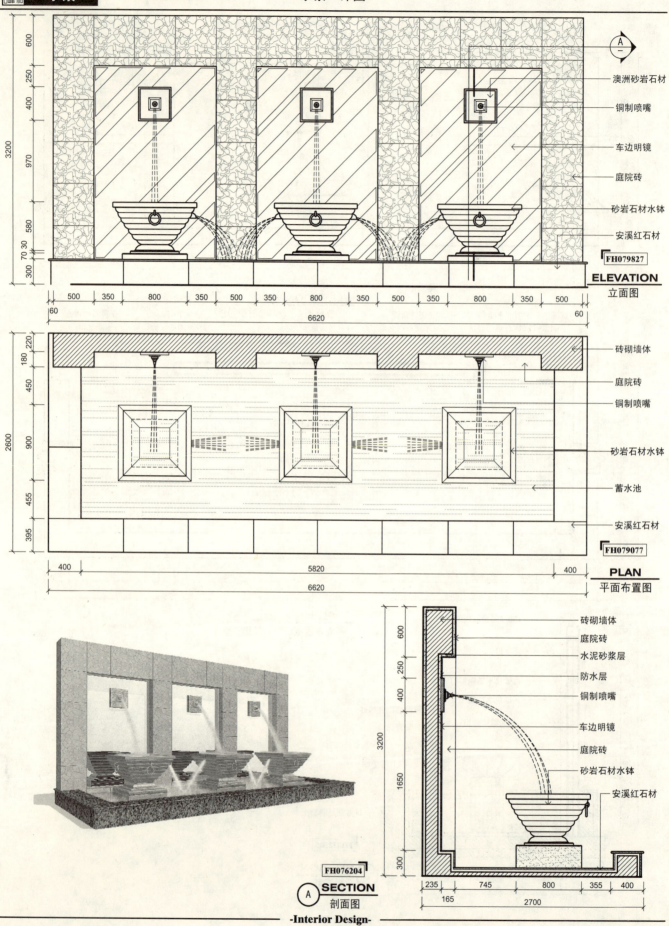

水景·详图　　WATERSCAPE　　水景

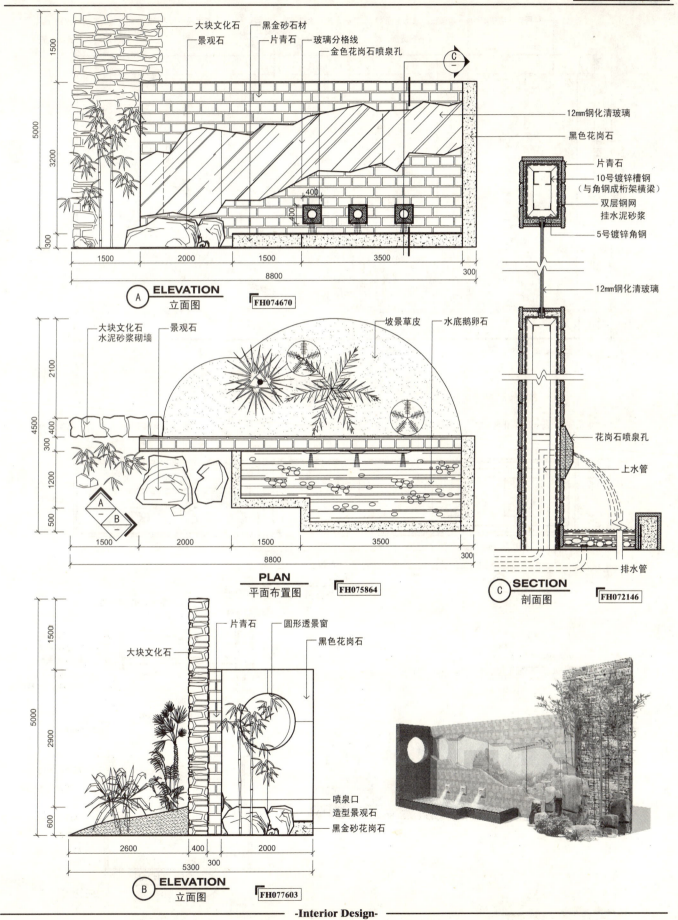

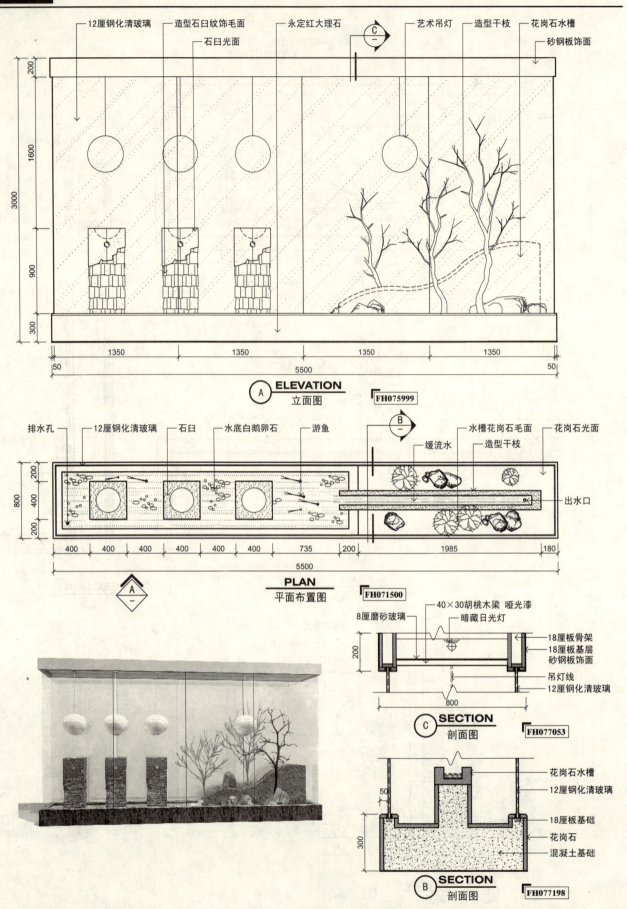

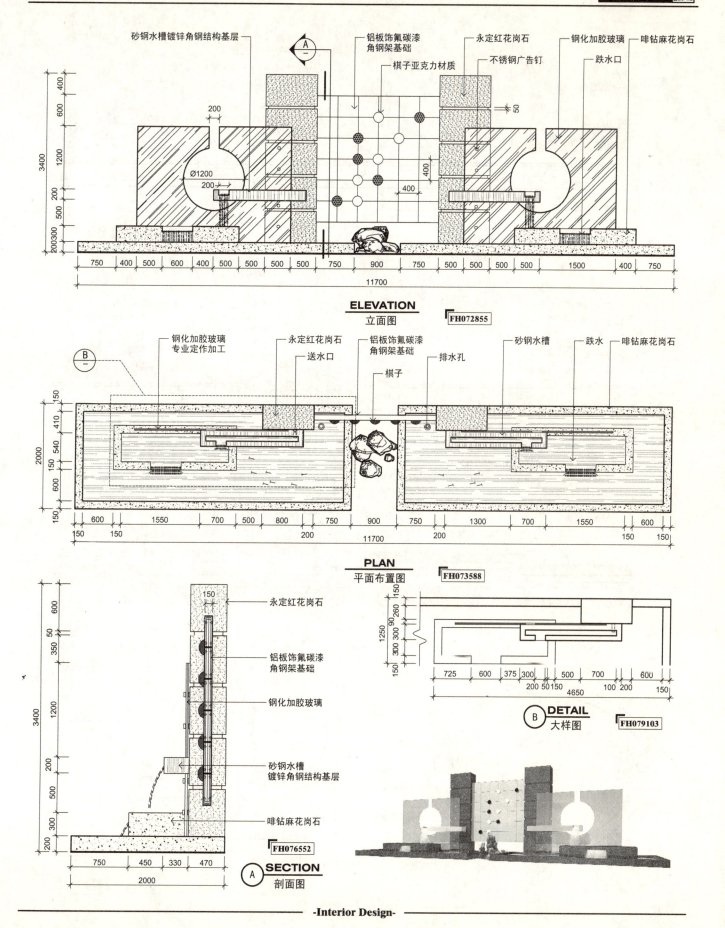

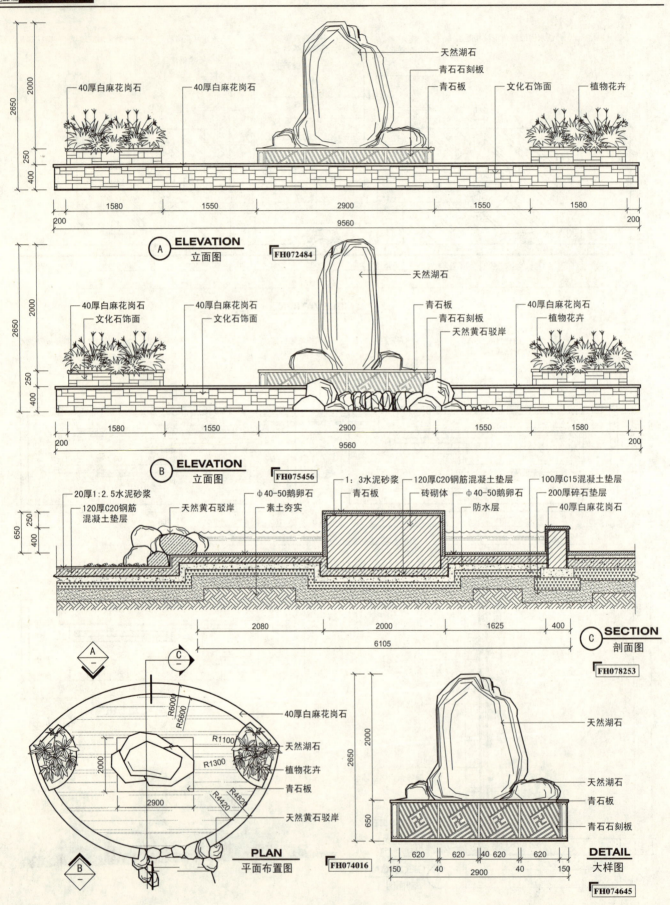

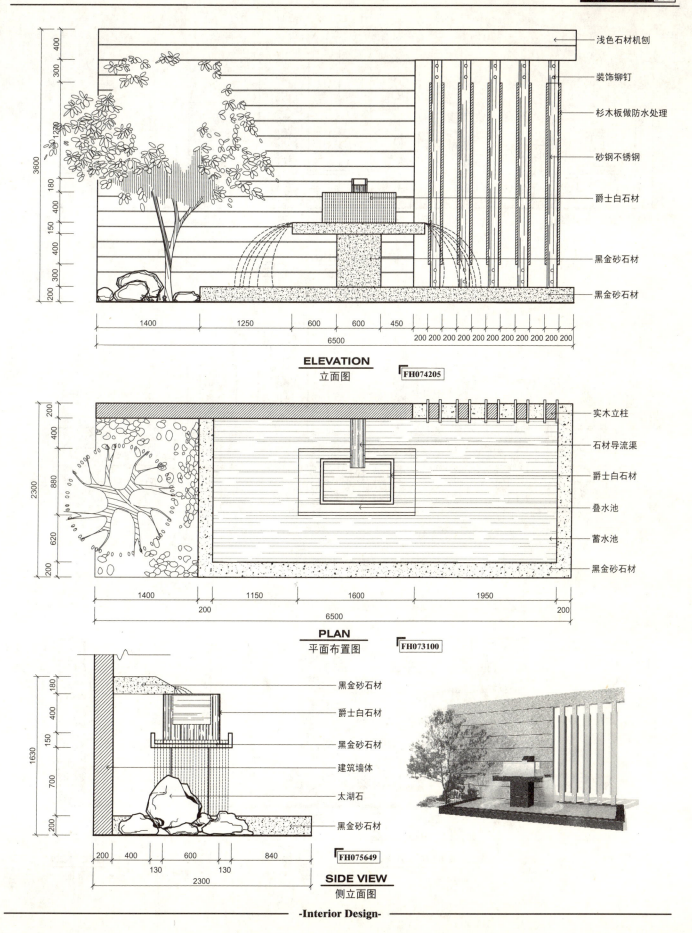

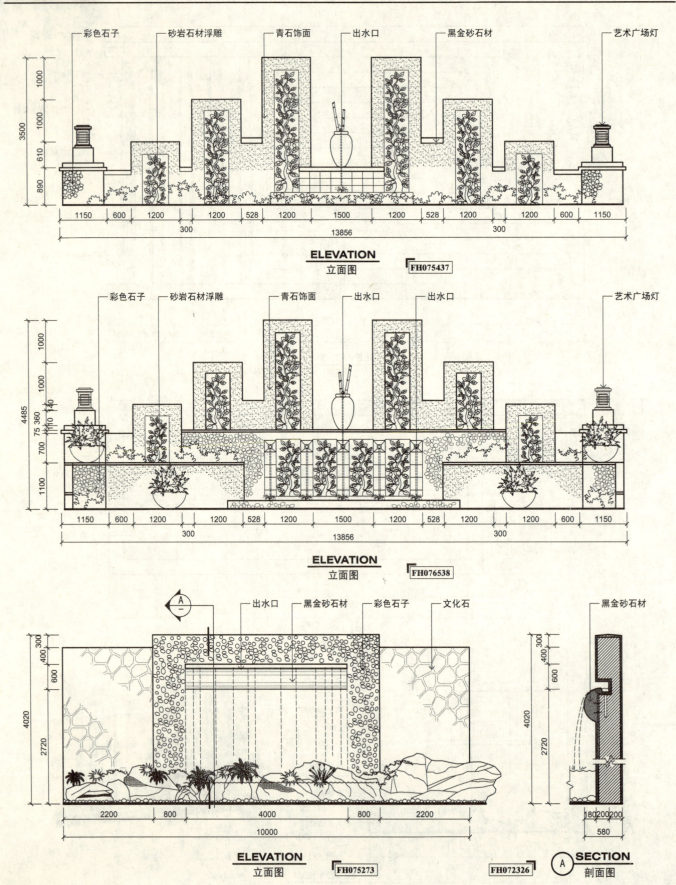

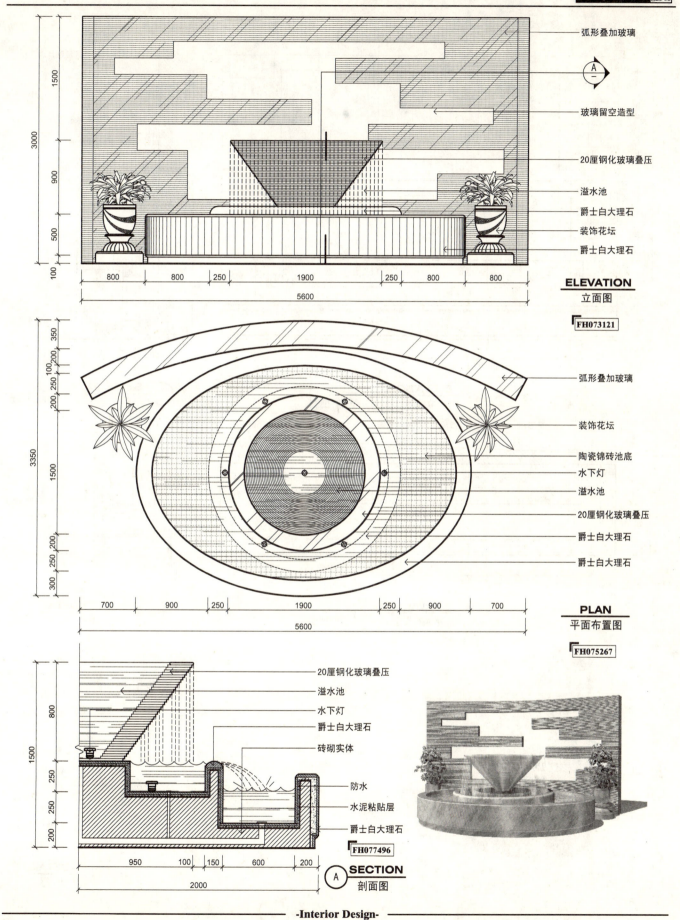

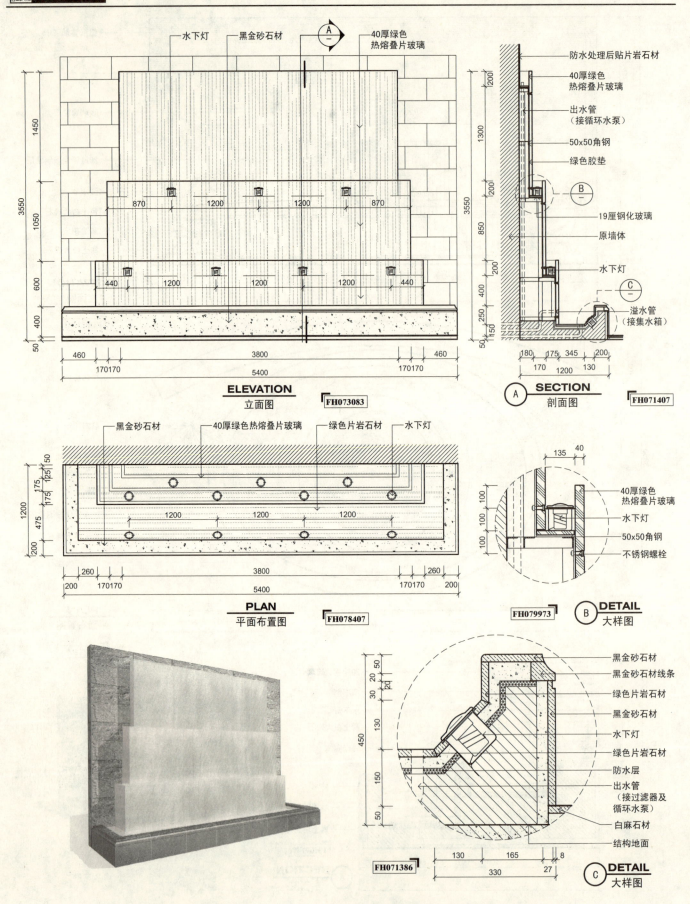

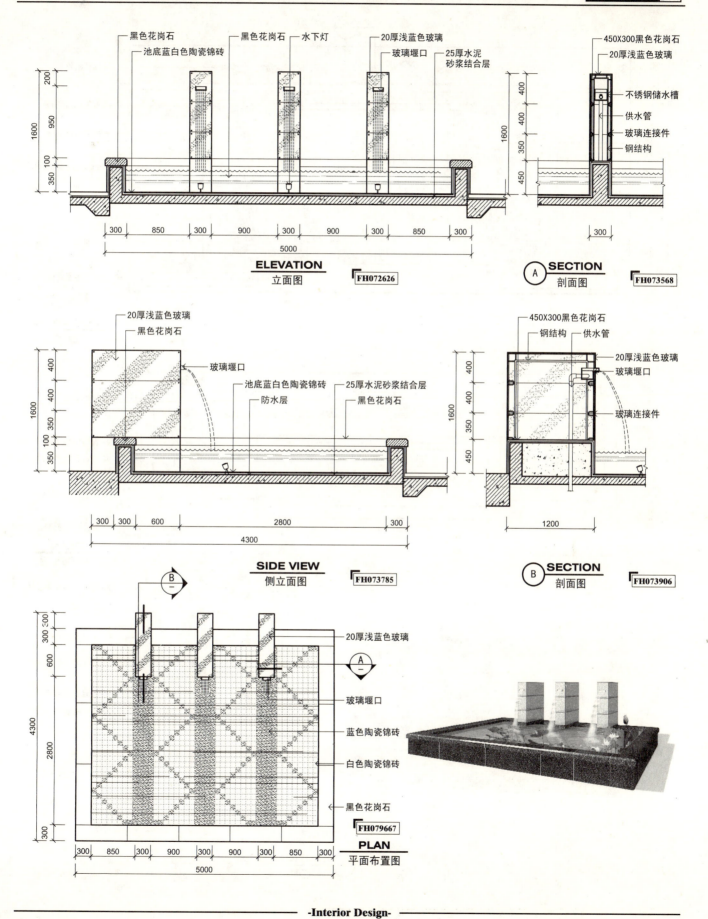

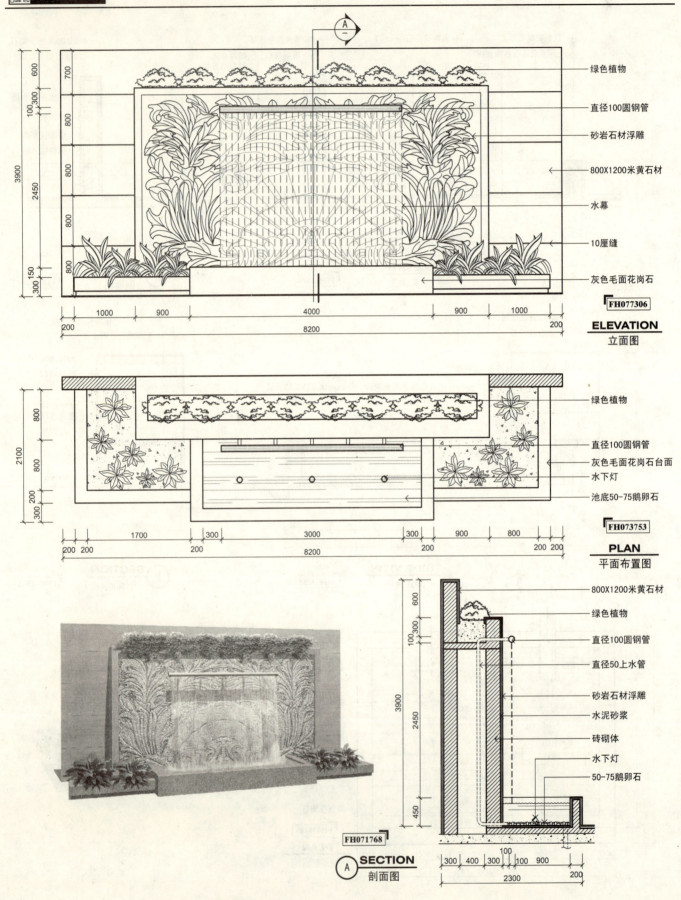

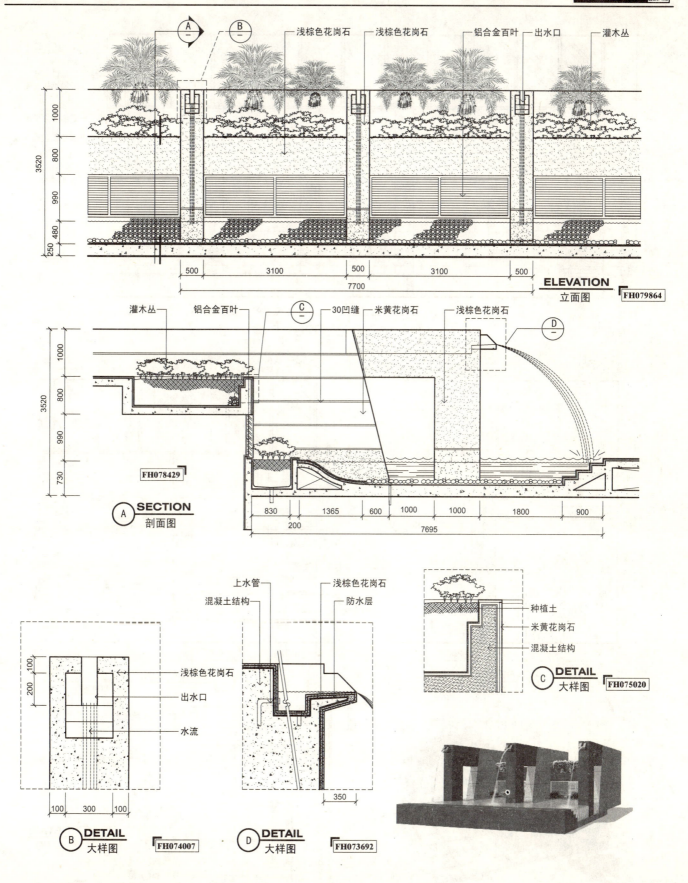

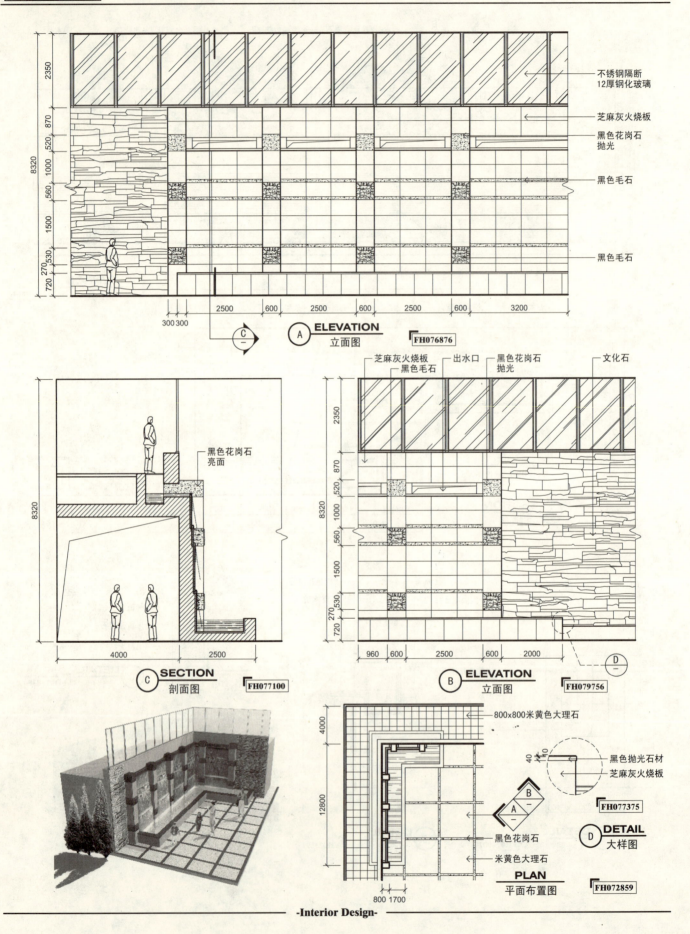

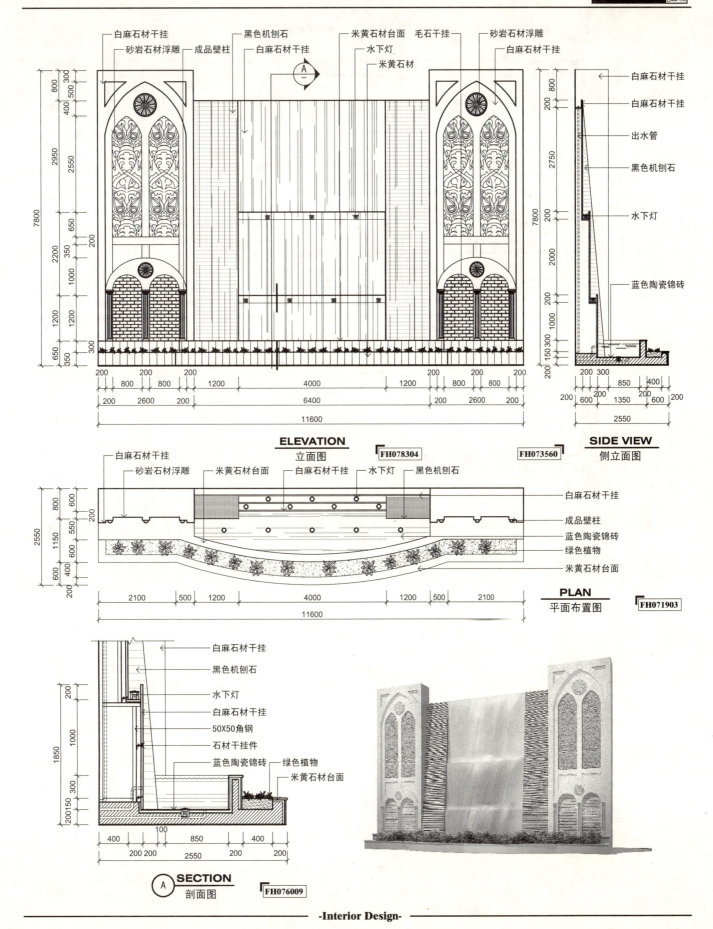

水景 WATERSCAPE 跌水·详图

ELEVATION 立面图 FH071423

SIDE VIEW 侧立面图 FH079952

立面图标注：磨砂玻璃暗藏灯带、直径200圆钢管、水幕、不锈钢扶手、10厘钢化玻璃

侧立面图标注：凹凸石材、圆钢管、不锈钢条、磨砂玻璃、暗藏灯带、不锈钢扣条、墙体、皇室啡石材

PLAN 平面布置图 FH077738

平面图标注：造型柱、墙体、凹凸石材、皇室啡石材、循环水、射灯、圆钢管、不锈钢扶手

A SECTION 剖面图 FH073908

剖面A标注：不锈钢扶手、钢化玻璃、皇室啡石材、木夹板基层、槽钢结构

B SECTION 剖面图 FH076016

剖面B标注：圆钢管、不锈钢、不锈钢条、方钢结构、不锈钢扣条、磨砂玻璃、T4灯、上水管

-Interior Design-

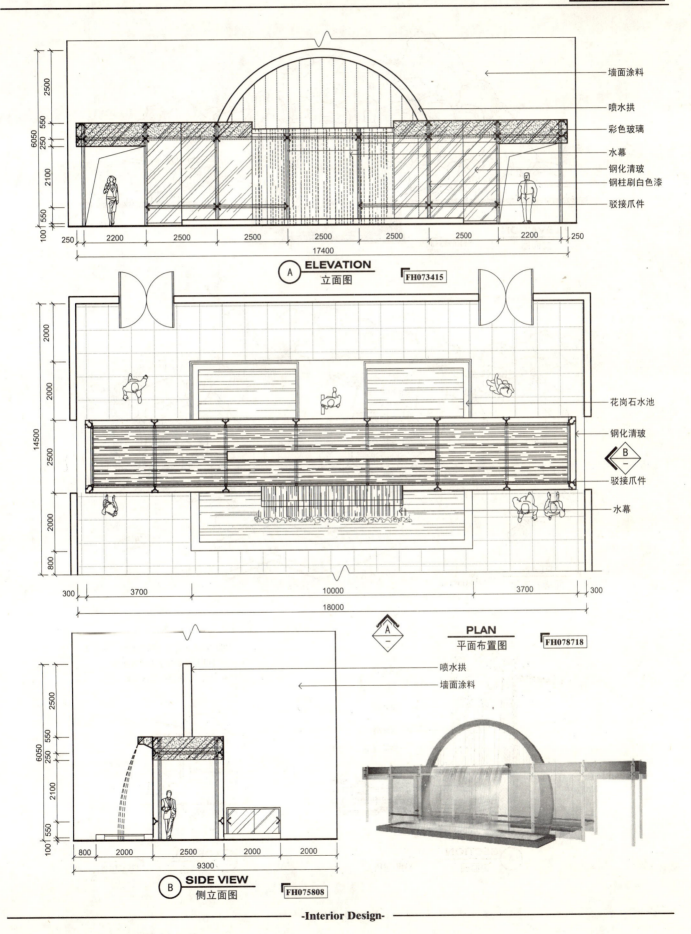

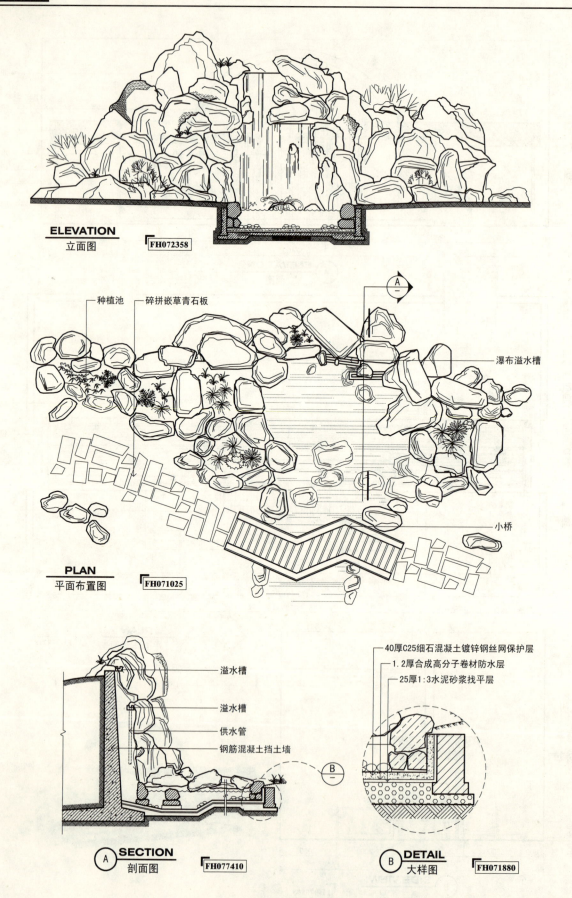

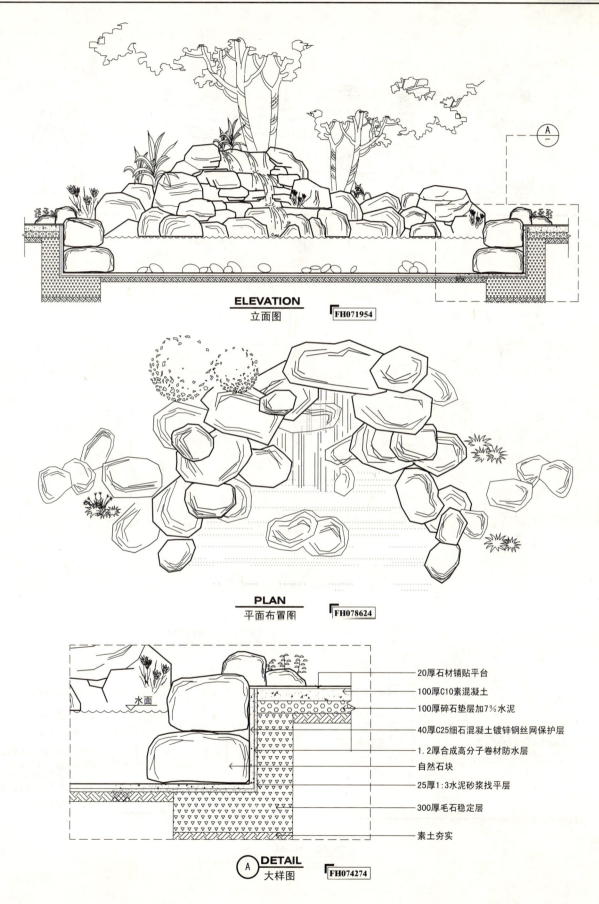

水景 | WATERSCAPE　瀑布·详图

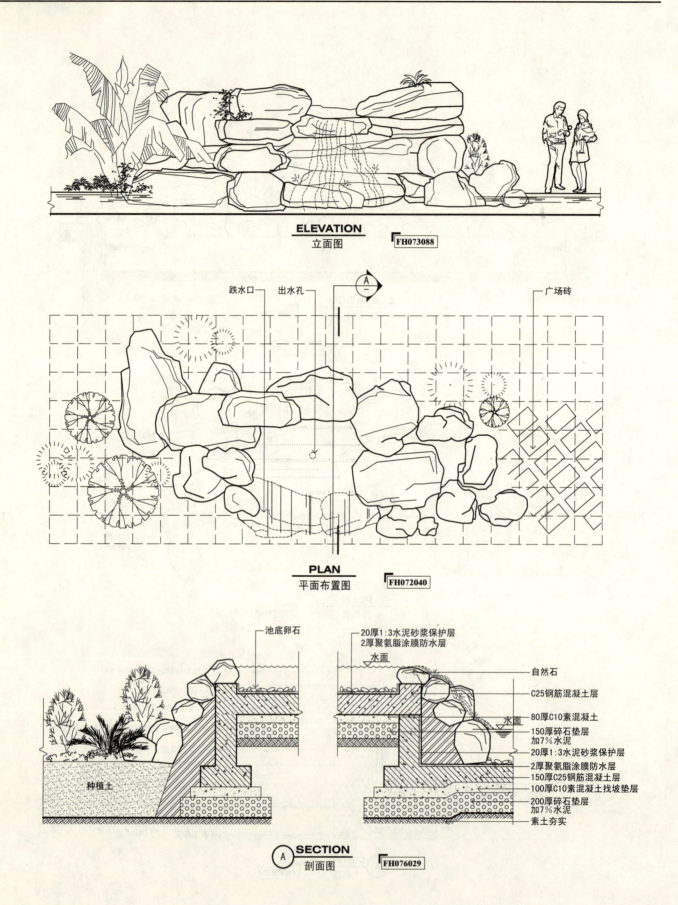

花坛

http://www.dwg-cool.com

花坛·图块　　PARTERRE　　花坛

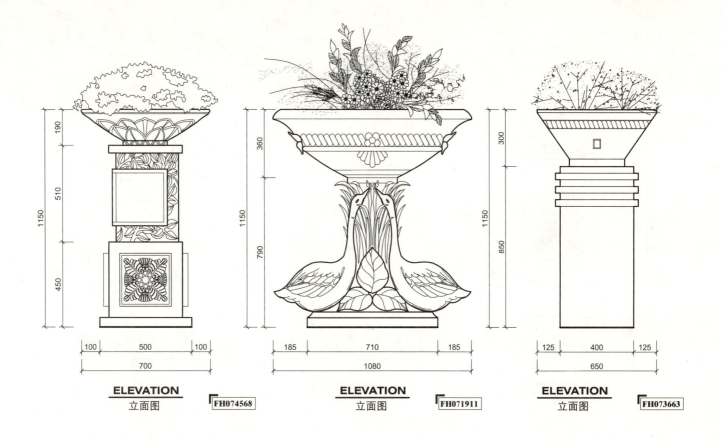

ELEVATION 立面图　FH074568

ELEVATION 立面图　FH071911

ELEVATION 立面图　FH073663

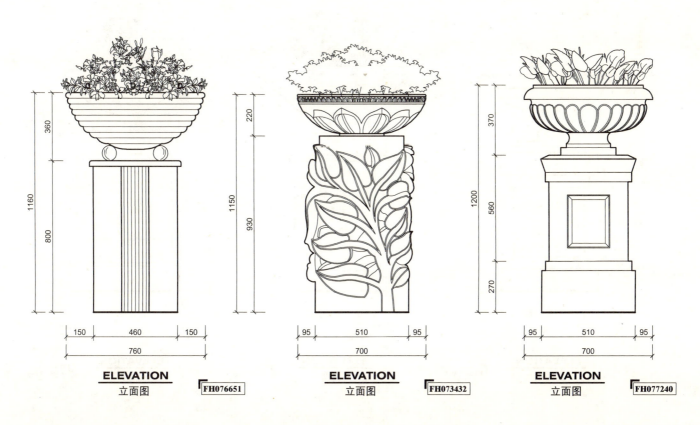

ELEVATION 立面图　FH076651

ELEVATION 立面图　FH073432

ELEVATION 立面图　FH077240

-Interior Design-

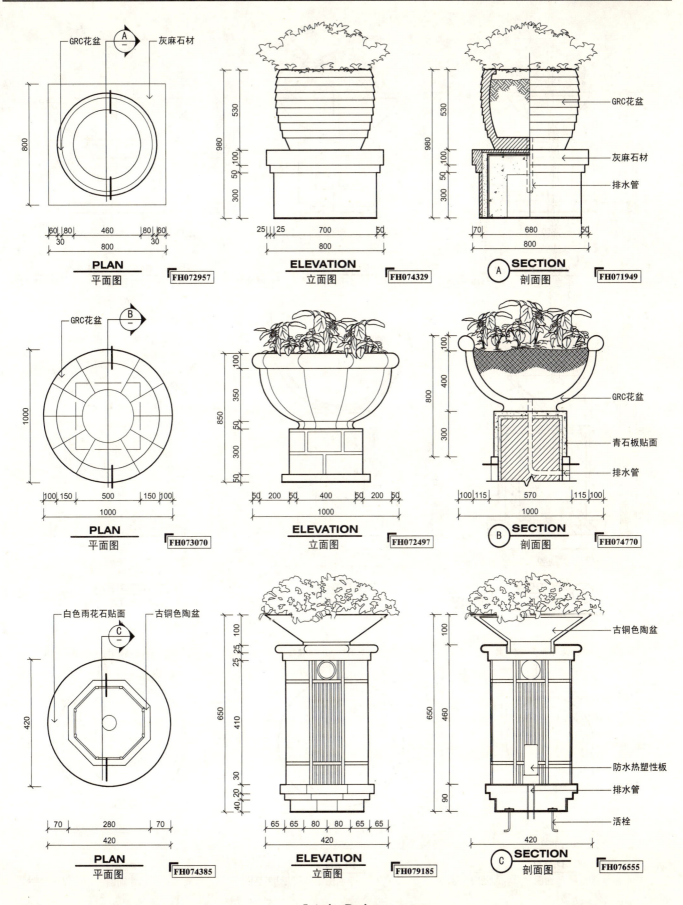

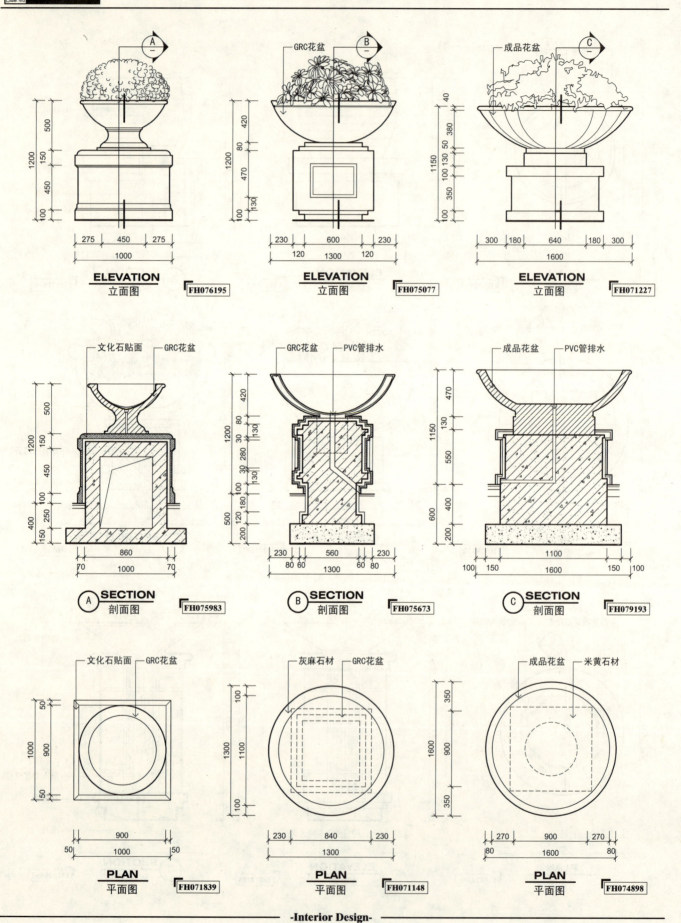

亭 子

http://www.dwg-cool.com

亭子 GLOIETTE 中式亭·详图

ELEVATION 立面图 FH076221

- 灰筒瓦
- 木挂落
- 美人靠深红色面漆

SECTION 剖面图 FH077688

- 60厚现浇钢筋混凝土
- 预制钢筋混凝土桁条

PLAN 平面布置图 FH074750

- 灰白色花岗石火烧板
- 美人靠深红色面漆

CEILING PLAN 顶棚布置图 FH078571

- 20厚的钢丝网1:2水泥砂浆
- 竹片平顶

C DETAIL 大样图 FH077254

- 灰盖灰
- 1:2水泥砂浆做线脚黑烟脂

A DETAIL 大样图 FH076233

- 宝顶
- 云纹彩绘

-Interior Design-

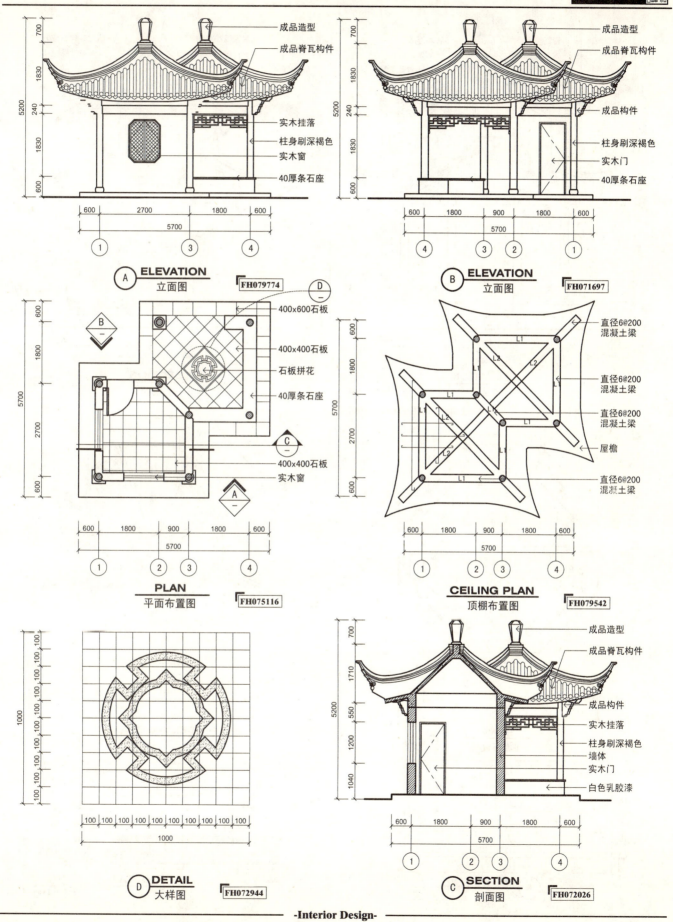

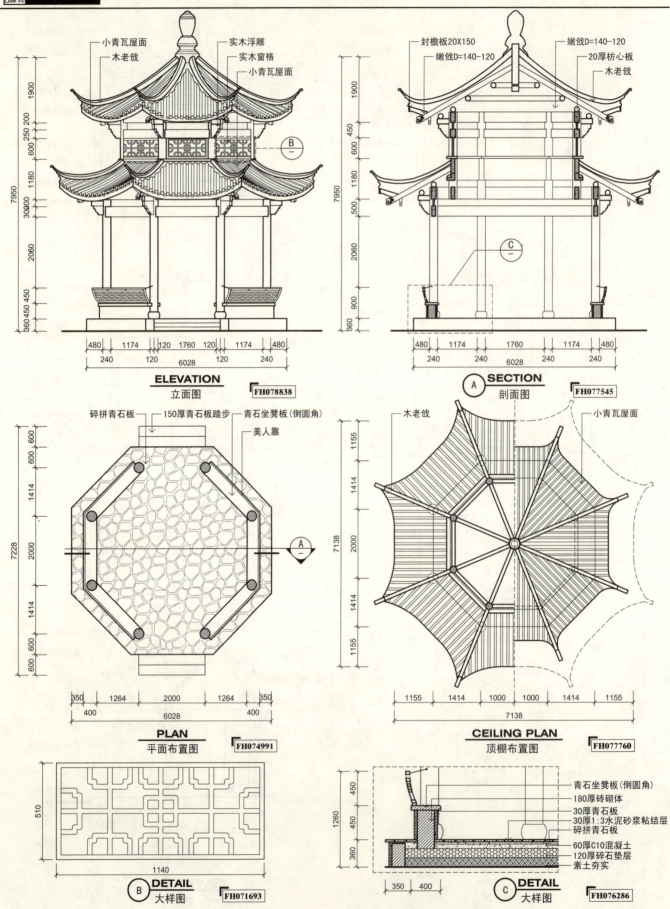

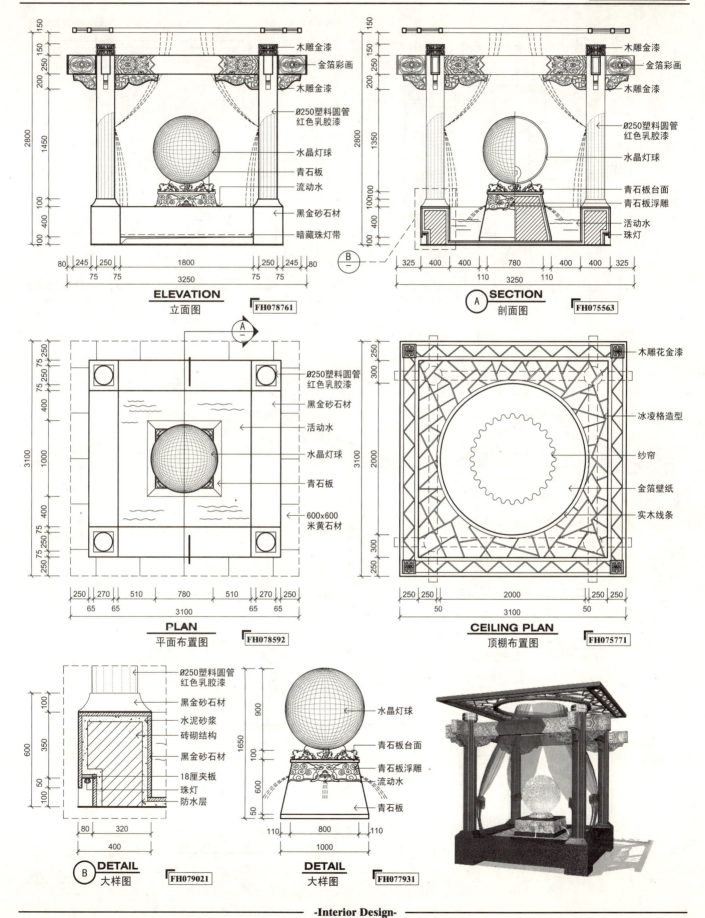

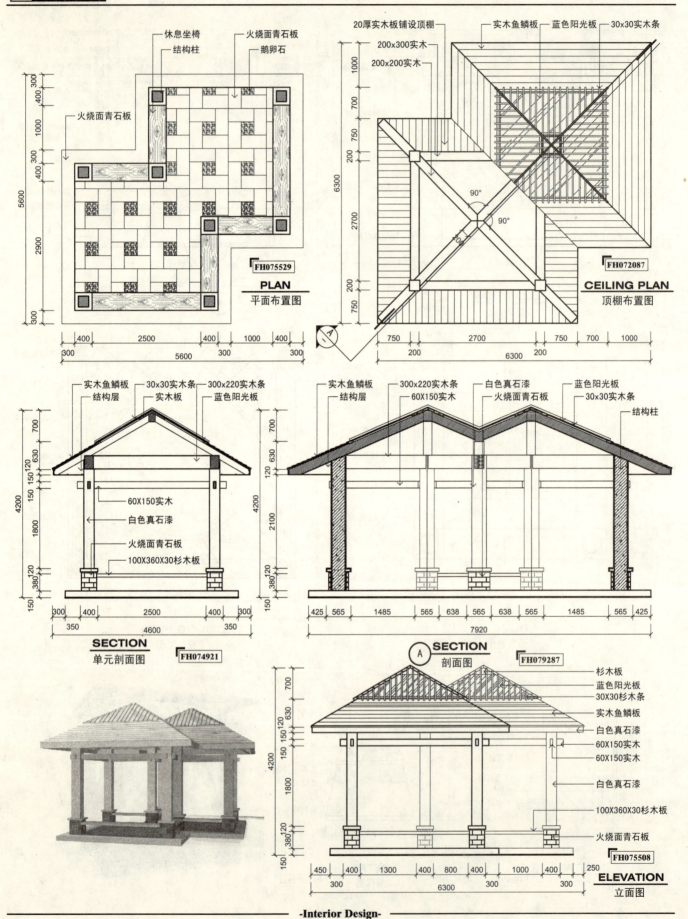

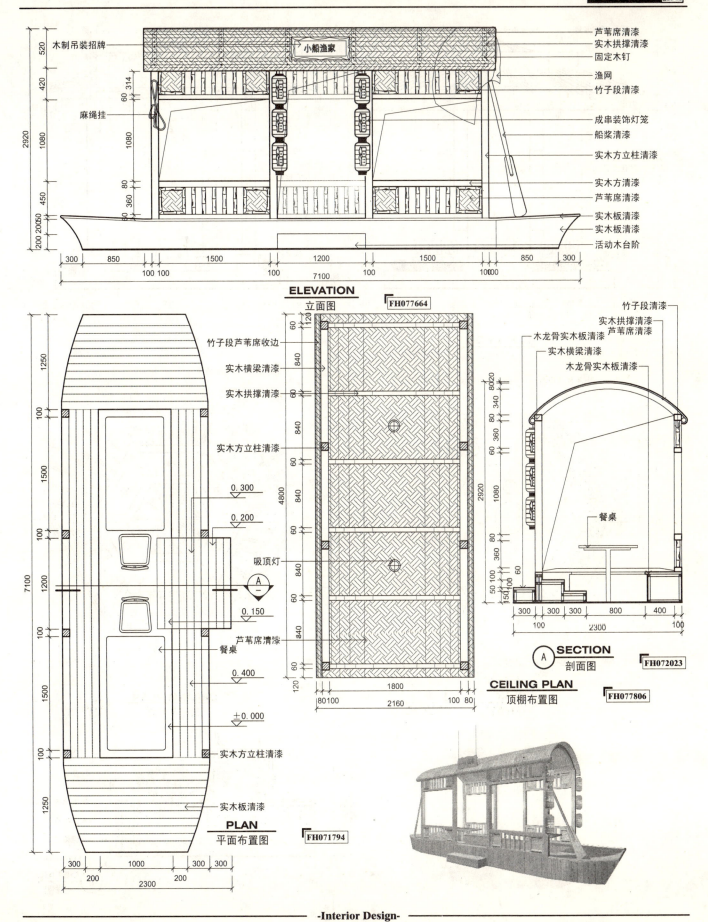

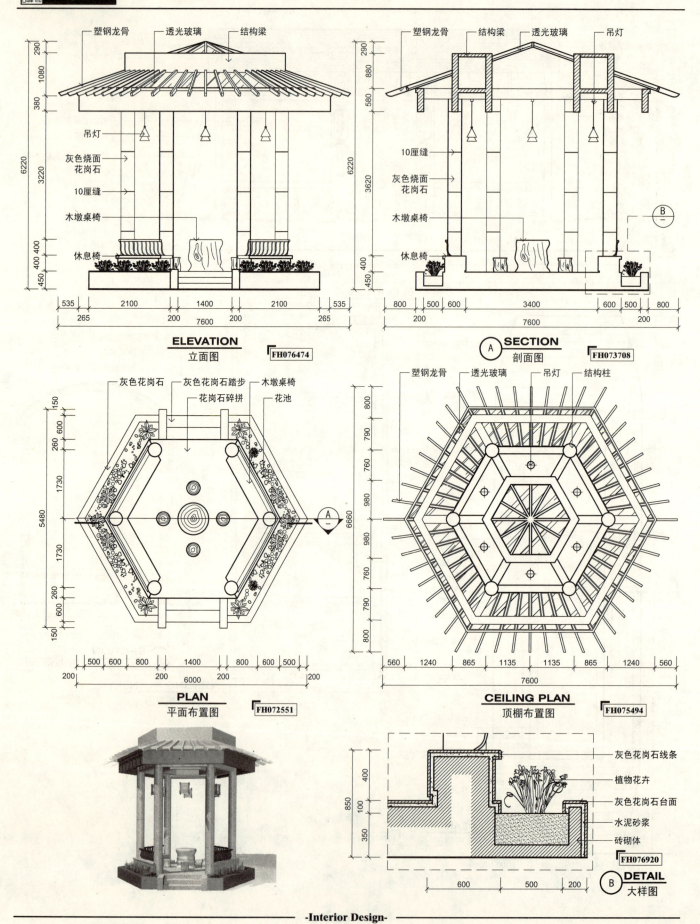

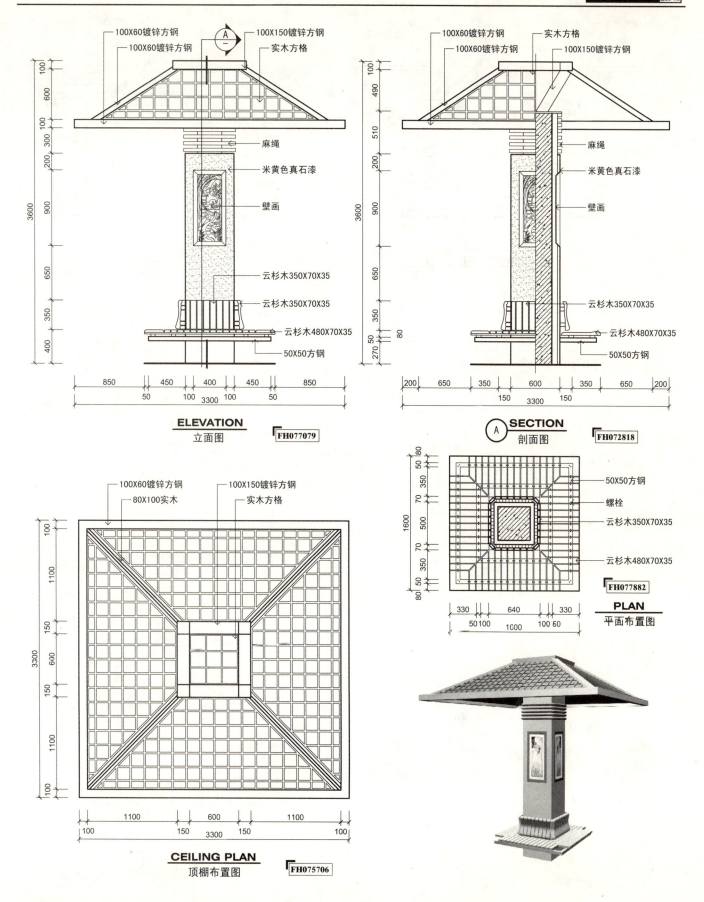

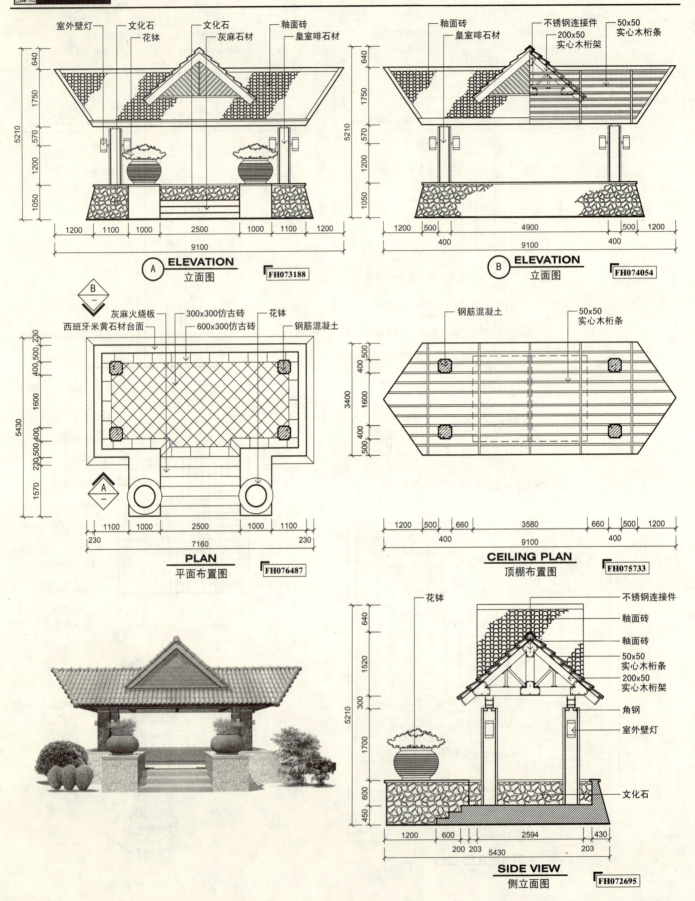

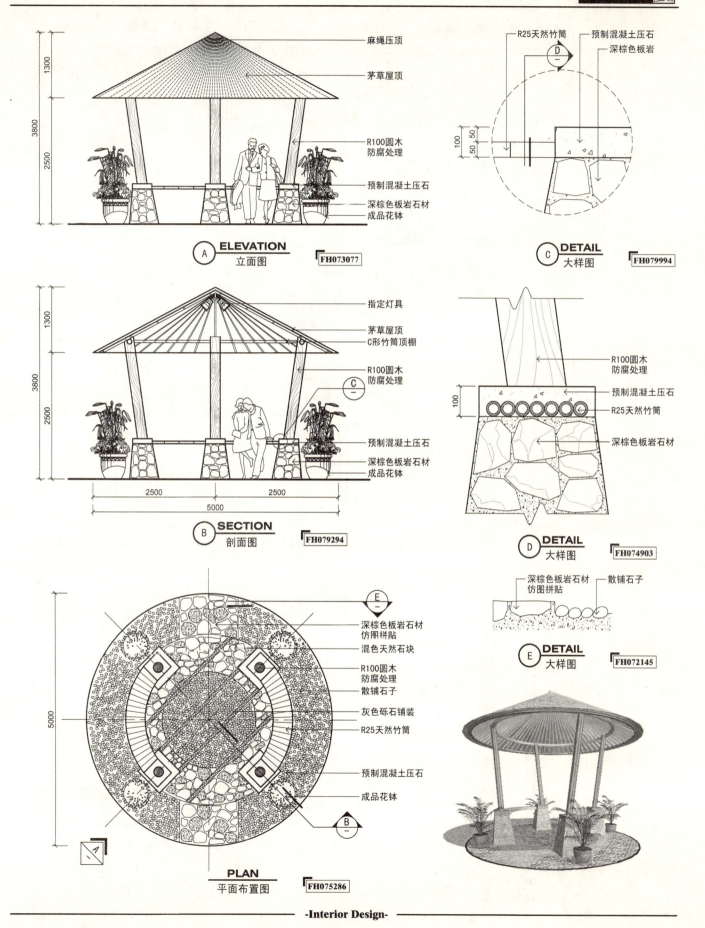

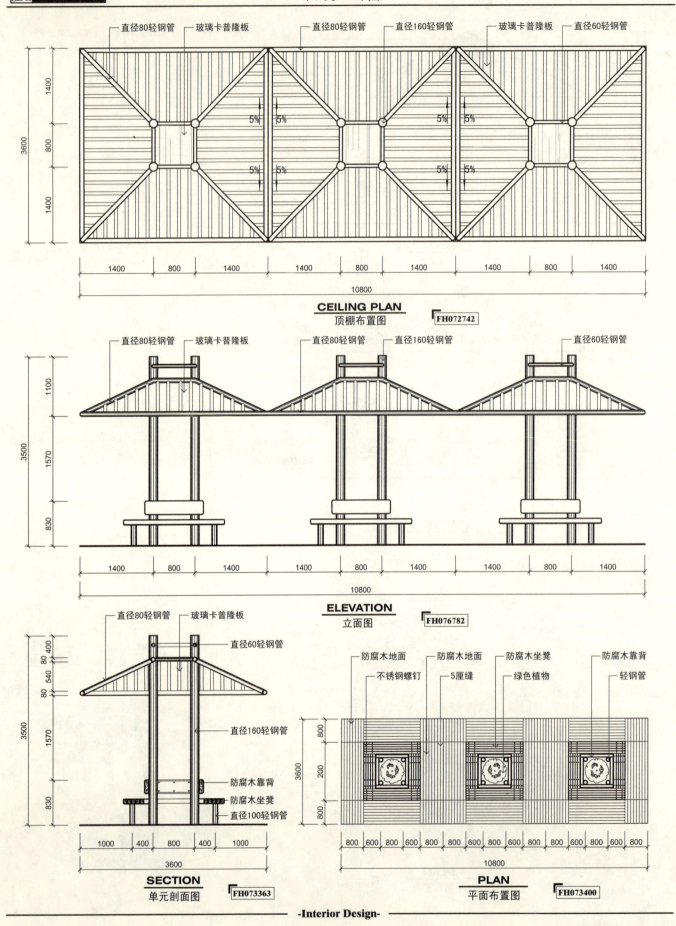

中式亭·详图 GLOIETTE 亭子

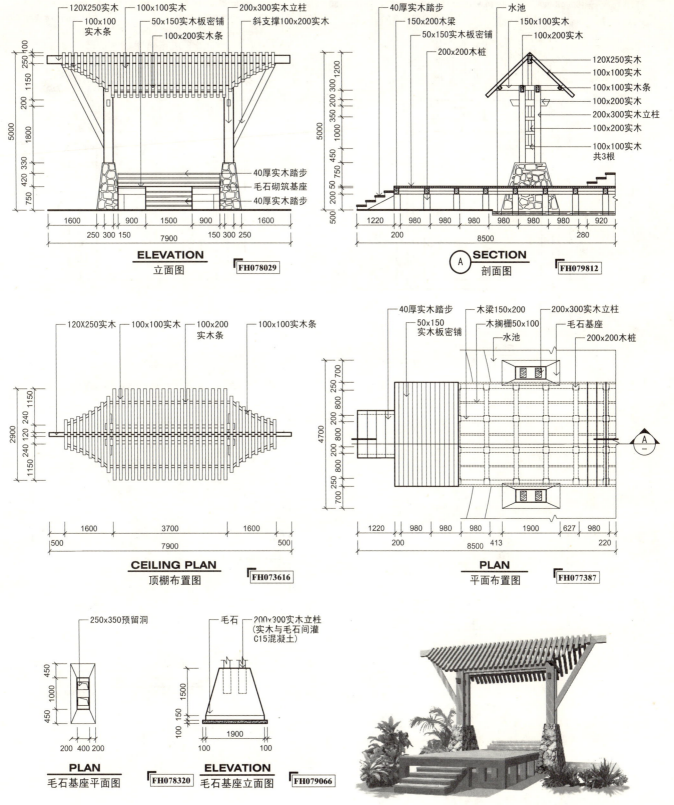

ELEVATION 立面图 FH078029

SECTION 剖面图 FH079812

CEILING PLAN 顶棚布置图 FH073616

PLAN 平面布置图 FH077387

PLAN 毛石基座平面图 FH078320

ELEVATION 毛石基座立面图 FH079066

说明：
1. 木材均做防水处理，面刷桐油。
2. 木材与地面交接处均应做防腐处理。
3. 毛石基座采用MU30毛石，M5水泥砂浆砌筑。

-Interior Design-

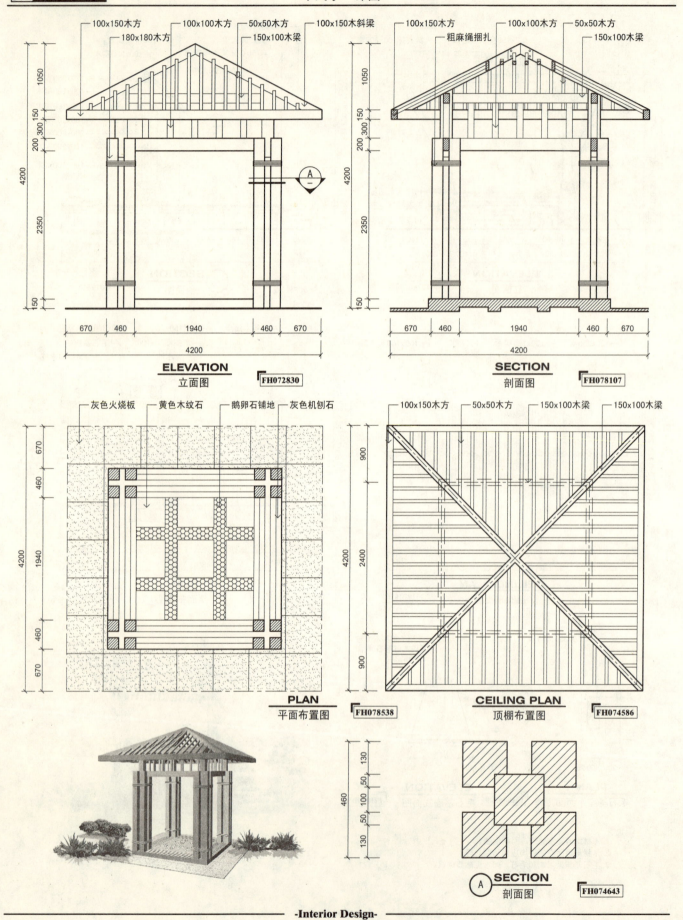

西式亭·详图　GLOIETTE　亭子

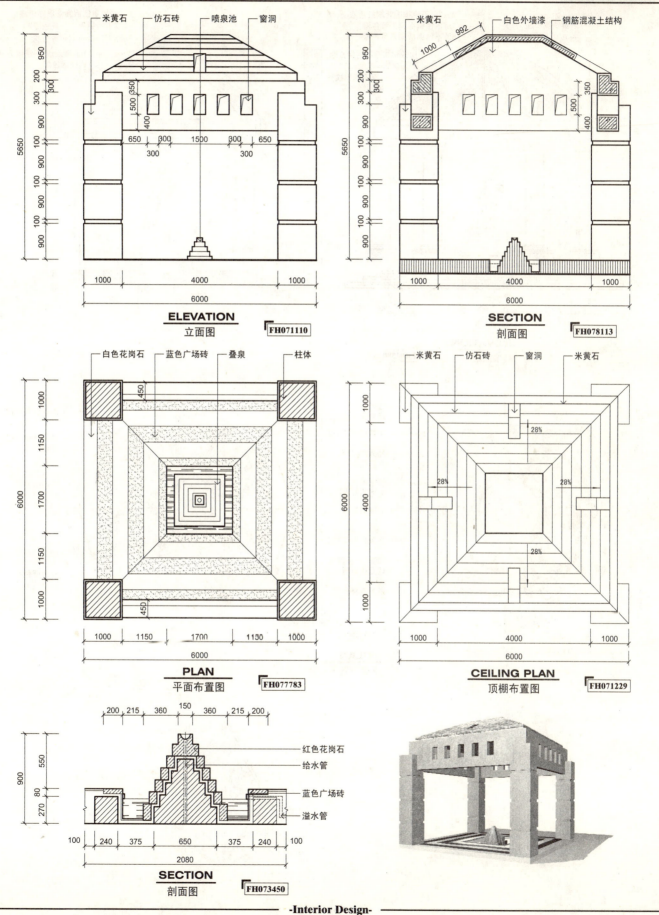

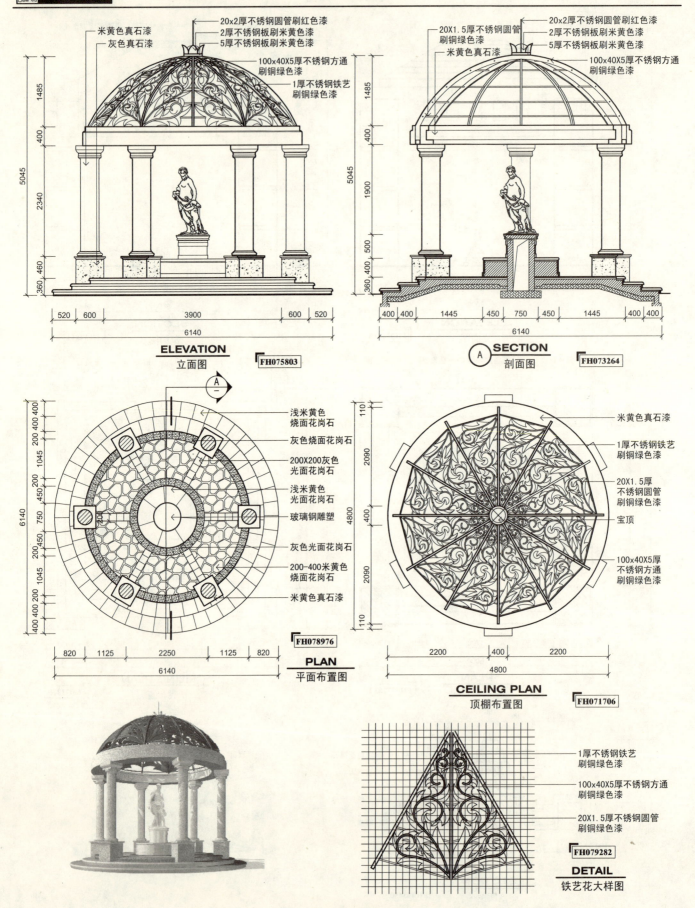

西式亭·详图　GLOIETTE　亭子

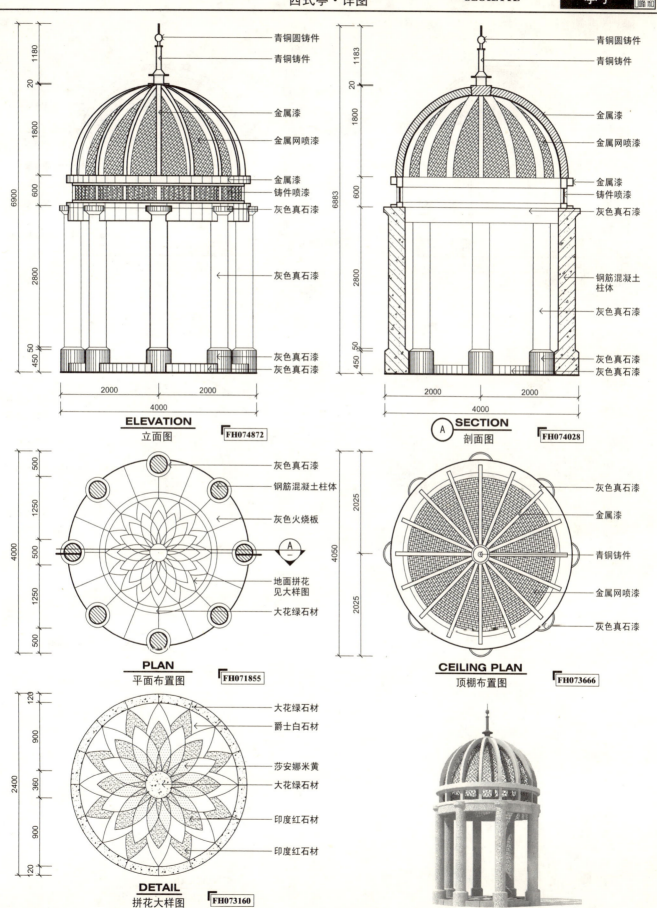

ELEVATION 立面图　FH074872

SECTION 剖面图　FH074028

PLAN 平面布置图　FH071855

CEILING PLAN 顶棚布置图　FH073666

DETAIL 拼花大样图　FH073160

-Interior Design-

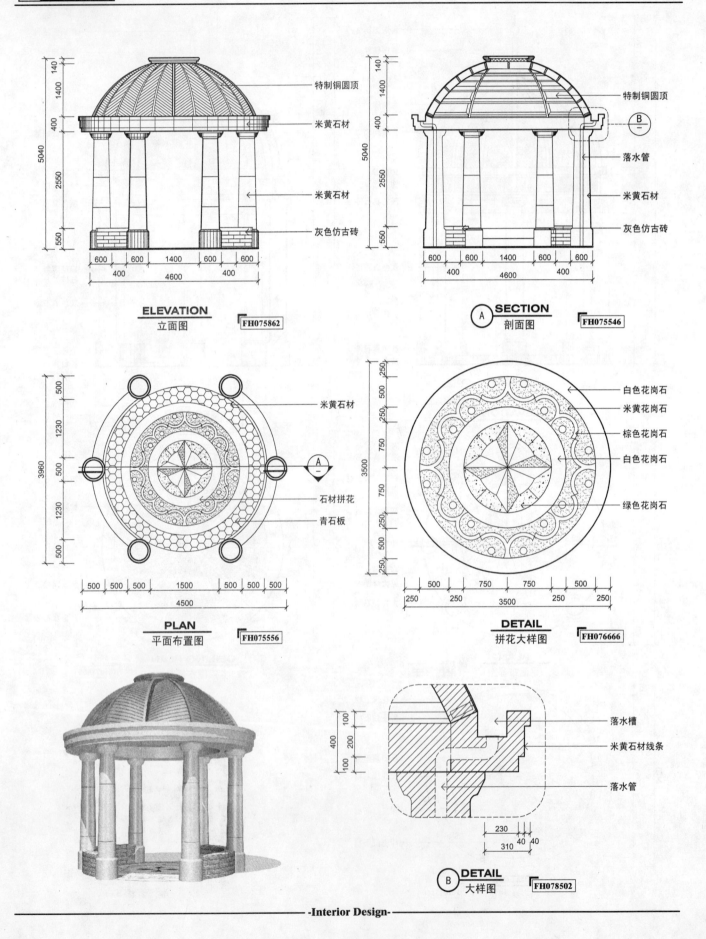

西式亭·详图　　GLOIETTE　　亭子

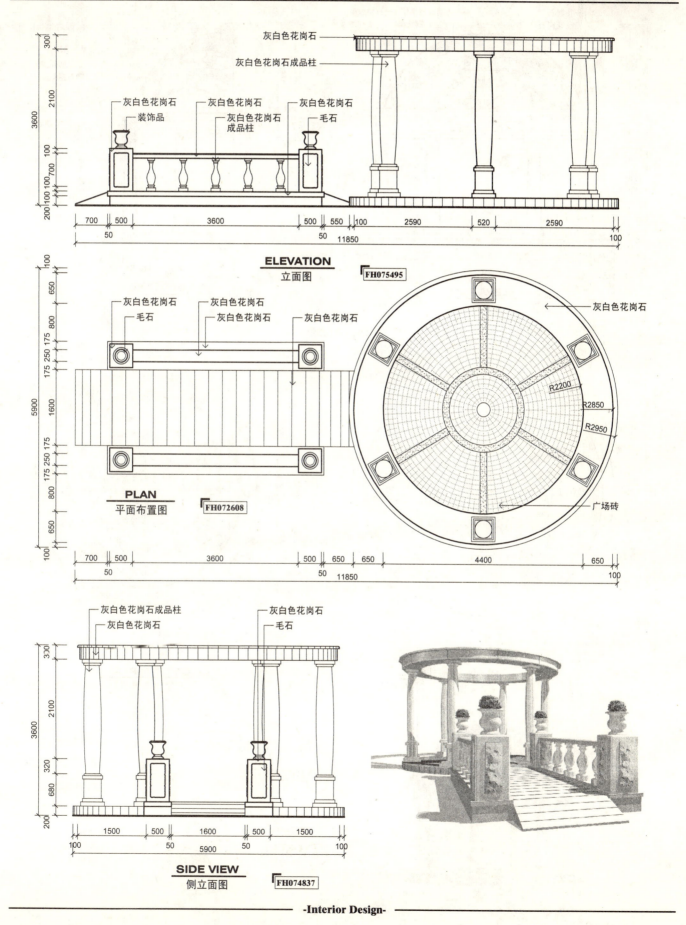

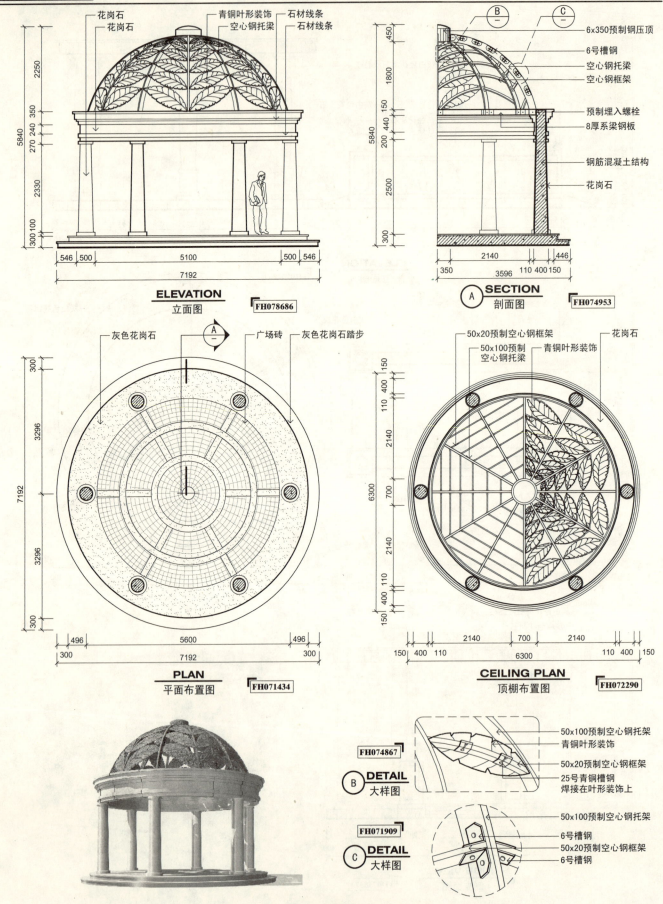

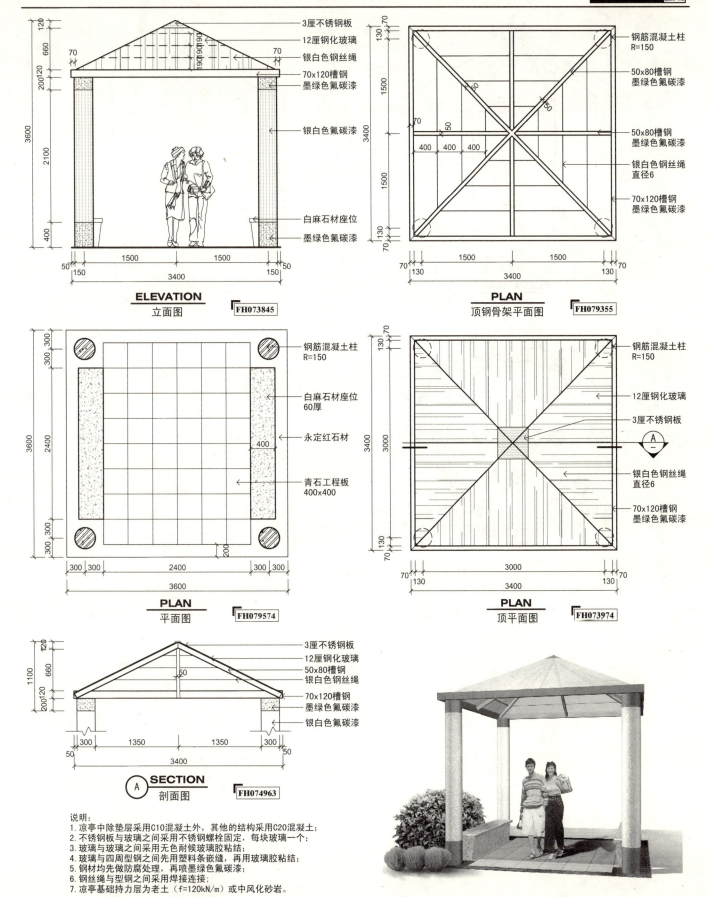

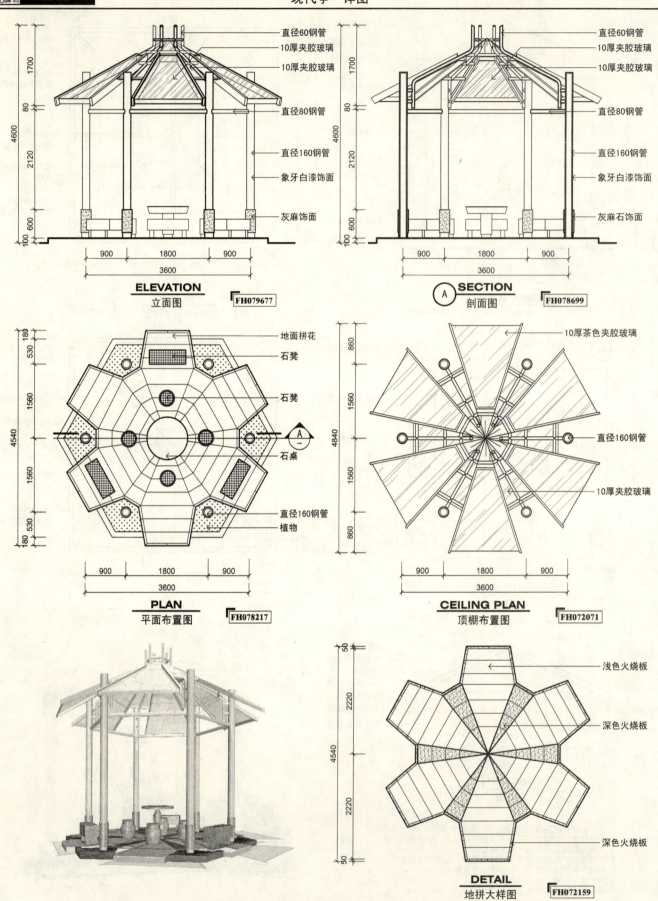

现代亭·详图 — GLOIETTE 亭子

立面图 ELEVATION FH075668
- 6+6夹胶玻璃
- 麻灰光面花岗石
- 60×80×650方钢
- 灰色金属漆
- 直径20不锈钢管

剖面图 SECTION A FH077467
- 6+6夹胶玻璃
- 麻灰光面花岗石
- 钢筋混凝土坡度2%
- 白色水洗石
- 灰色金属漆

平面布置图 PLAN FH077266
- 雨篷投影线
- 地面拼花
- 花坛
- 白色水洗石

顶棚布置图 CEILING PLAN FH079805
- 6+6夹胶玻璃
- 60×80×650方钢

大样图 DETAIL FH076157
- 白色卵石
- 红色洗石子
- 黄色洗石子
- 五彩卵石
- 白色卵石
- 黄色洗石子

-Interior Design-

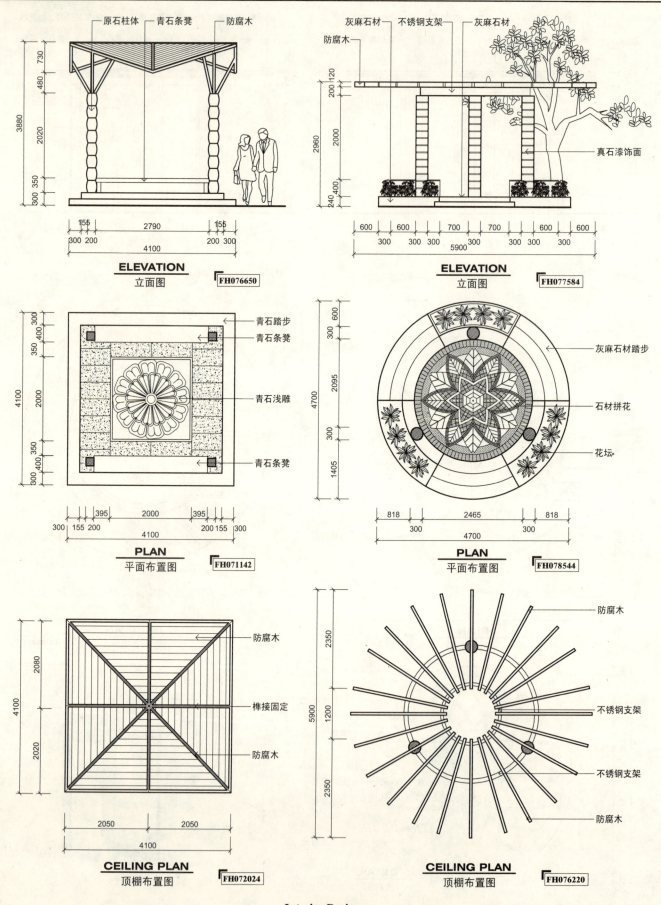

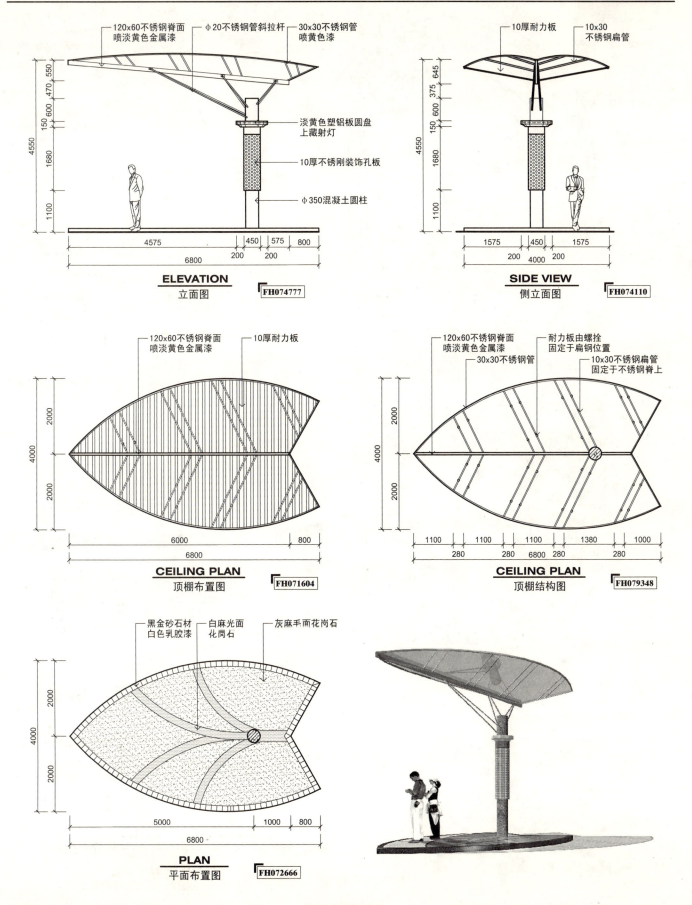

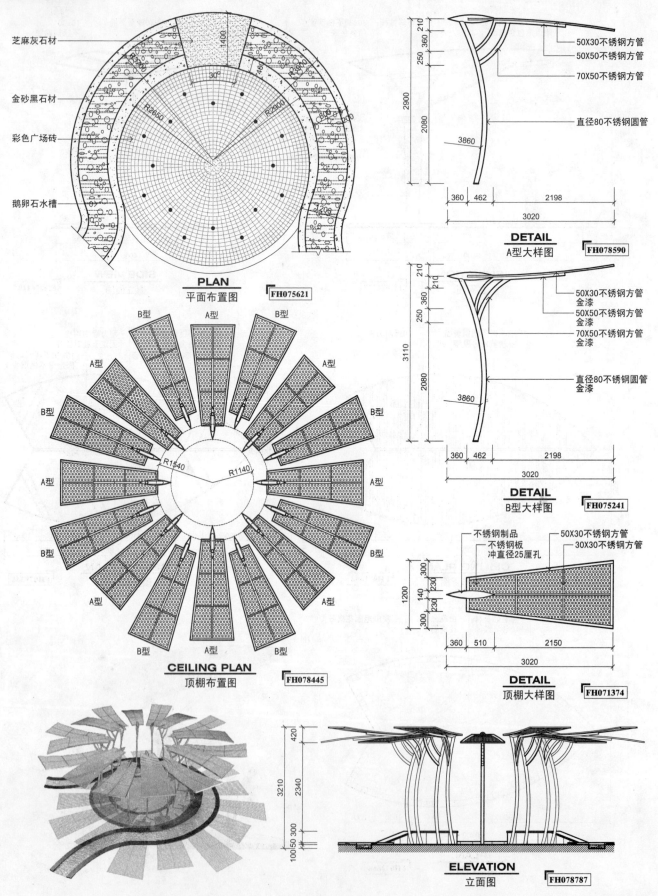

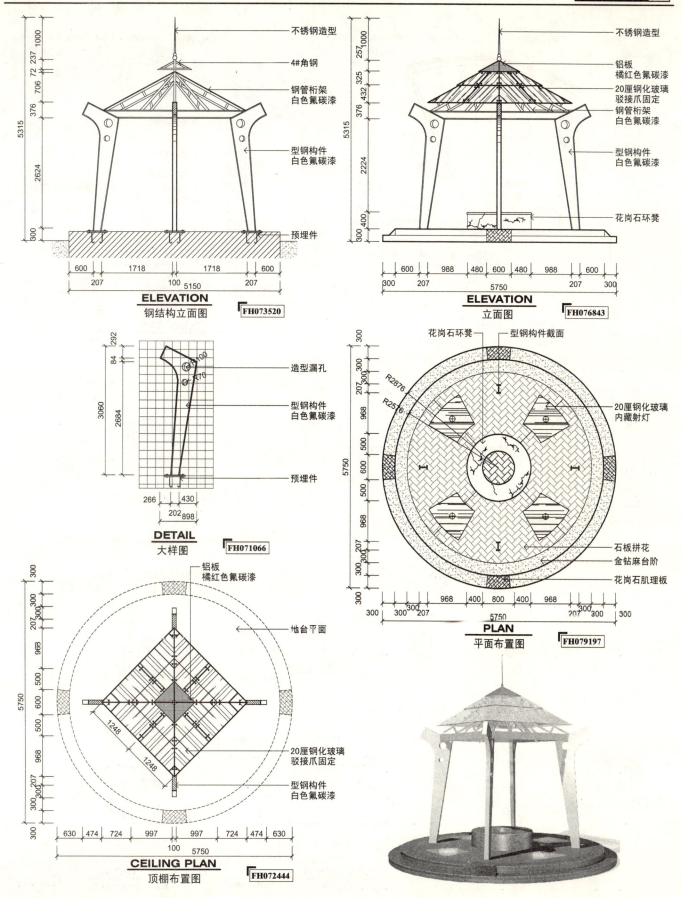

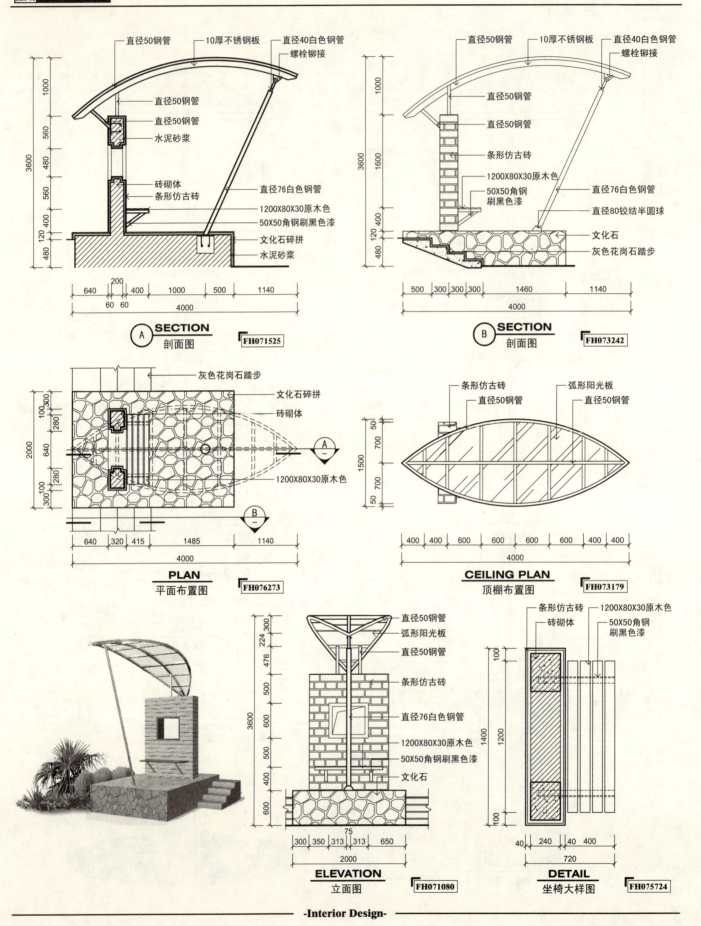

平台

http://www.dwg-cool.com

平台 PLATFROM 平台·详图

ELEVATION 立面图 — FH075971

- 米黄石材线条
- 米黄石材
- 米黄石材镂空雕刻
- 米黄石材线条
- 暗藏T4日光灯带
- 12厘艺术玻璃
- 米黄透光石材
- 12厘钢化玻璃
- 钢琴
- 啡网纹石材
- 米黄石材

PLAN 平面布置图 — FH078792

- 米黄石材
- 12厘钢化玻璃
- 钢琴
- 不锈钢条
- 米黄石材台面
- 射灯

A SECTION 剖面图 — FH074354

- 米黄石材台面
- 水泥砂浆
- 砖结构
- 12厘钢化玻璃
- 18厘夹板基层白色乳胶漆
- 40×40方管
- 白色鹅卵石
- 射灯

-Interior Design-

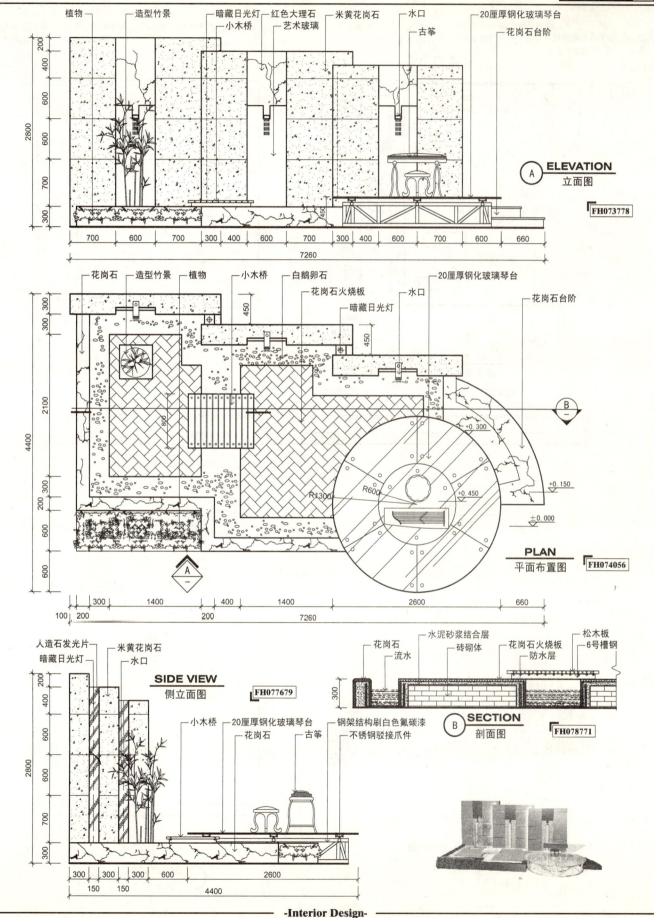

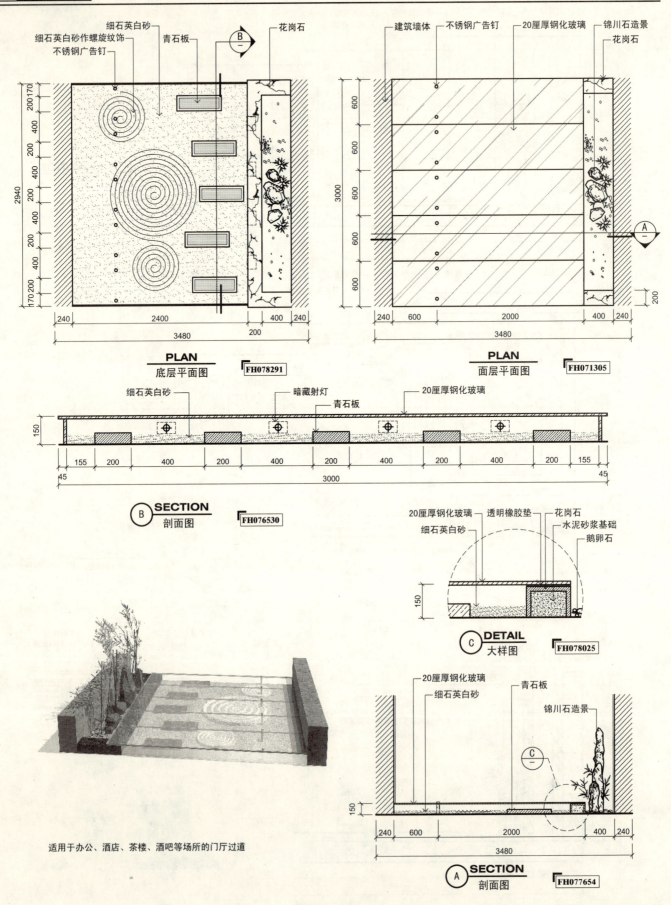

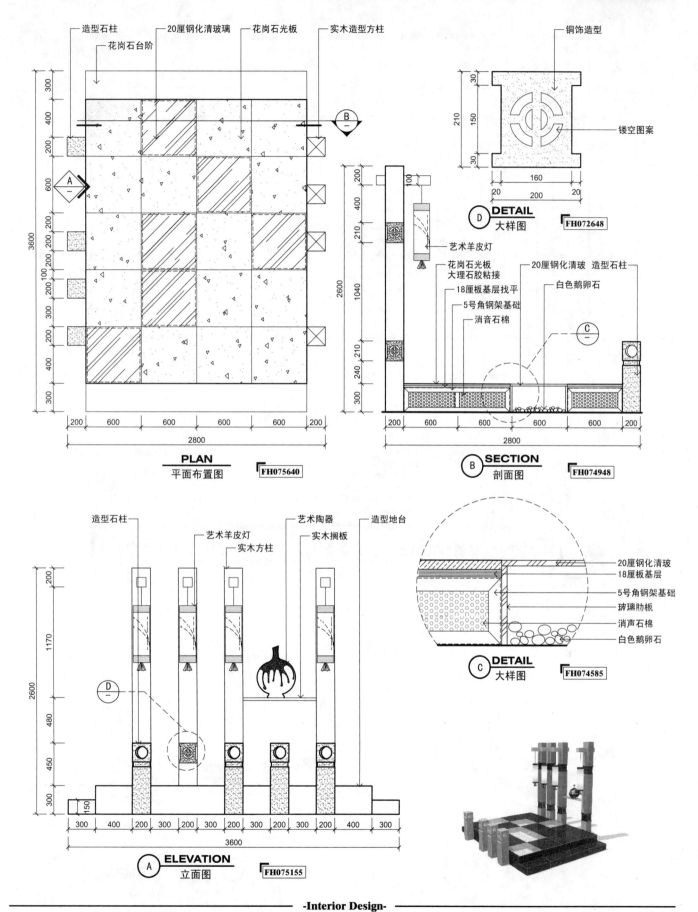

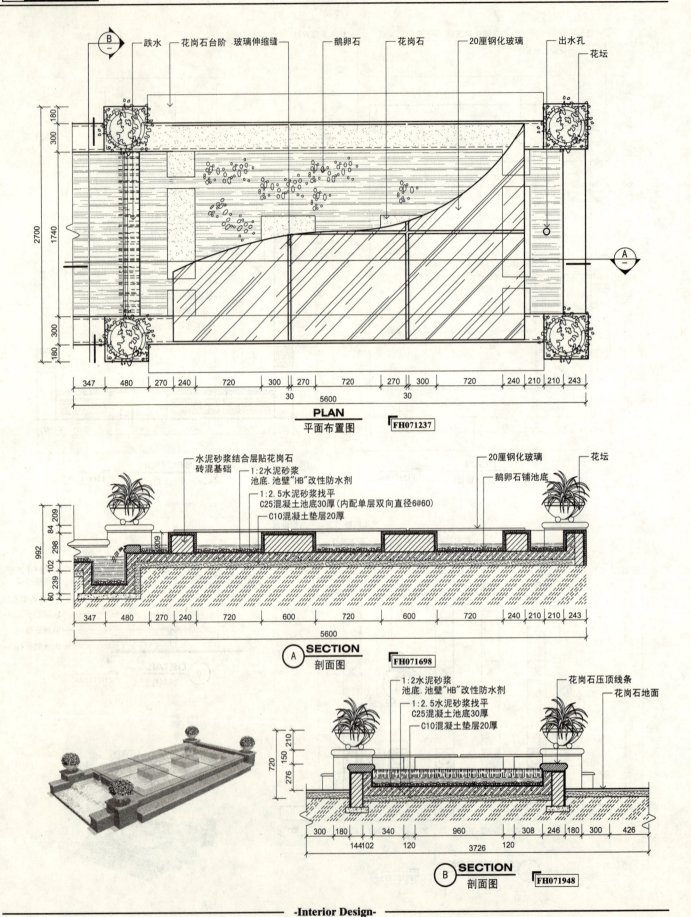

景 桥

http://www.dwg-cool.com

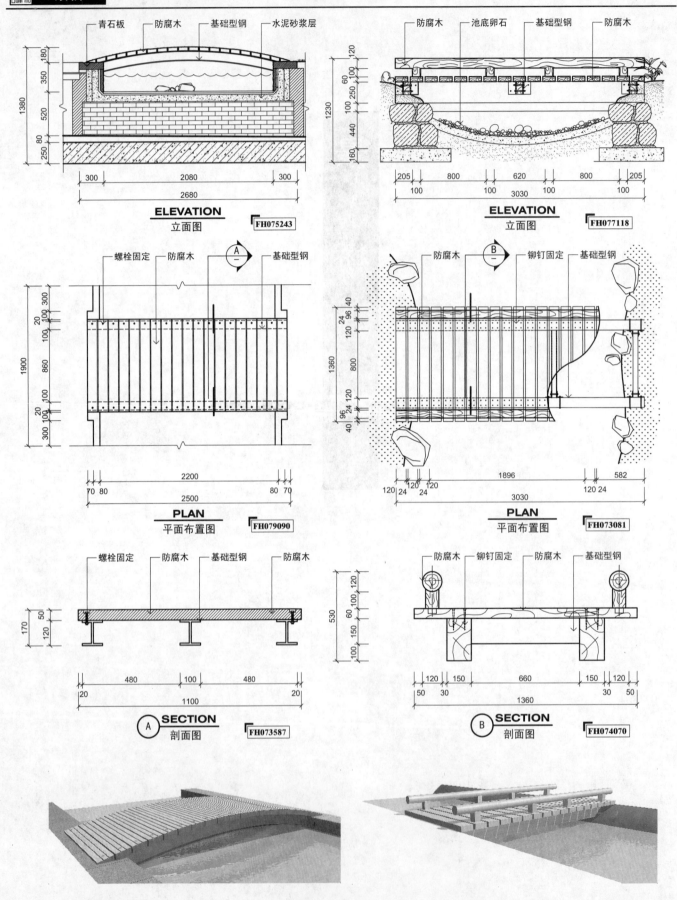

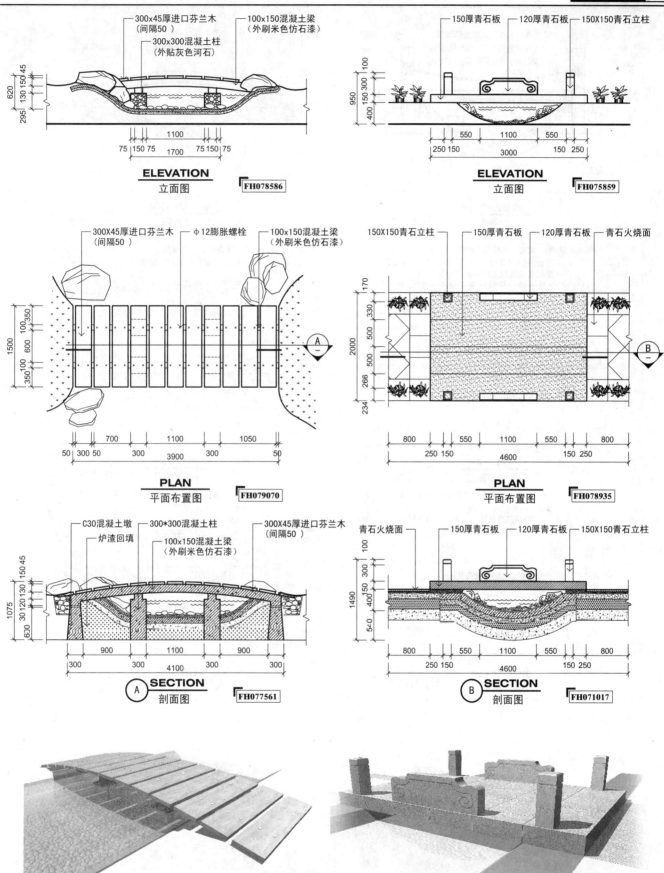

景桥 SRGHT BRIDGE 景观桥·详图

ELEVATION 立面图 FH071583

ELEVATION 立面图 FH071620

PLAN 平面布置图 FH074163

PLAN 平面布置图 FH072769

SIDE VIEW 侧立面图 FH078275

SECTION 剖面图 FH075790

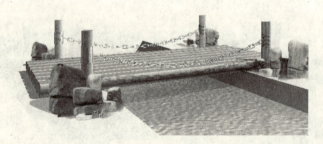

-Interior Design-

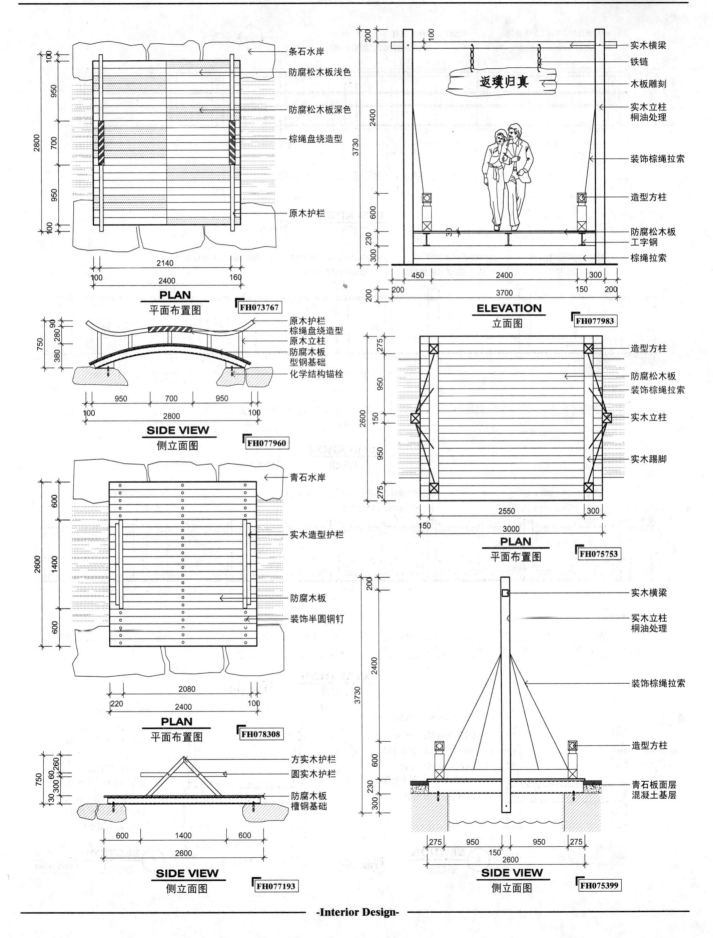

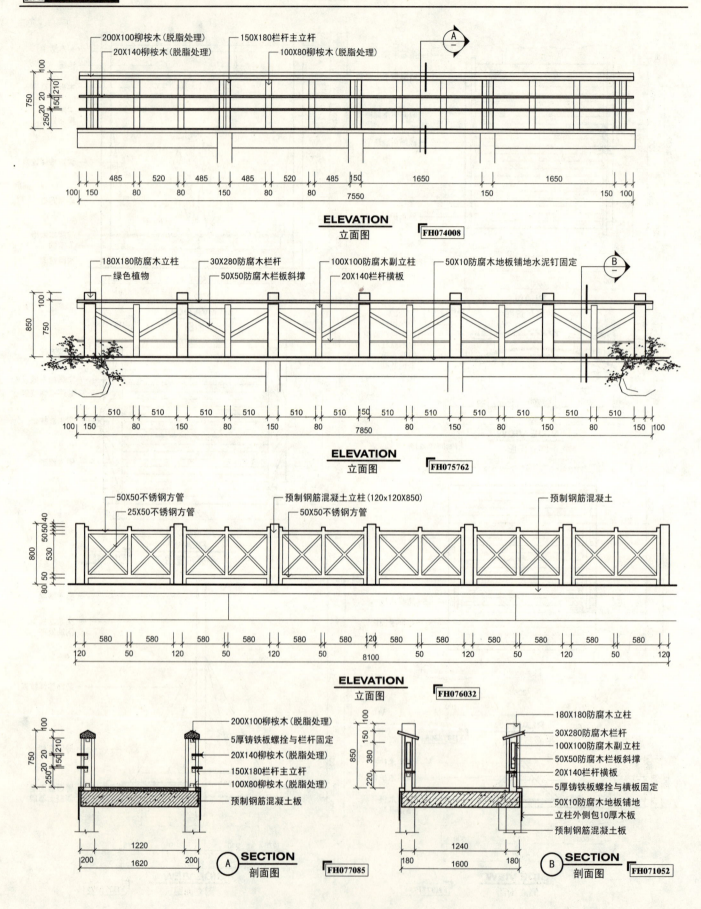

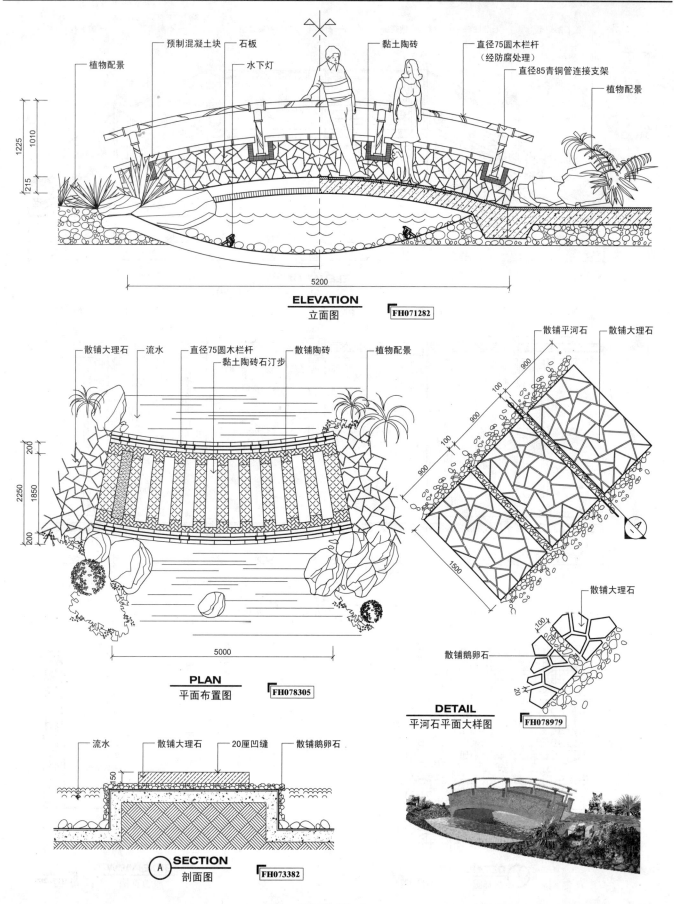

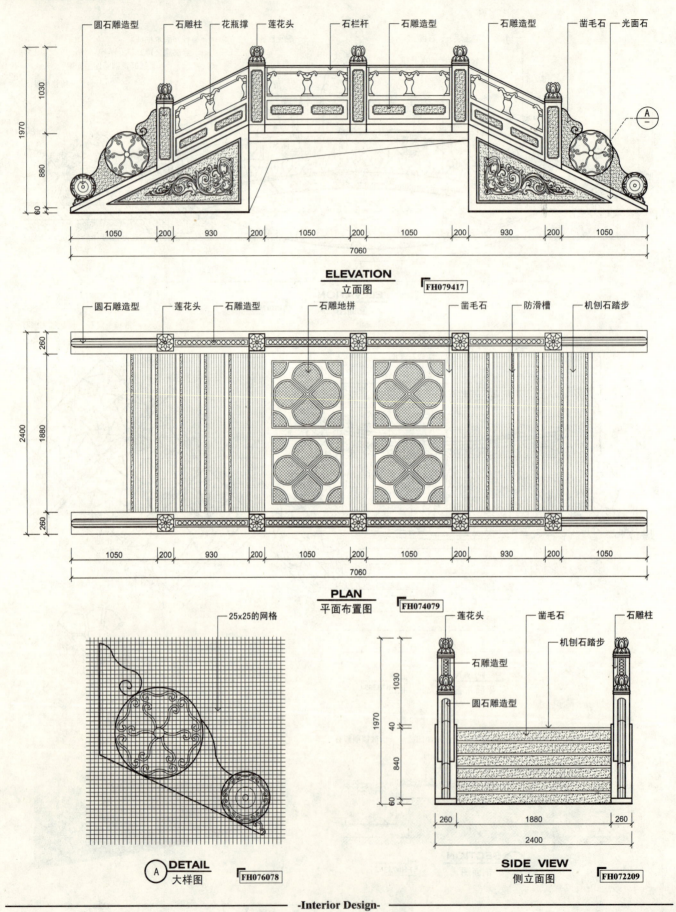

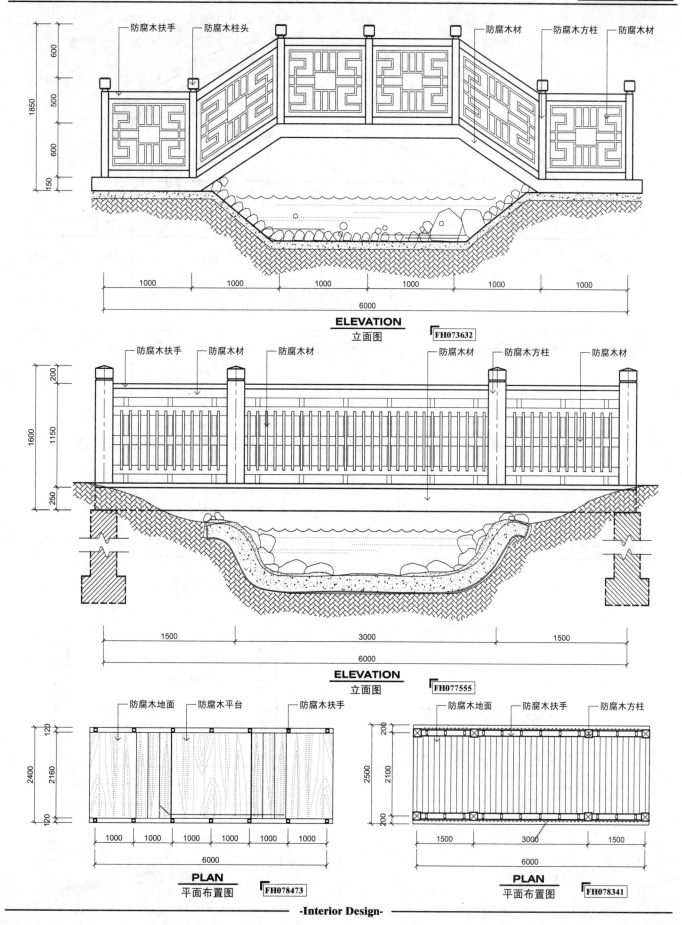

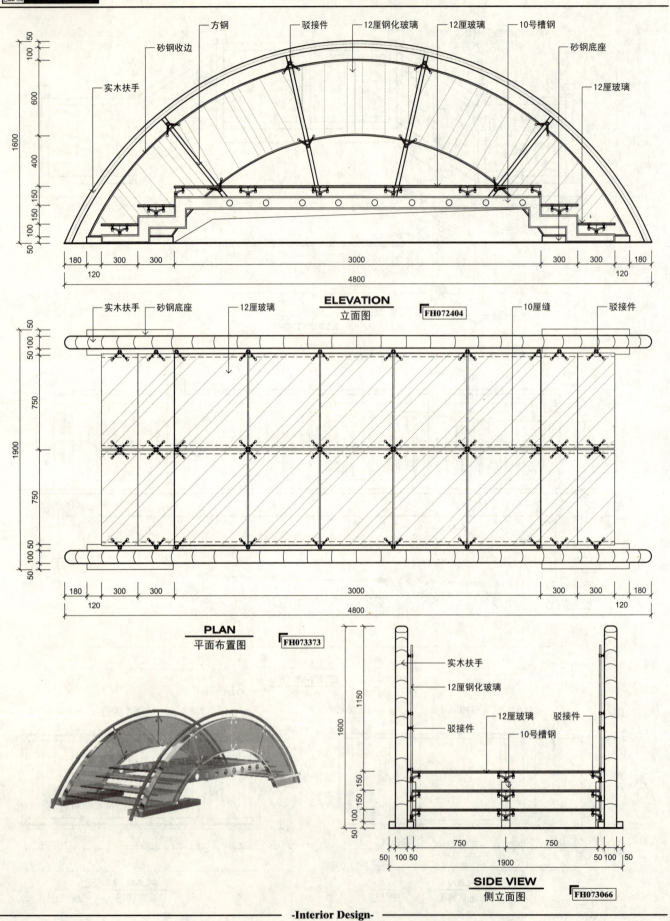

廊架

http://www.dwg-cool.com

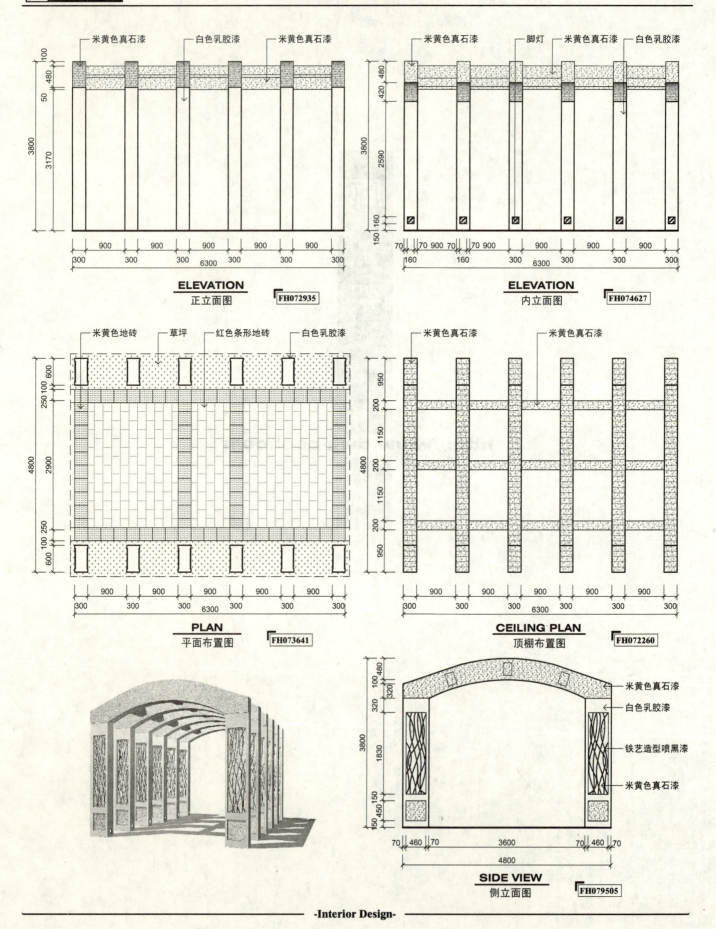

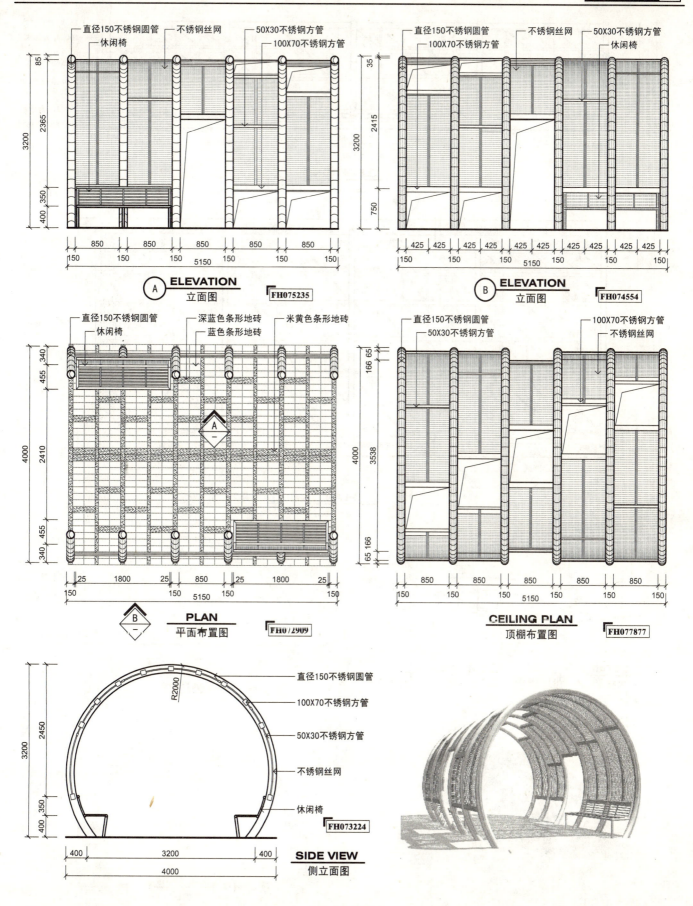

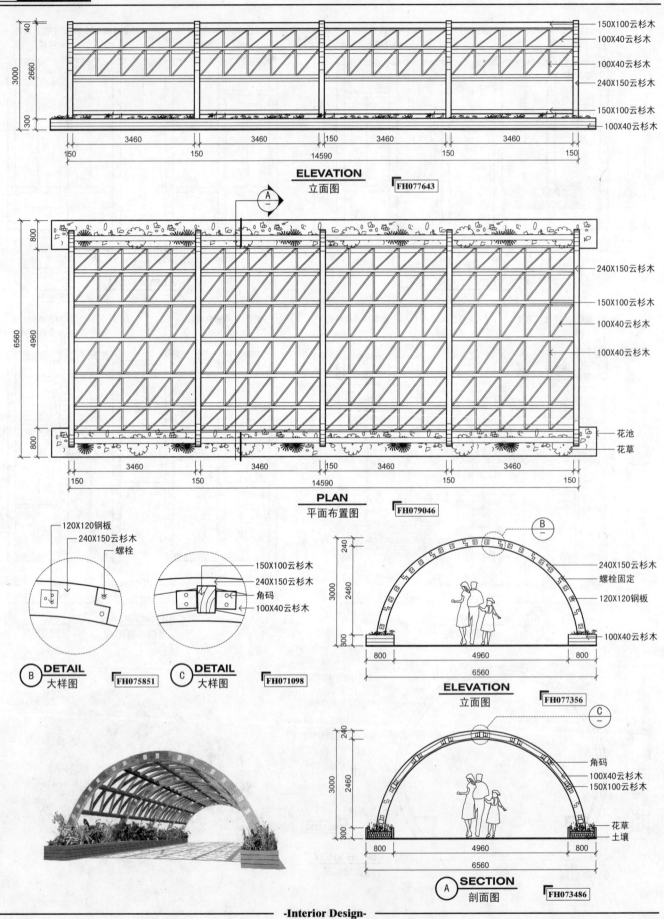

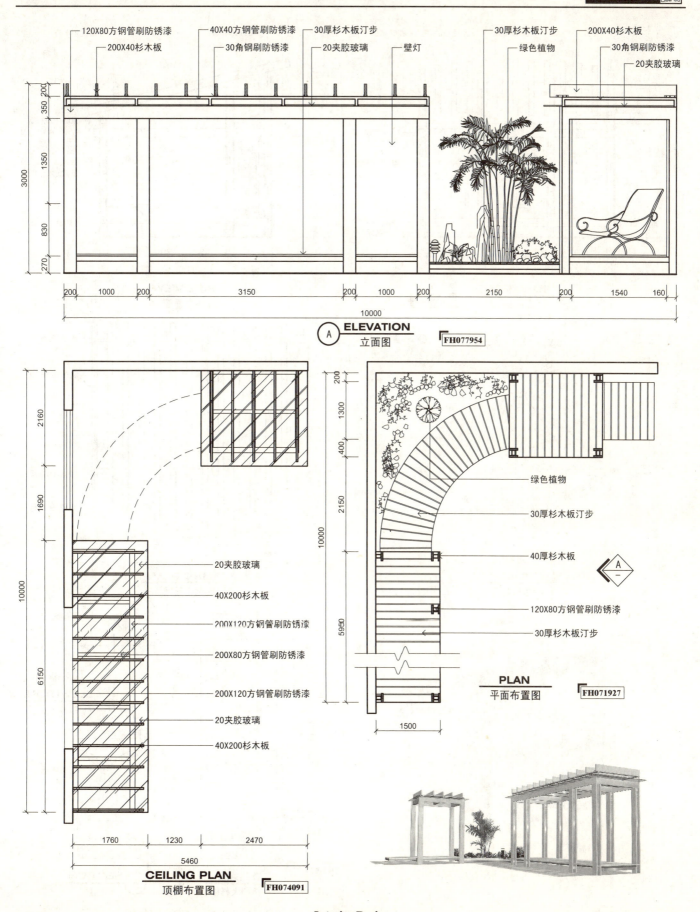

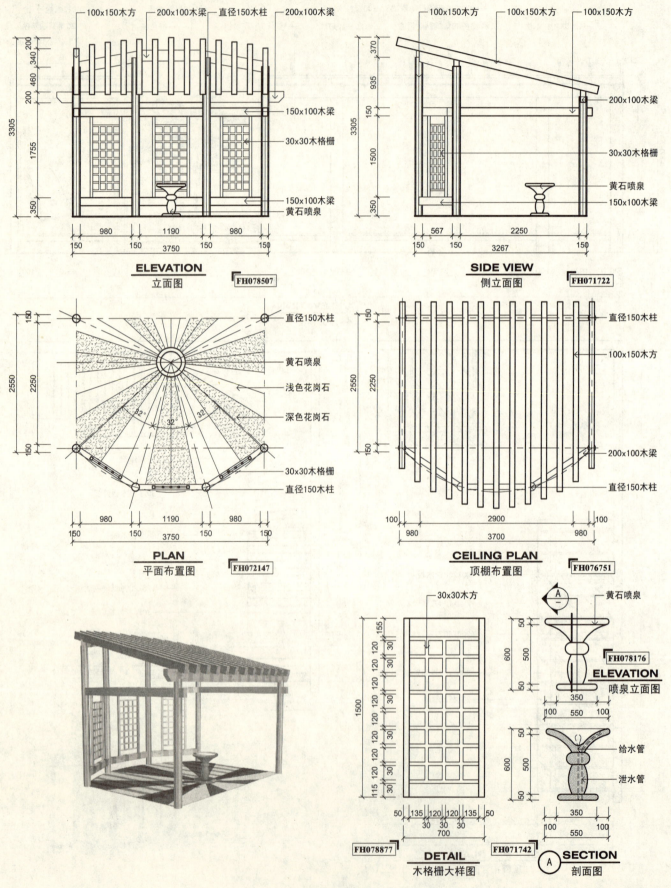

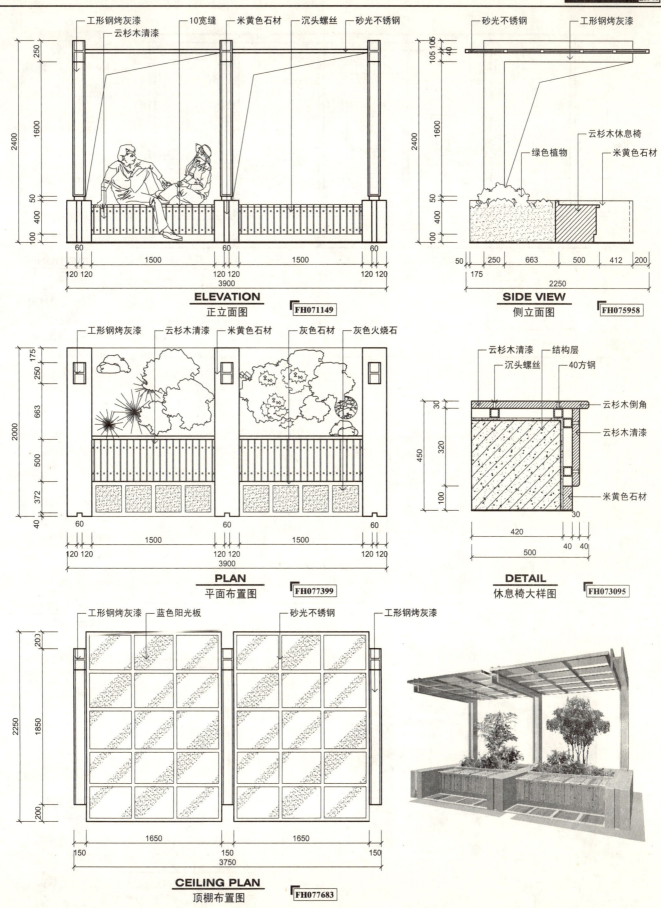

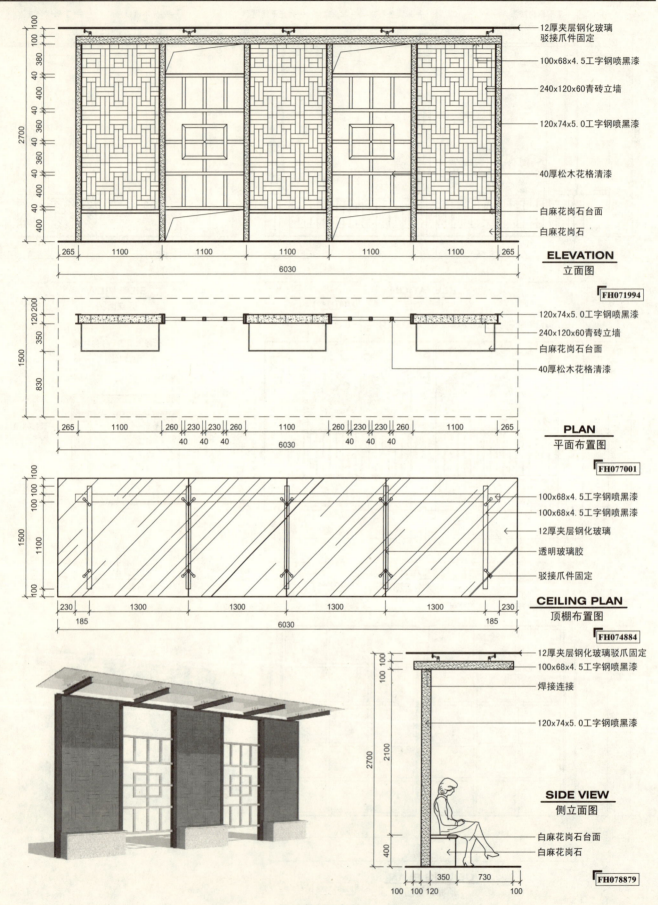

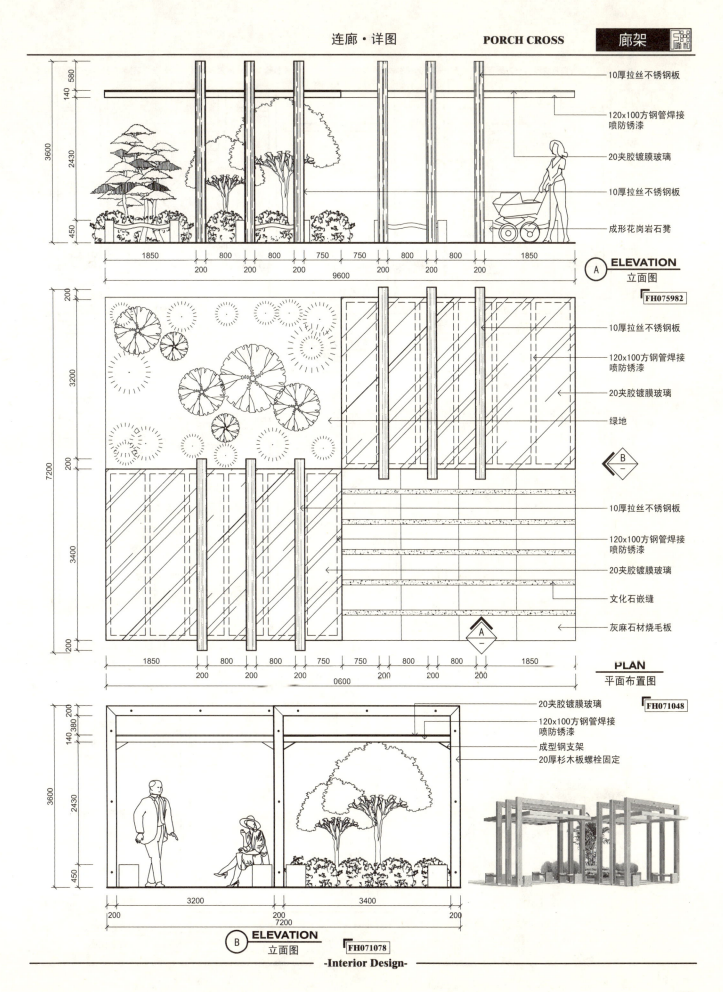

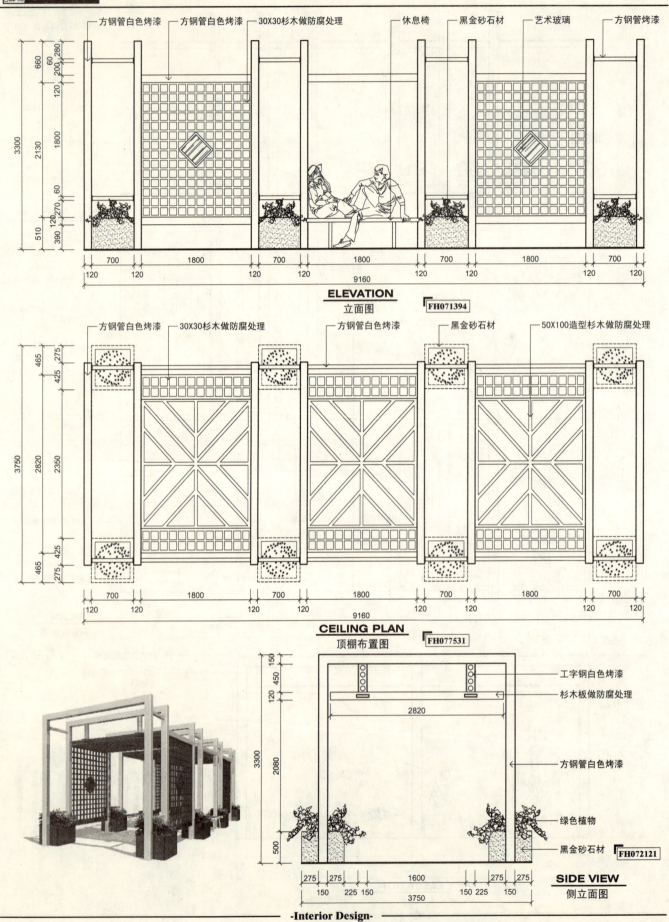

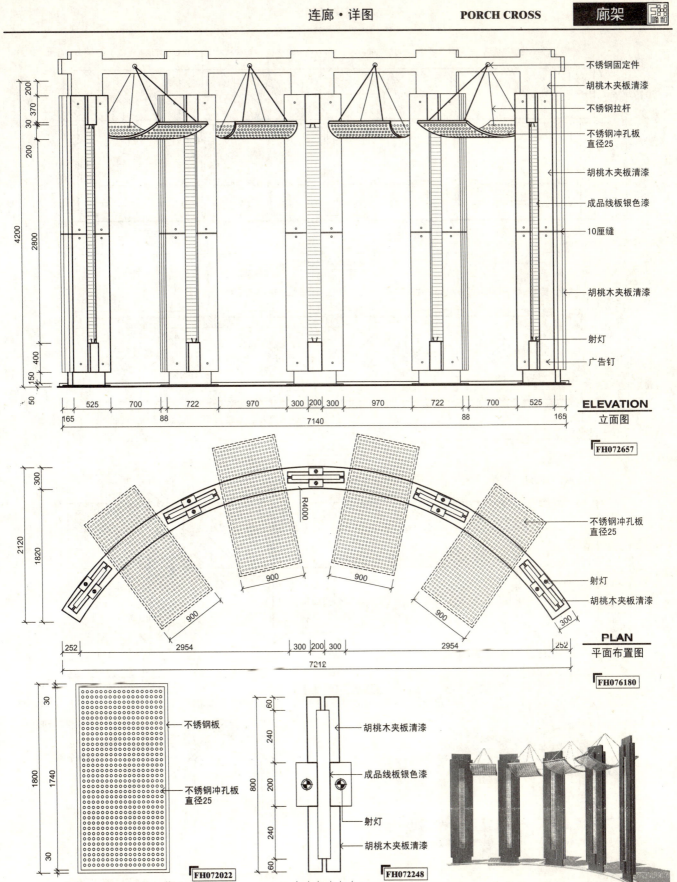

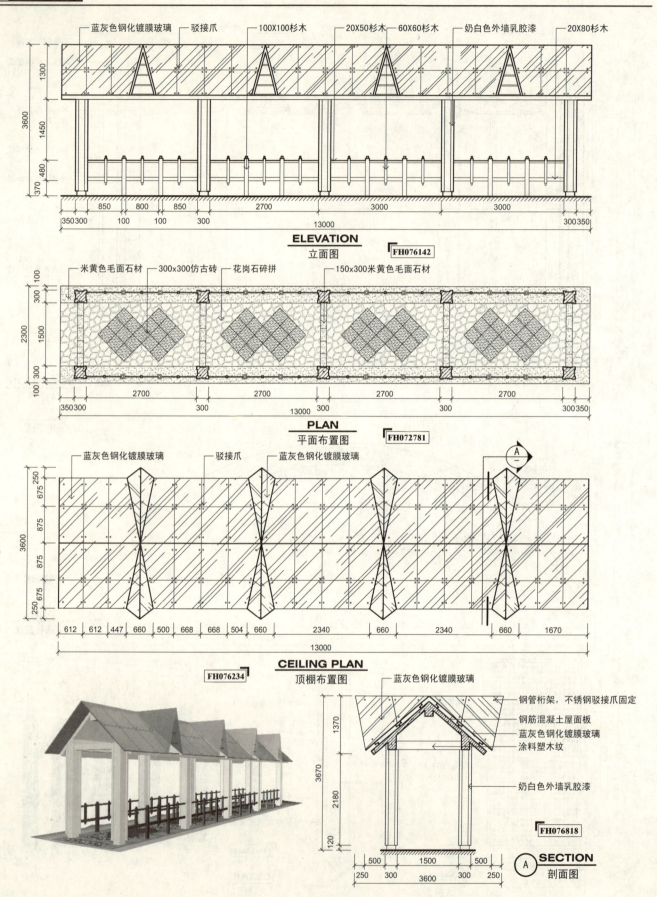

连廊·详图　　PORCH CROSS　　廊架

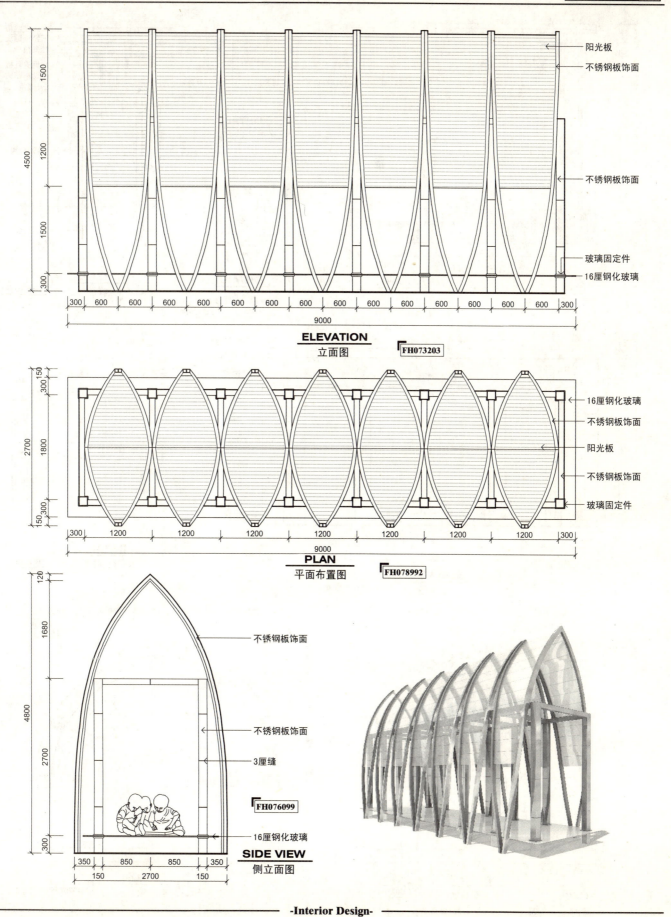

- 阳光板
- 不锈钢板饰面
- 不锈钢板饰面
- 玻璃固定件
- 16厘钢化玻璃

ELEVATION
立面图　FH073203

- 16厘钢化玻璃
- 不锈钢板饰面
- 阳光板
- 不锈钢板饰面
- 玻璃固定件

PLAN
平面布置图　FH078992

- 不锈钢板饰面
- 不锈钢板饰面
- 3厘缝
- 16厘钢化玻璃

FH076099

SIDE VIEW
侧立面图

-Interior Design-

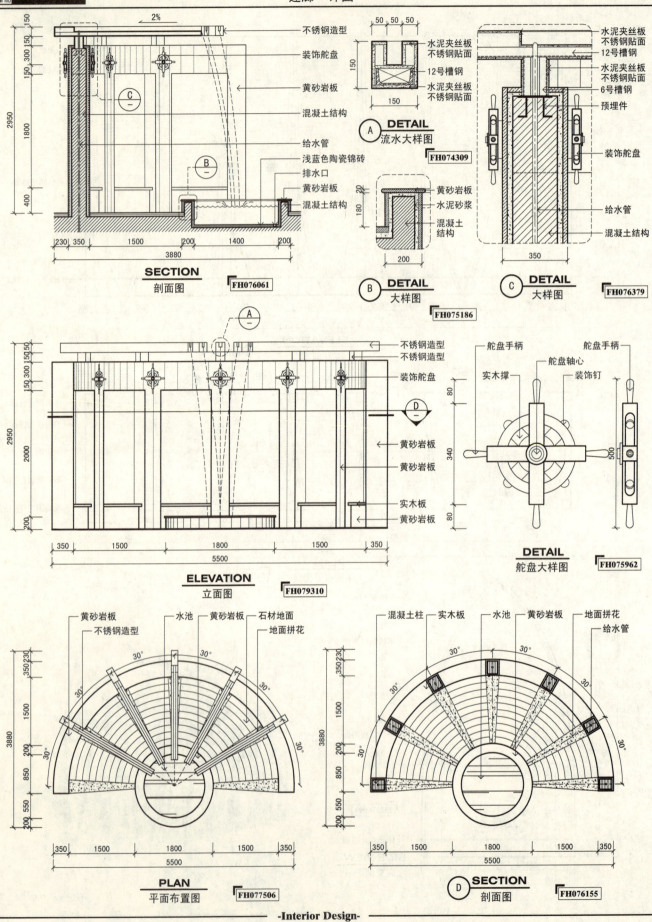

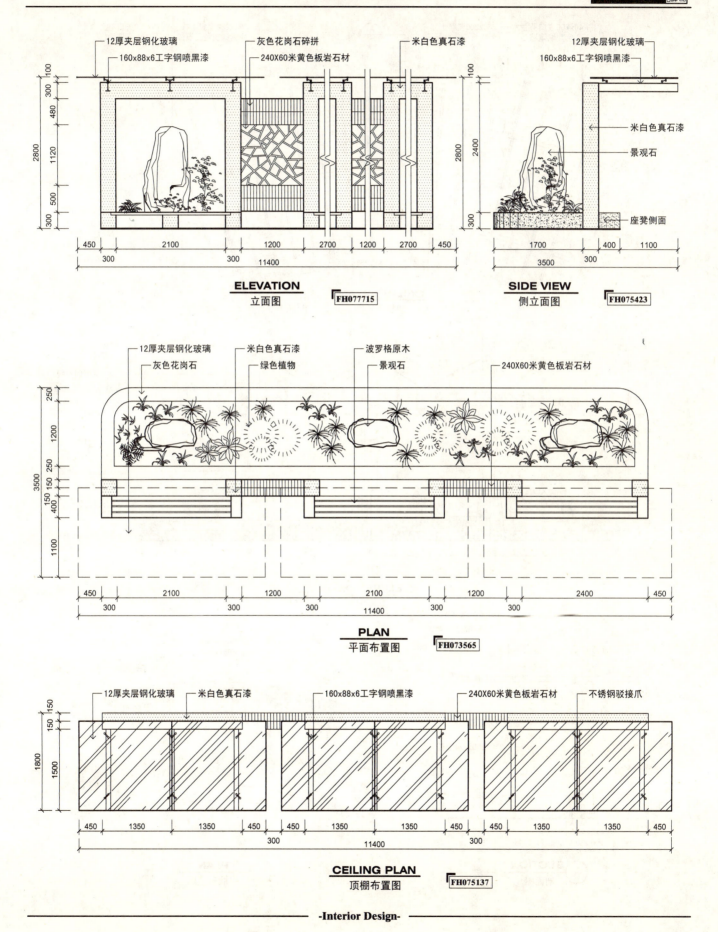

廊架 PORCH CROSS 花架·详图

CEILING PLAN 顶棚布置图 FH074095

- 40x200进口芬兰木 栗色外刷清漆
- 200x200混凝土梁 外刷铁白色真石漆
- 250x250混凝土柱 外刷铁灰色真石漆
- 75x150进口芬兰木 栗色外刷清漆
- φ8不锈钢拉索
- 100x200混凝土梁 外刷铁白色真石漆
- 150x40x340进口芬兰木 栗色外刷清漆

ELEVATION 立面图 FH077329

- 250x250混凝土柱 外刷铁灰色真石漆
- φ8不锈钢拉索
- 40x200进口芬兰木
- 75x150进口芬兰木
- 100x200混凝土梁
- 户外壁灯
- C25混凝土外刷灰色真石漆
- 450x450x80米色板岩石材
- 米色板岩石材拼贴

A SECTION 剖面图 FH071362

- 75x150进口芬兰木
- 40x200进口芬兰木
- 100x200混凝土梁
- 户外壁灯
- 250x250混凝土柱
- C25混凝土外刷灰色真石漆
- 450x450x80米色板岩石材
- 米色板岩石材拼贴

PLAN 平面布置图 FH077851

- 深灰色鹅卵石
- 150x300x60米色混凝土砖铺地
- 450x450x80米色板岩石材
- 250x250x30花岗石铺地

-Interior Design-

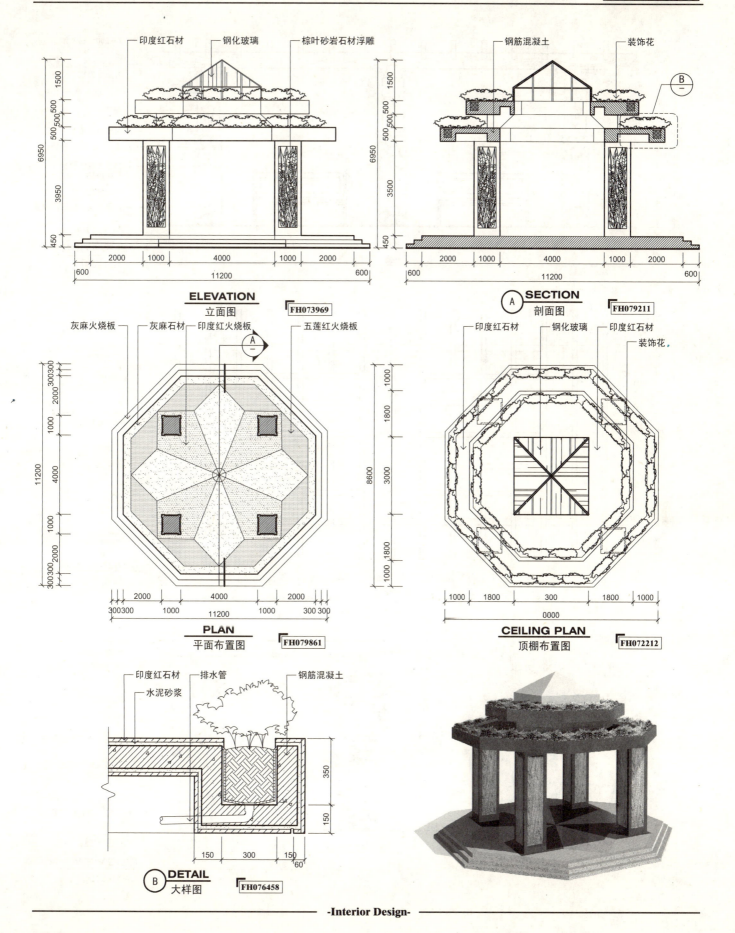

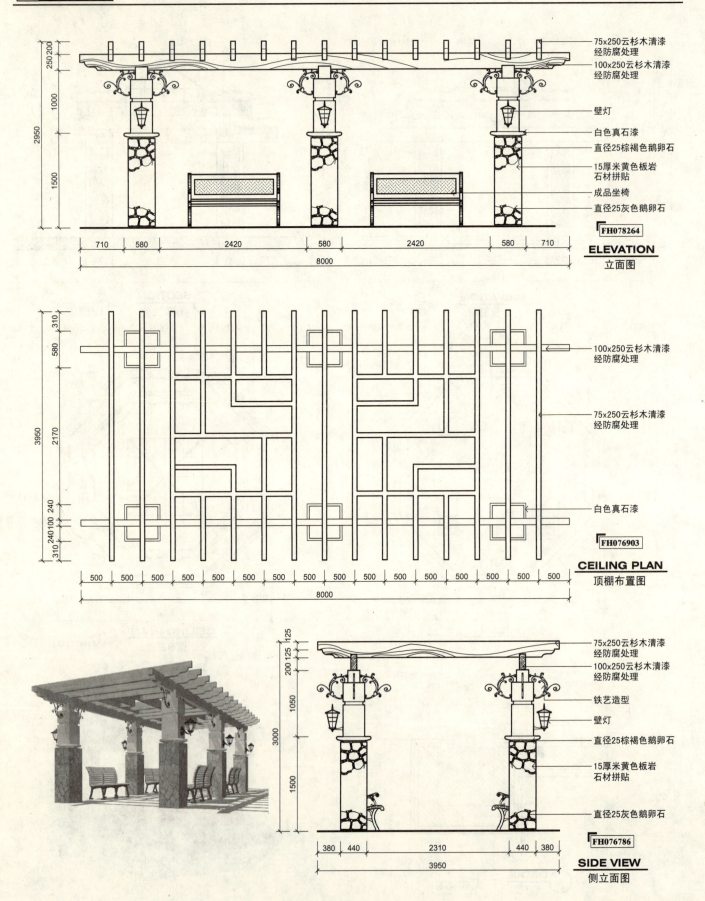

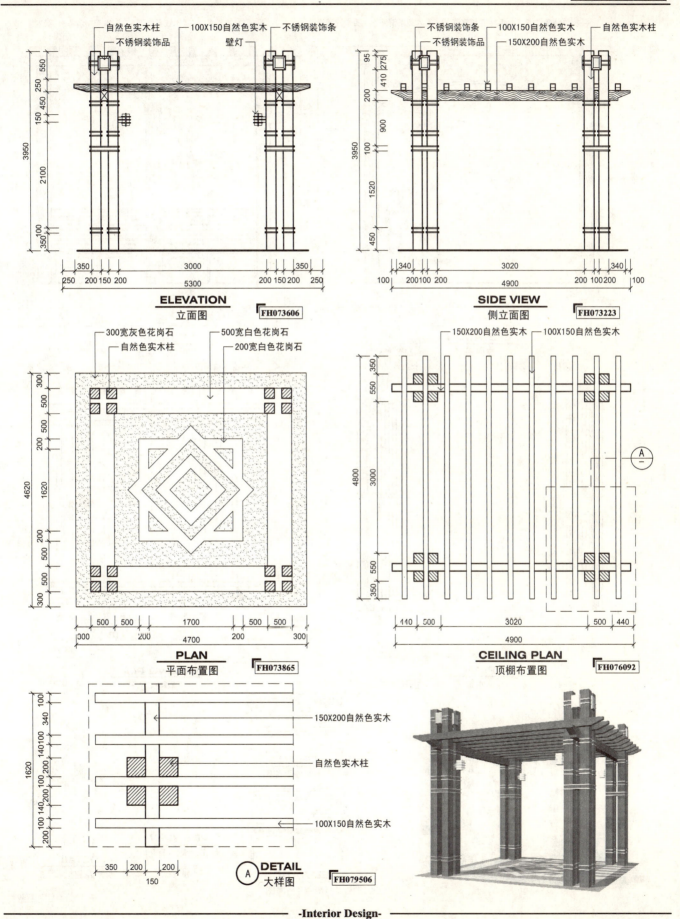

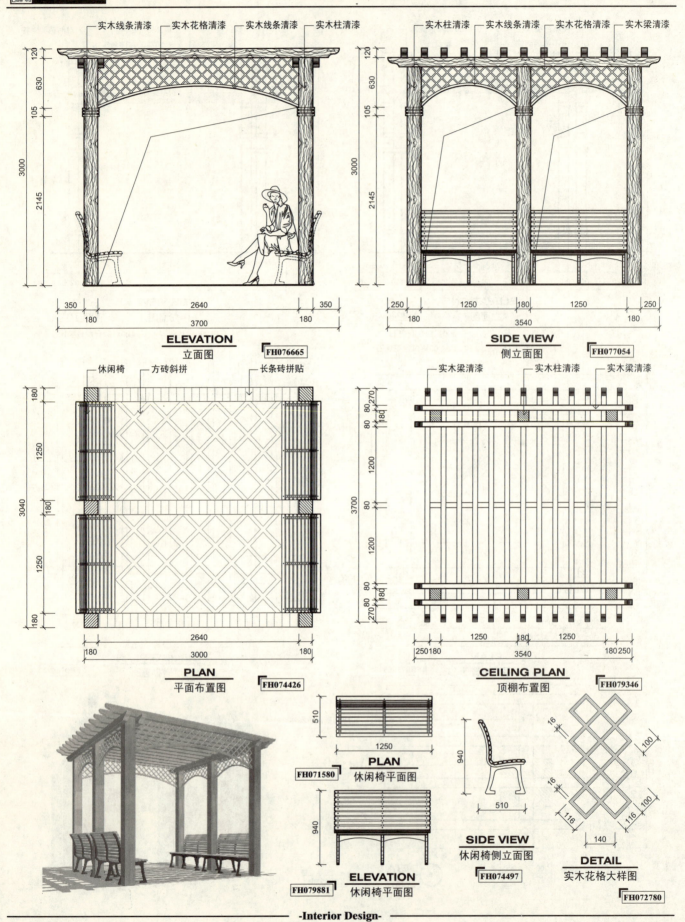

地面

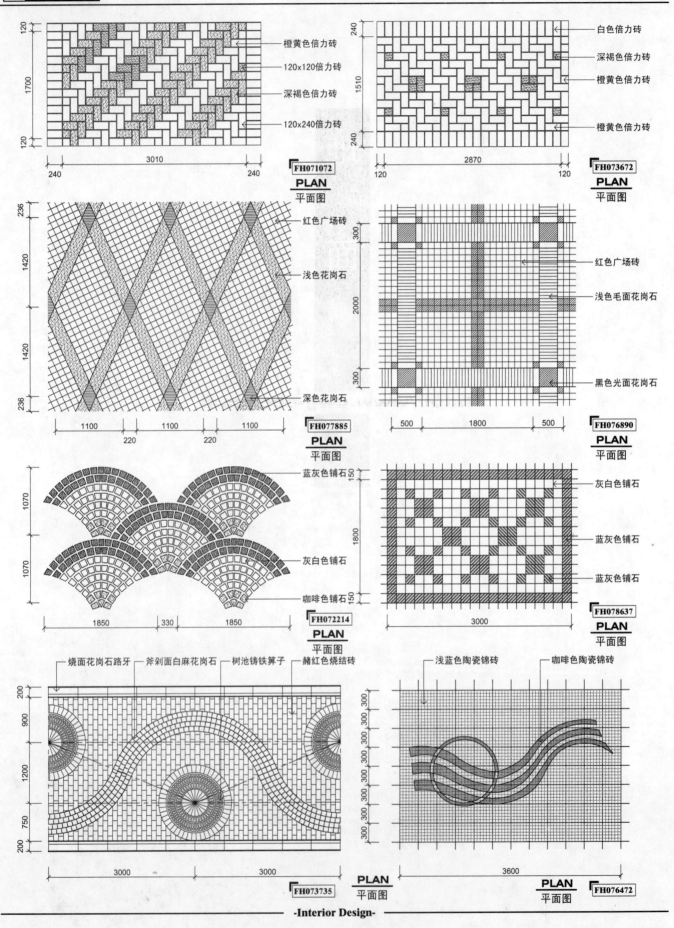

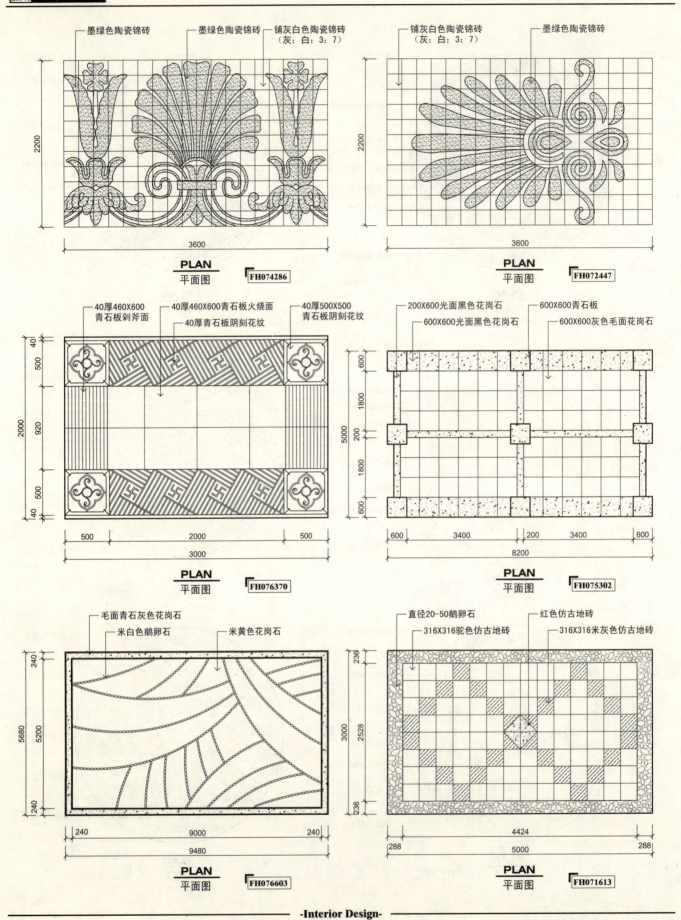

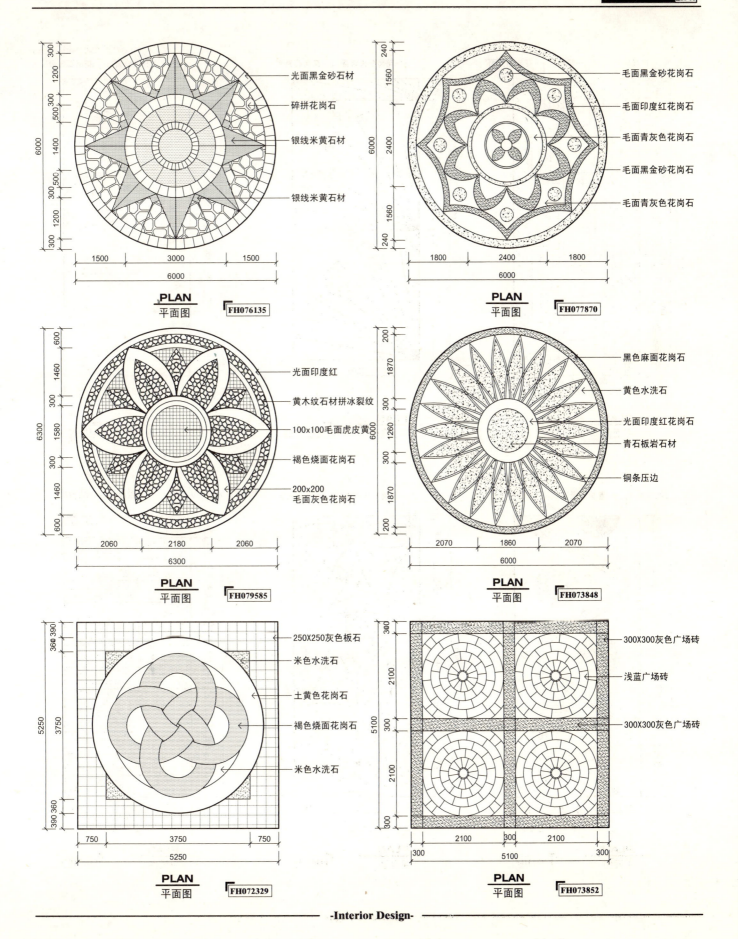

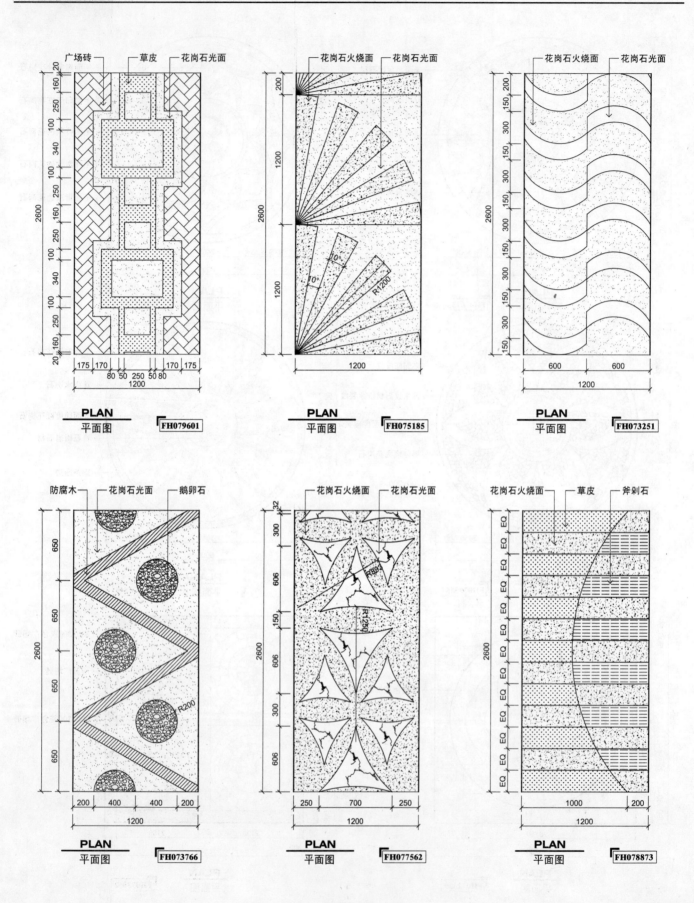

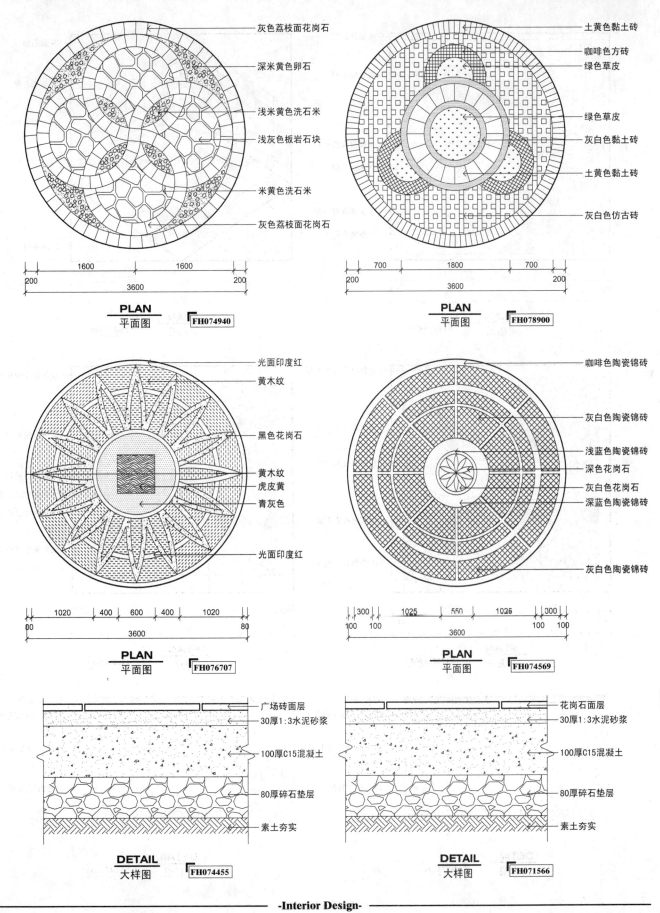

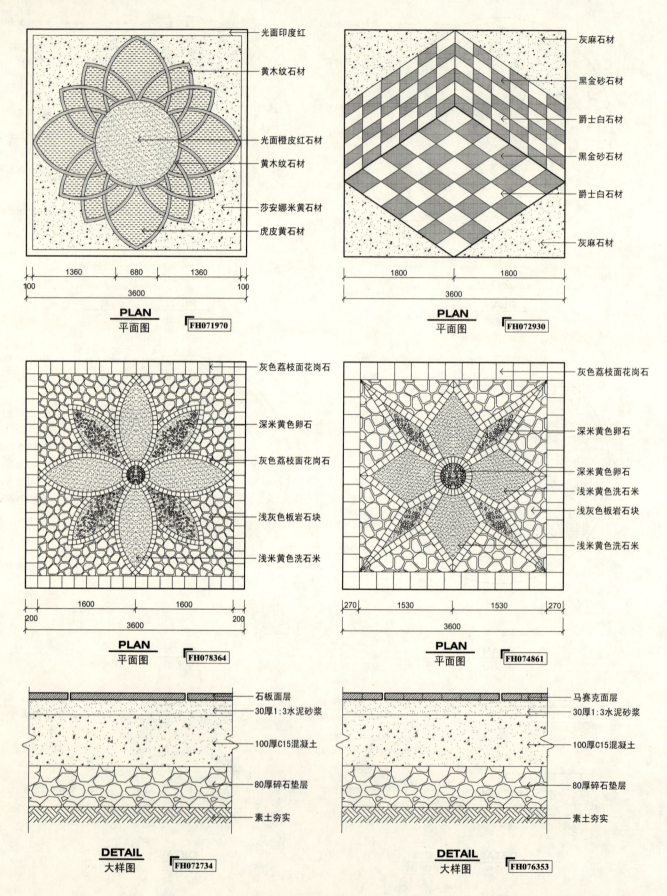

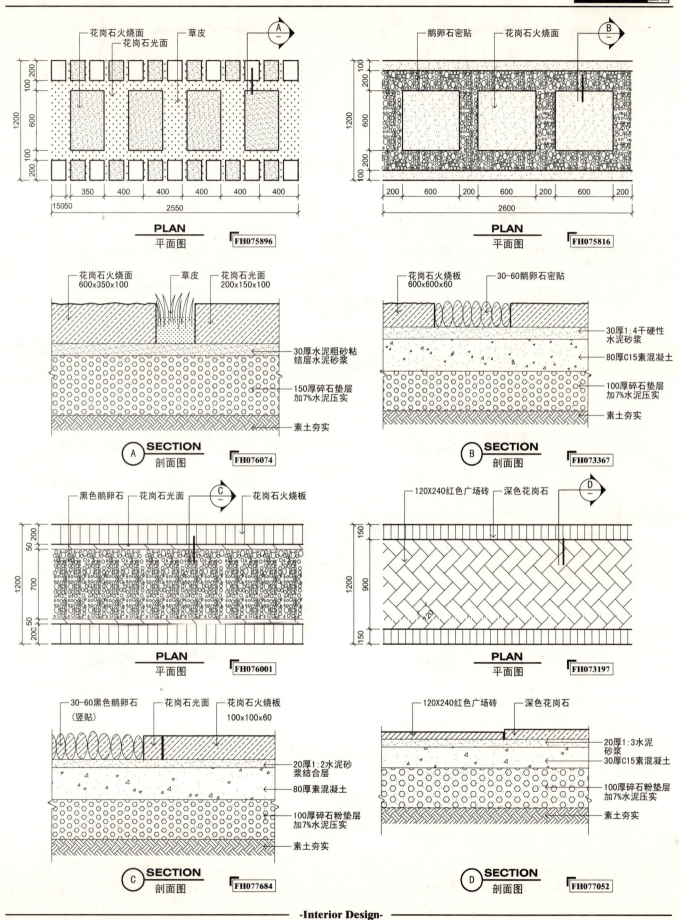

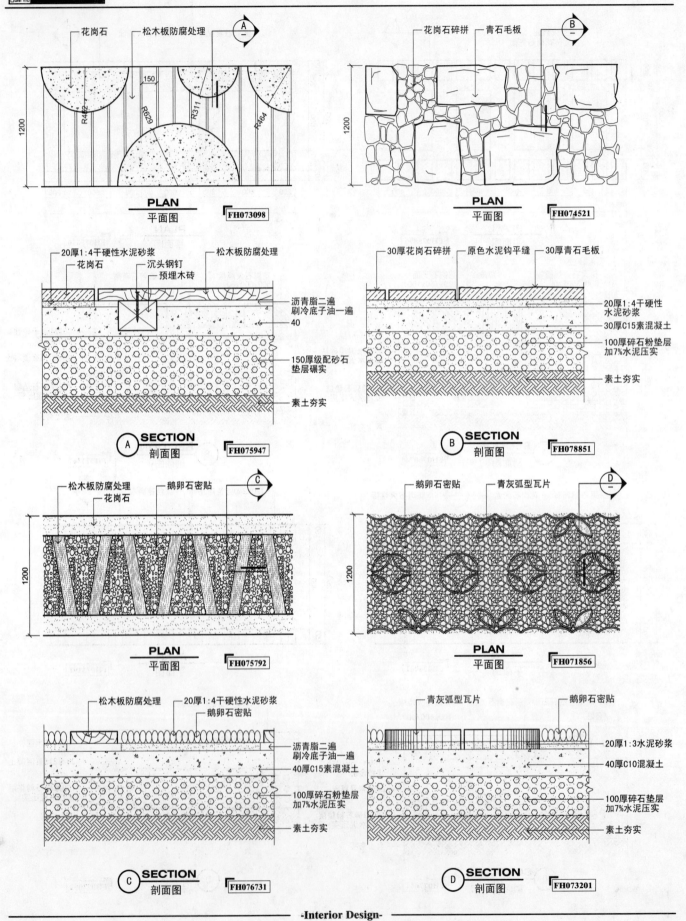

柱子

柱子 PILLAR 柱子·图块

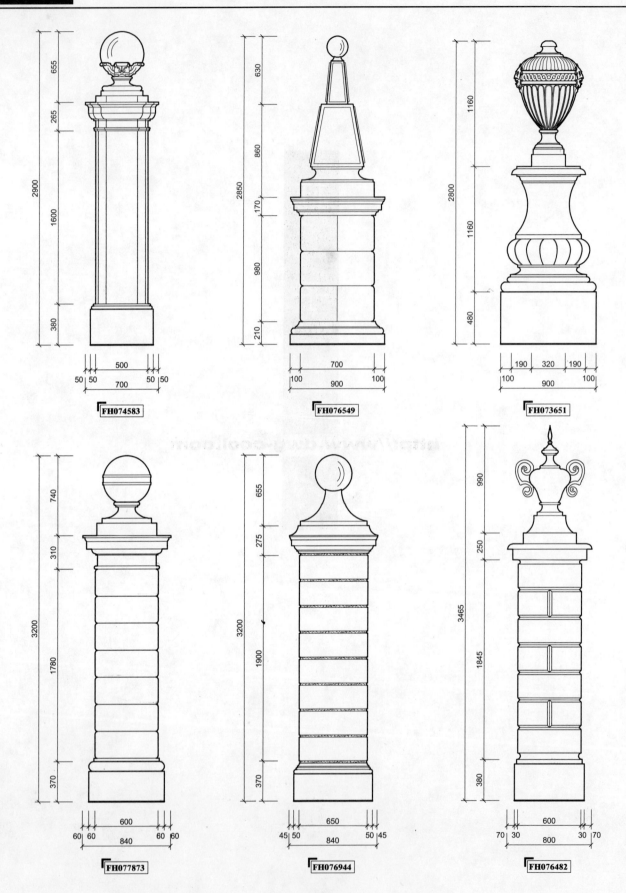

FH074583 FH076549 FH073651

FH077873 FH076944 FH076482

-Interior Design-

柱子·图块　　　　PILLAR　　柱子

柱子　　　PILLAR　　　柱子·图块

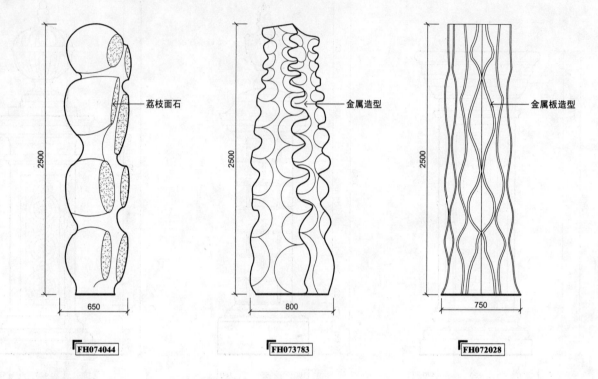

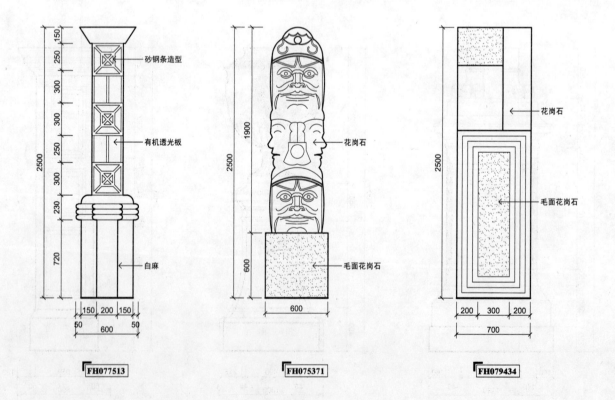

-Interior Design-

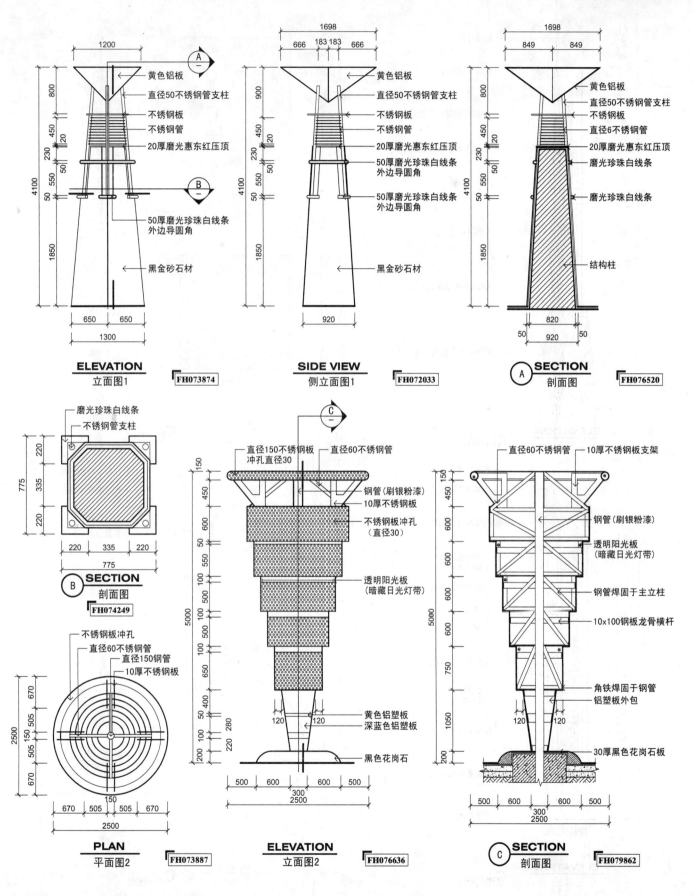

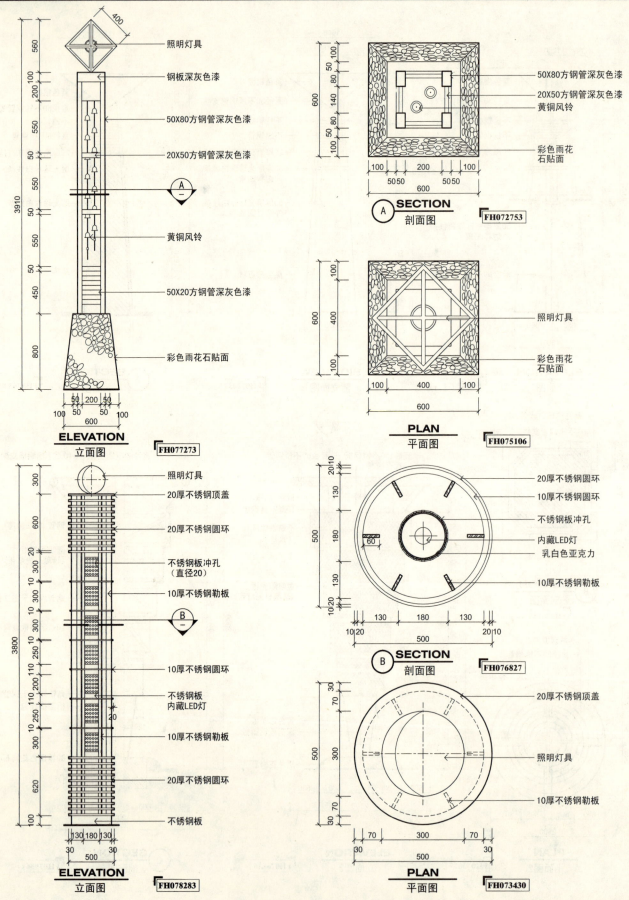

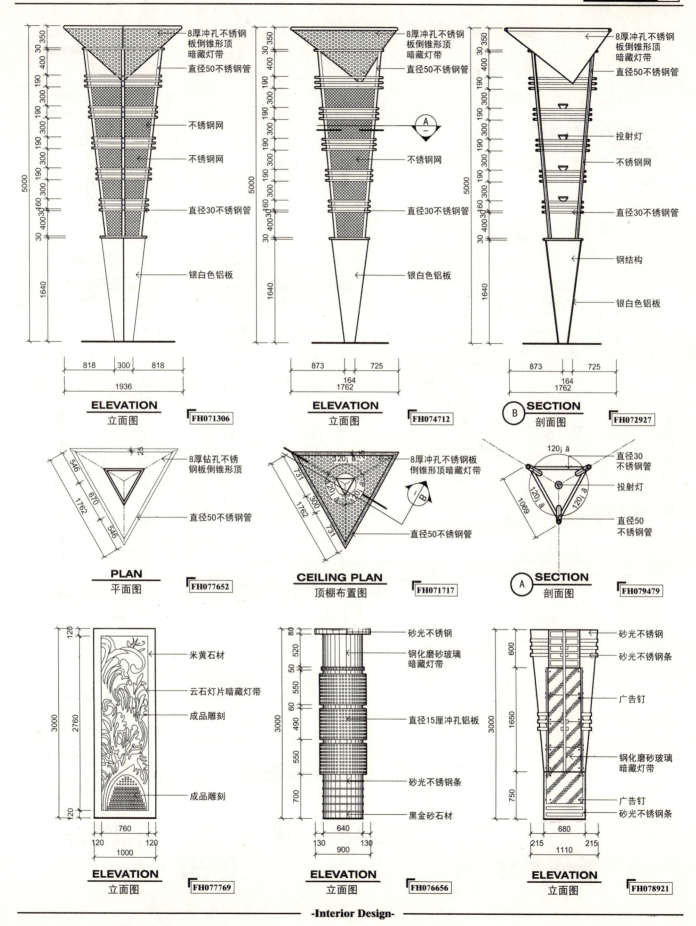

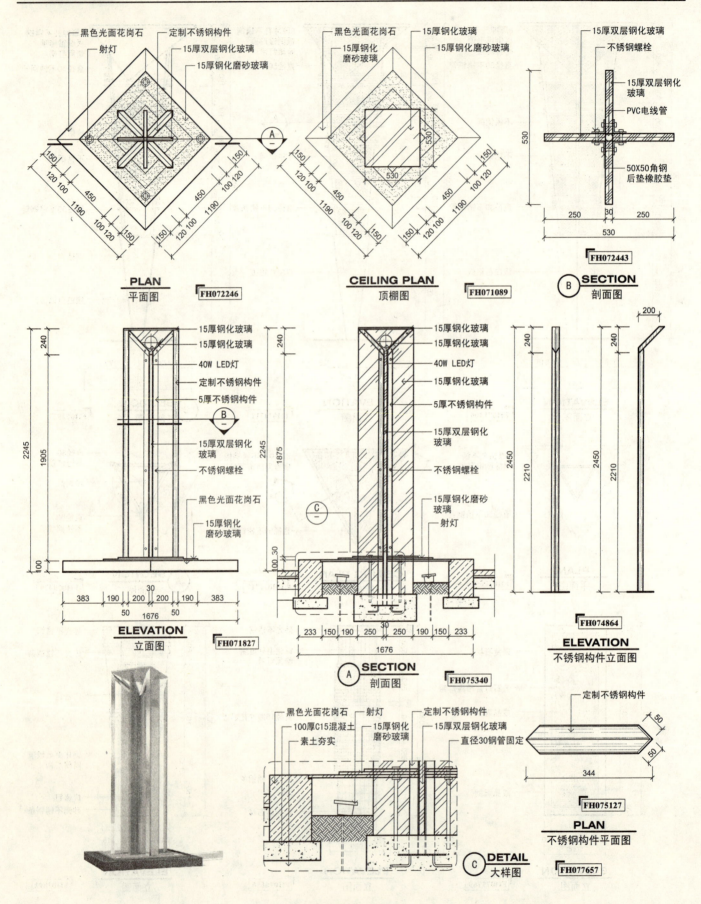

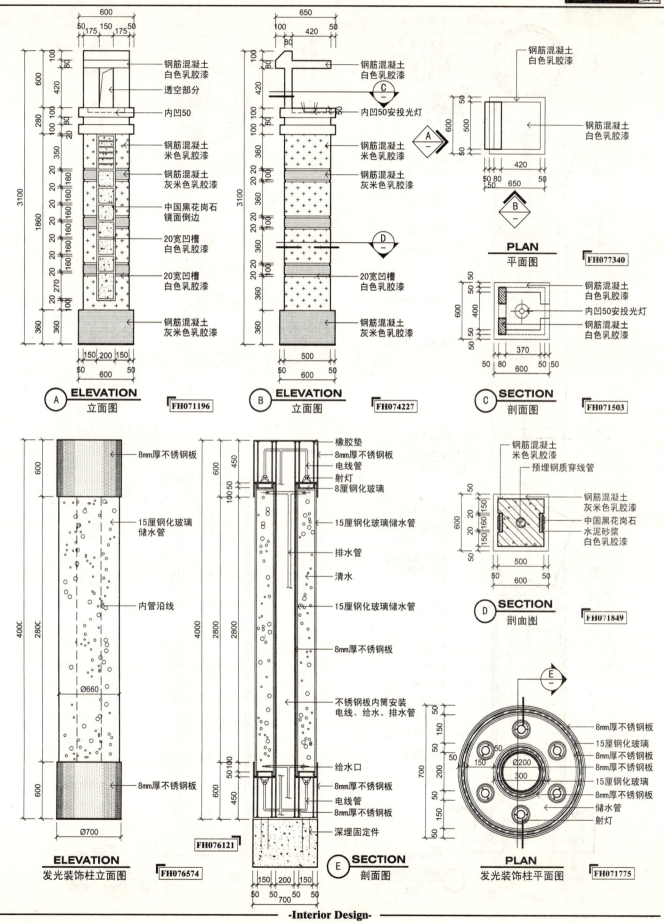

柱子 PILLAR

柱子·详图

柱1平面图 PLAN FH072309
- 灯罩投影线
- 黑色花岗石
- 水泥砂浆
- 中空部分安装电线管和给水管
- 混凝土柱

柱1立面图 ELEVATION FH072483
- 乳白色透光片
- 乳白色透光片
- 20×30不锈钢条
- 黑色花岗石8等分切割
- 白水泥批白
- 不锈钢收边
- 黑色花岗石雕花
- 黑色花岗石光面

剖面图 SECTION FH076971
- 乳白色透光片
- 乳白色透光片
- 20×30不锈钢条
- 黑色花岗石光面8等分切割
- 光源
- 白水泥批白
- 不锈钢收边
- 水管
- 水泥砂浆
- 防水层
- 混凝土柱
- 中空部分安装电线管和给水管
- 黑色花岗石光面
- 不锈钢箅子
- 鹅卵石
- 地面

柱2平面图 PLAN FH074691
- 陶瓷锦砖贴面
- 储水槽
- 陶瓷锦砖贴面
- 上水管
- 混凝土柱子
- 引水线
- 热熔玻璃

柱2顶棚布置图 CEILING PLAN FH071432
- 筒灯
- 砂光不锈钢板
- 热熔玻璃
- 25×25不锈钢方管
- 混凝土柱子
- 不锈钢广告钉
- 引水线
- 顶棚

柱2剖立面图 ELEVATION FH073990
- 筒灯
- 顶棚
- 砂光不锈钢板
- 热熔玻璃
- 引水线
- 不锈钢广告钉
- 混凝土柱体
- 25×25不锈钢方管
- 热熔玻璃
- 25×25不锈钢方管
- 角码膨胀螺栓固定
- 陶瓷锦砖贴面
- 陶瓷锦砖贴面

-Interior Design-

栏杆

http://www.dwg-cool.com

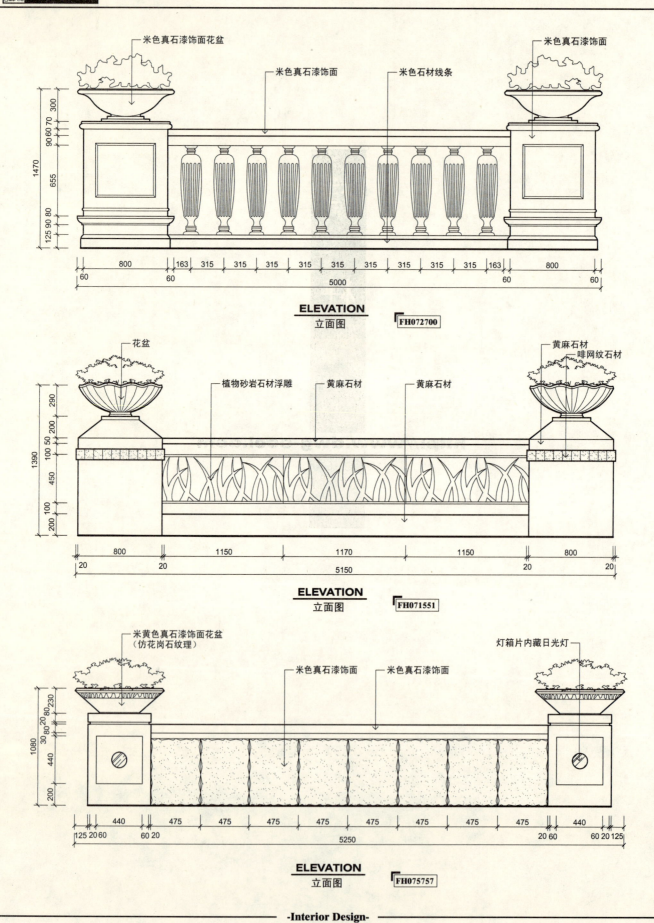

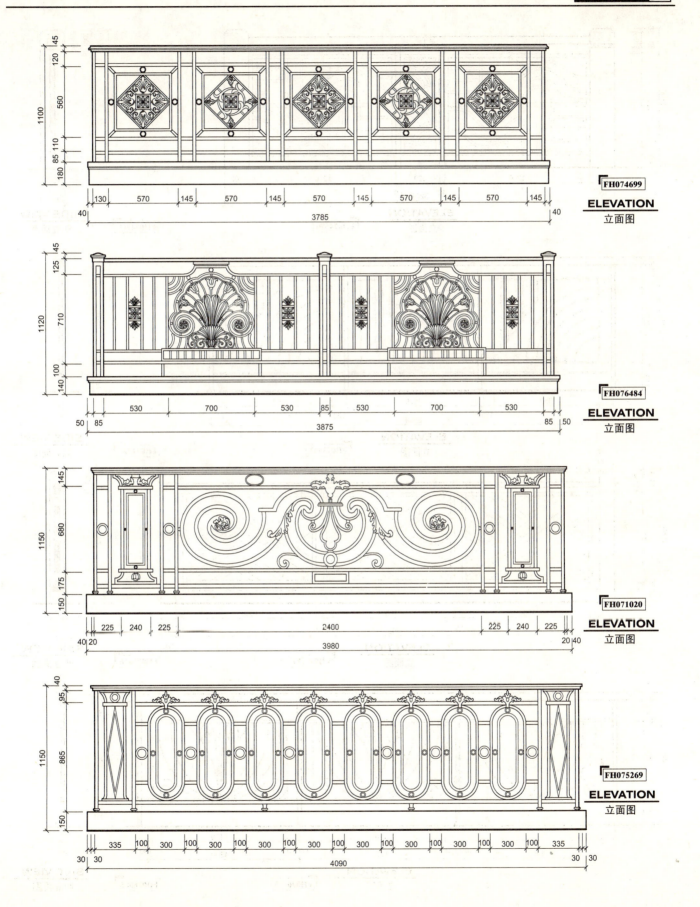

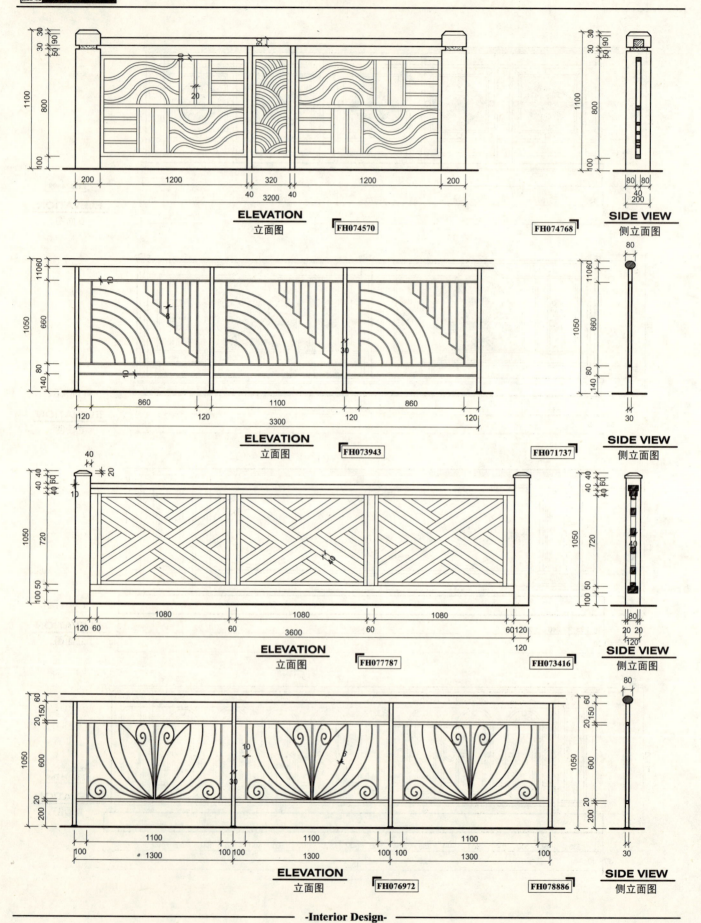

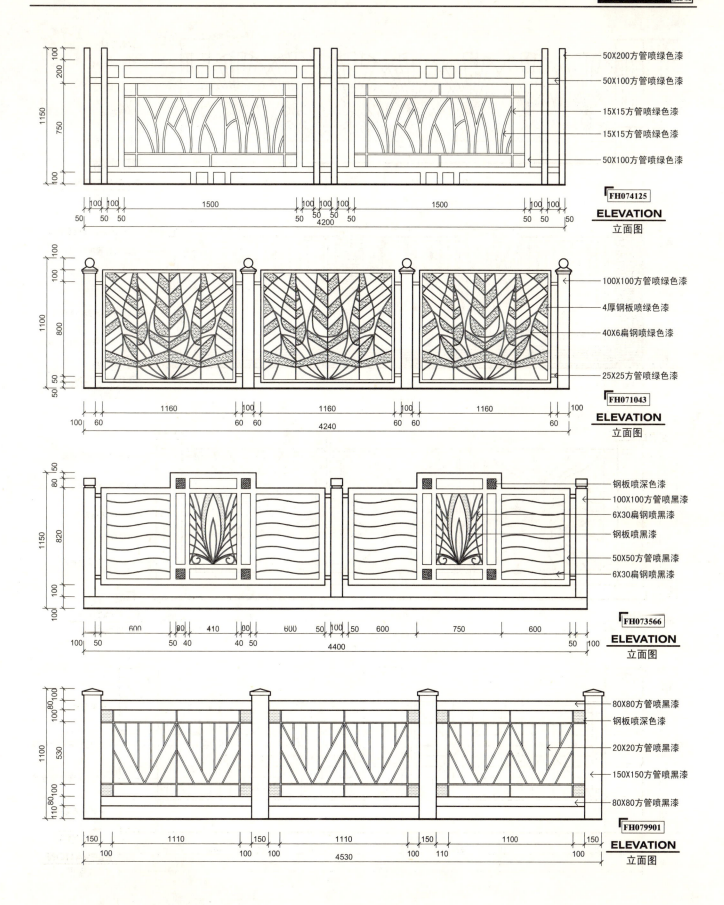

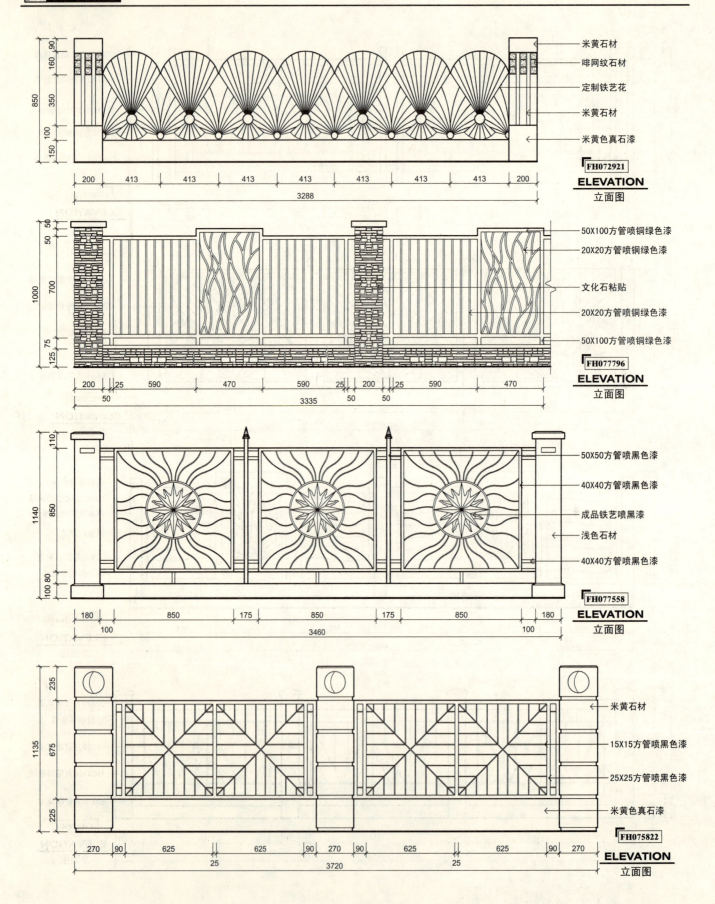

实
例

http://www.dwg-cool.com

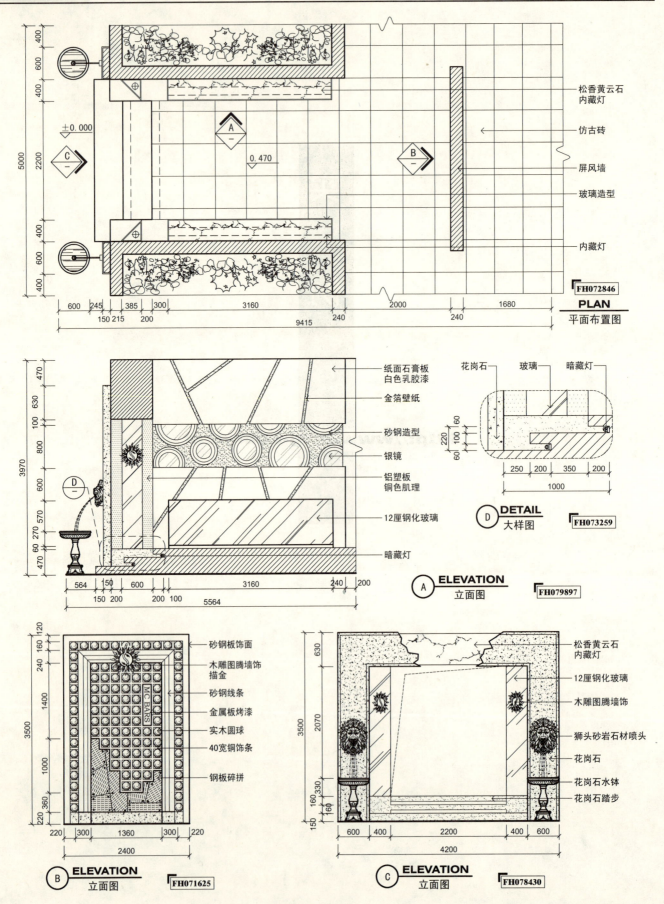

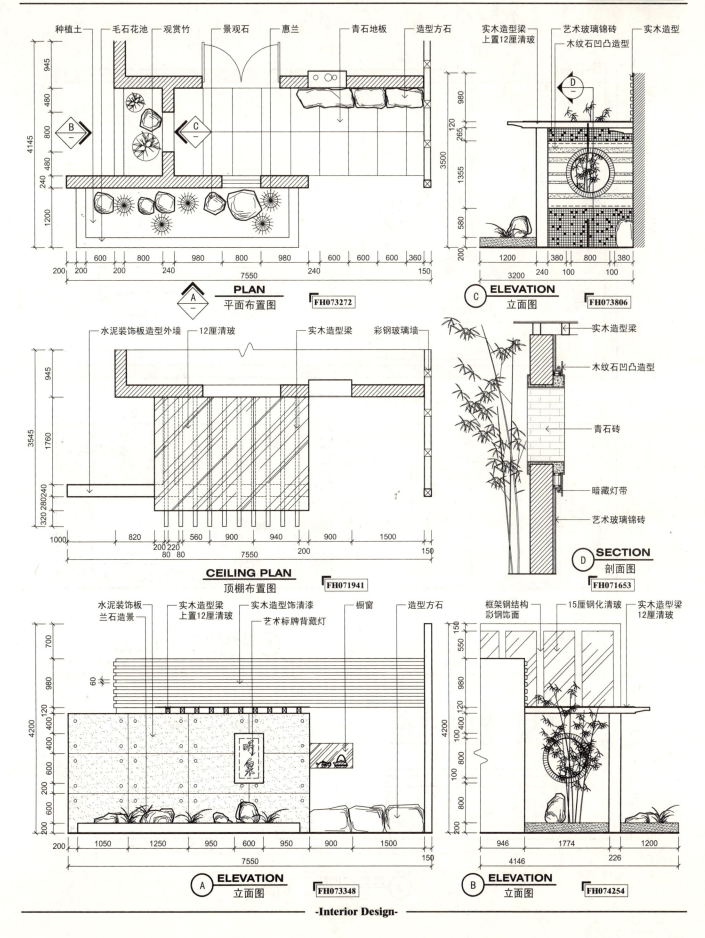

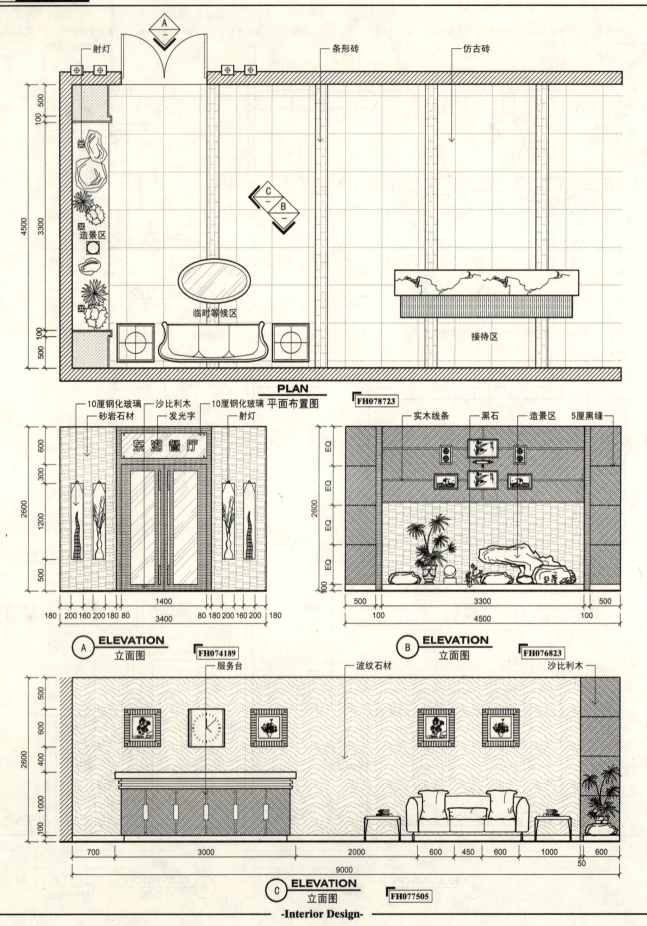

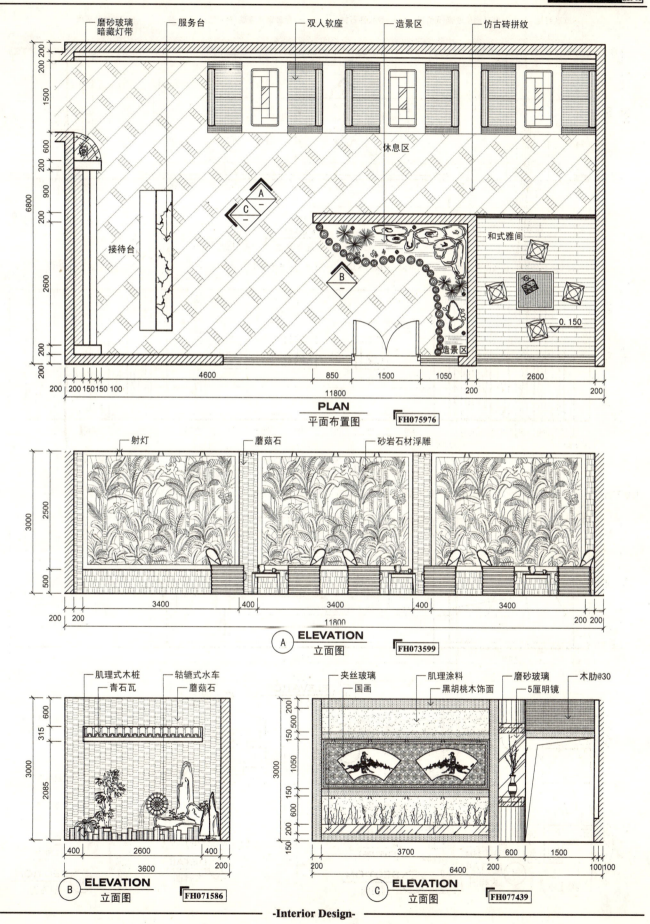

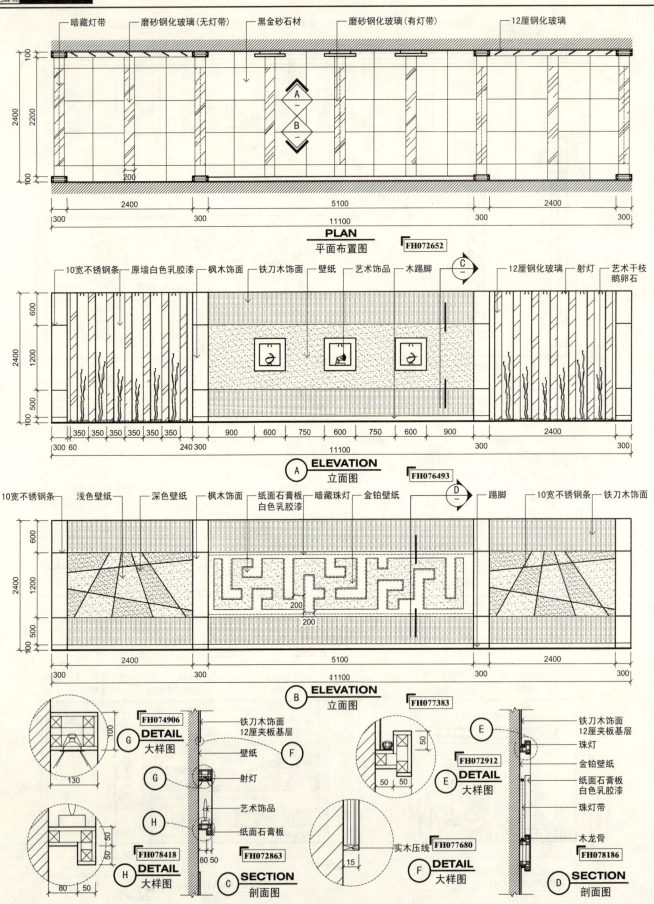

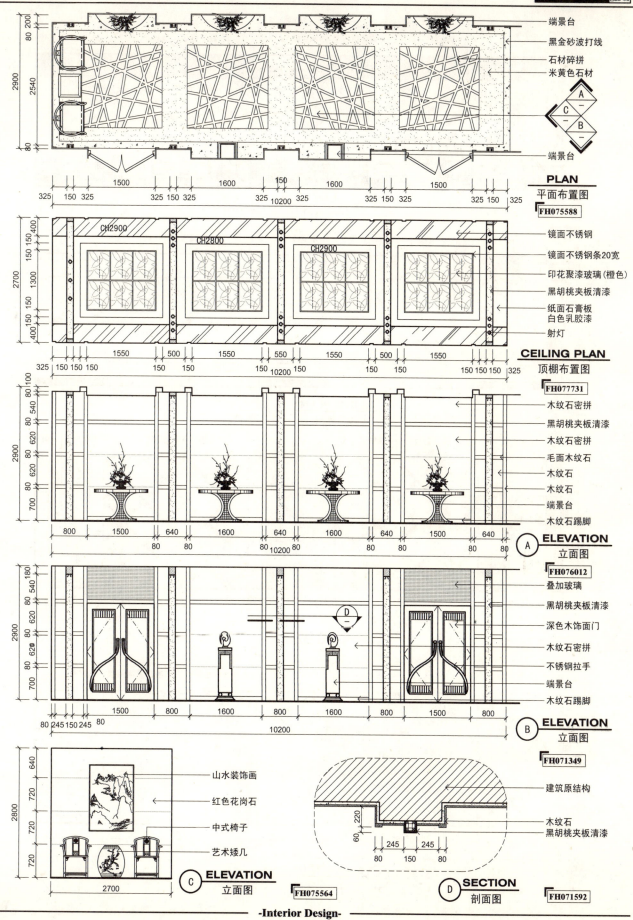

实例 EXAMPLE 走廊·详图

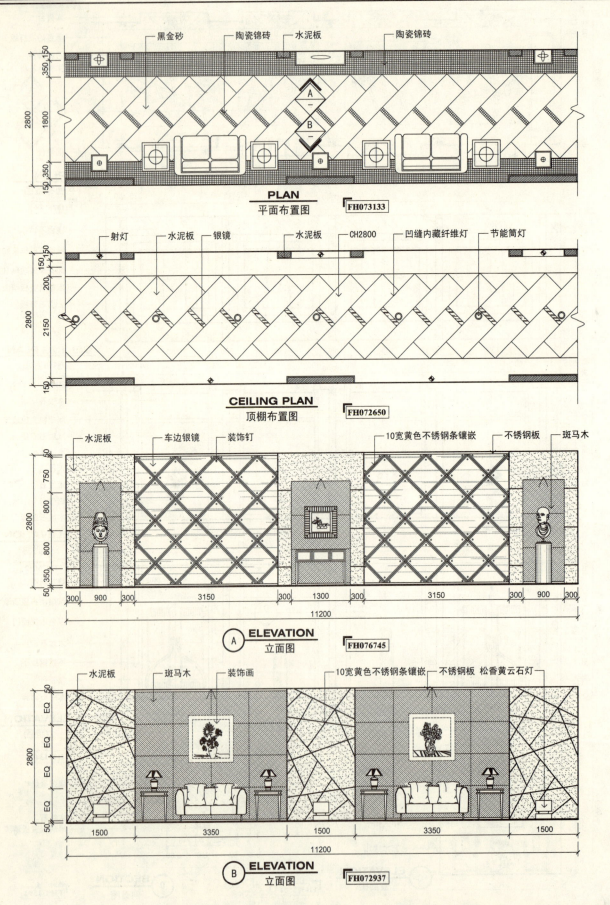

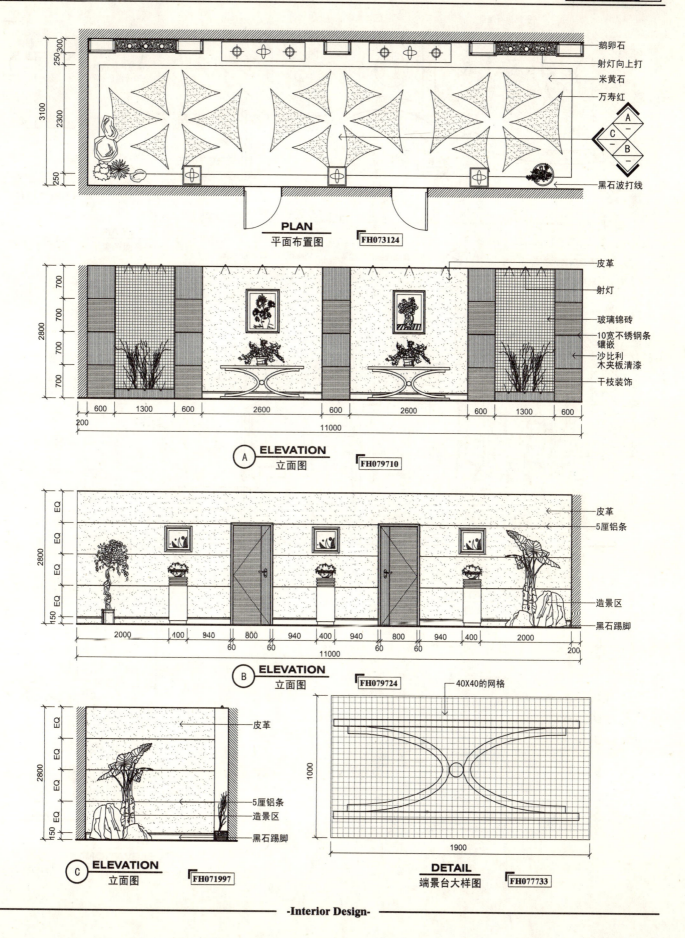

实例 EXAMPLE　楼梯·详图

PLAN 平面布置图 FH077270

- 锦川石造景
- 艺术陶罐
- 建筑墙体
- 8mm厚钢化玻璃下满铺白色卵石
- 文化石
- 15mm厚钢化玻璃踏步
- 防滑条

尺寸：2000、1800、200；2800、200、2800、1200；总7000

C SECTION 剖面图 FH073248

- 花岗石
- 砖砌体

尺寸：80、270；40、120、40

A ELEVATION 立面图 FH074672

- 石膏板白色乳胶漆
- 锦川石造景
- 石膏板浅绿色乳胶漆
- 15mm厚钢化玻璃
- 15mm厚钢化玻璃踏步
- 文化石
- 砂钢扶手
- 钢结构楼梯

尺寸：900、345、800、800、800、800、300、330；4275；800×8、1200、200；总7000

D SECTION 剖面图 FH072168

- 白色乳胶漆
- 30×30实木龙骨
- 石膏板
- 浅绿色乳胶漆
- 建筑墙体
- 800、30

B ELEVATION 立面图 FH075427

- 石膏板浅绿色乳胶漆
- 石膏板白色乳胶漆
- 锦川石造景
- 文化石

尺寸：800、800、800、300、330；3030；2000

-Interior Design-

224

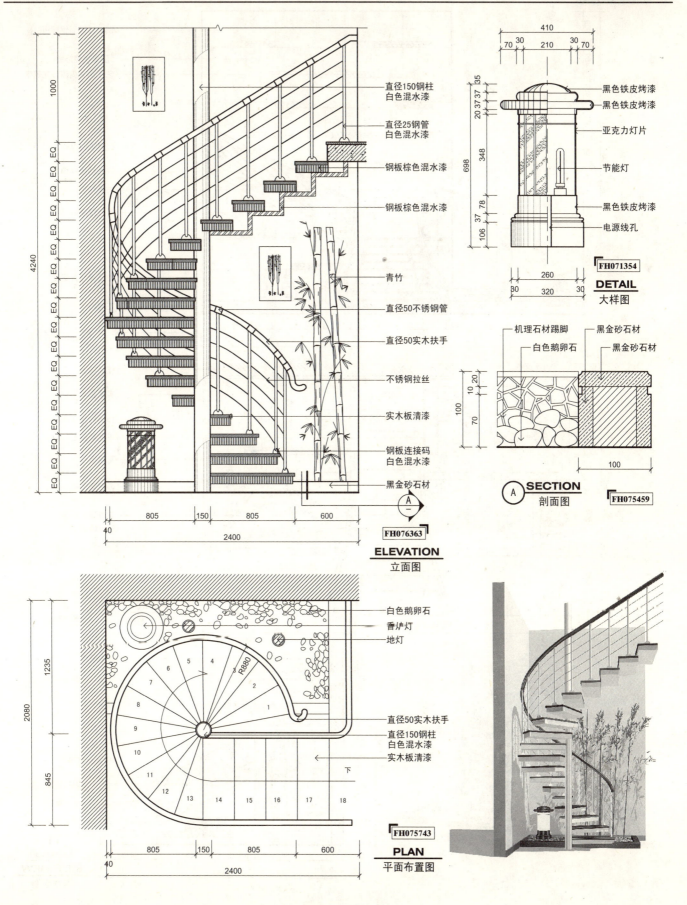

实例 EXAMPLE　　楼梯·详图

ELEVATION 立面图　FH079452

- 铜色浮雕面铝塑板
- 5厘黑色装饰缝
- 艺术玻璃内藏日光等带
- 8厘钢化玻璃
- 钢木结构楼梯
- 仿真梅树
- 干挂蘑菇石
- 羊皮景灯
- 仿三潭印月造景
- 花岗石

PLAN 平面布置图　FH078300

- 羊皮景灯
- 建筑墙体
- 实木踏步
- 15厘钢化玻璃
- 干挂蘑菇石
- 花岗石
- 卵石铺池底
- 三潭印月石塔
- 盆植睡莲

SIDE VIEW 侧立面图　FH074209

- 艺术壁纸
- 仿真梅树
- 干挂蘑菇石
- 8厘钢化玻璃
- 钢木楼梯
- 羊皮景灯
- 兰石造景
- 花岗石

-Interior Design-

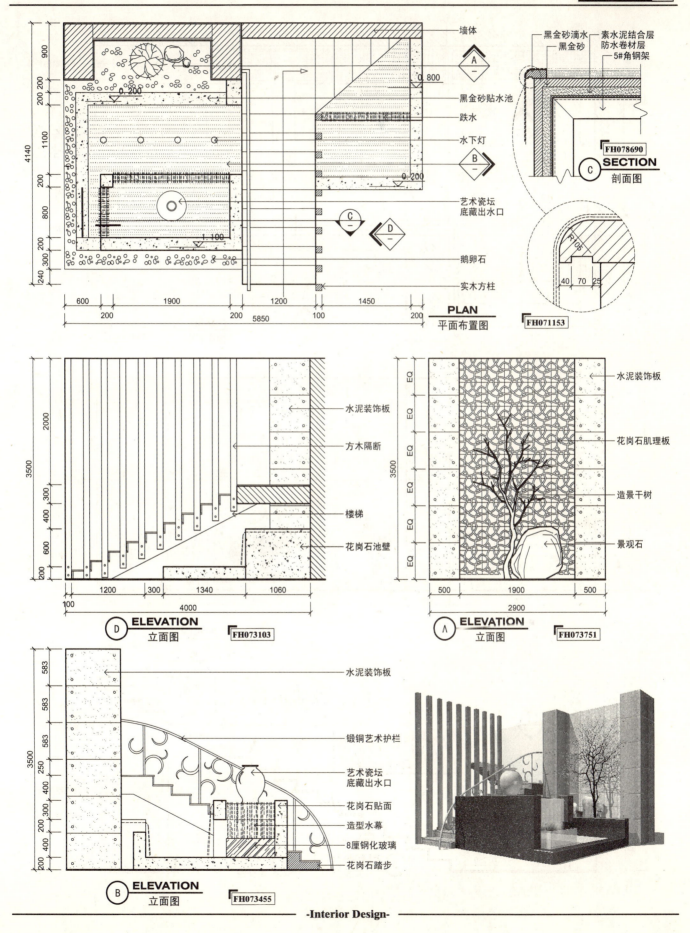

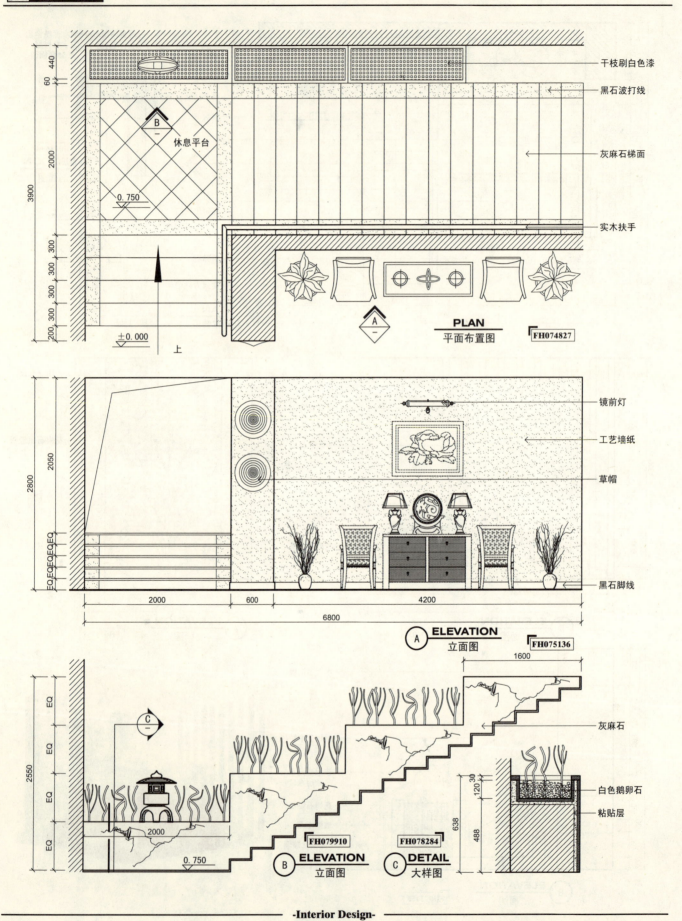

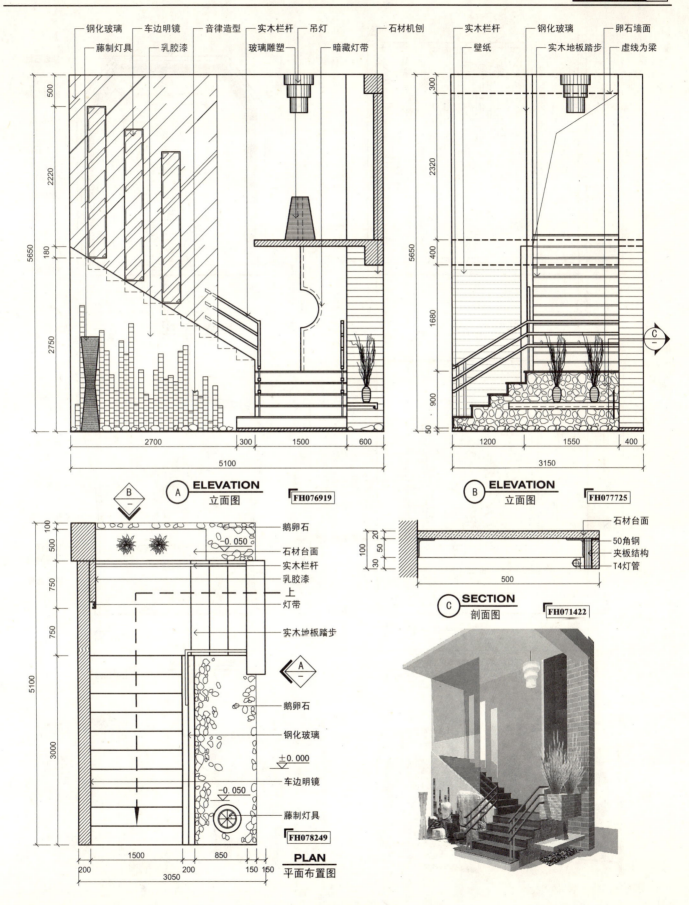

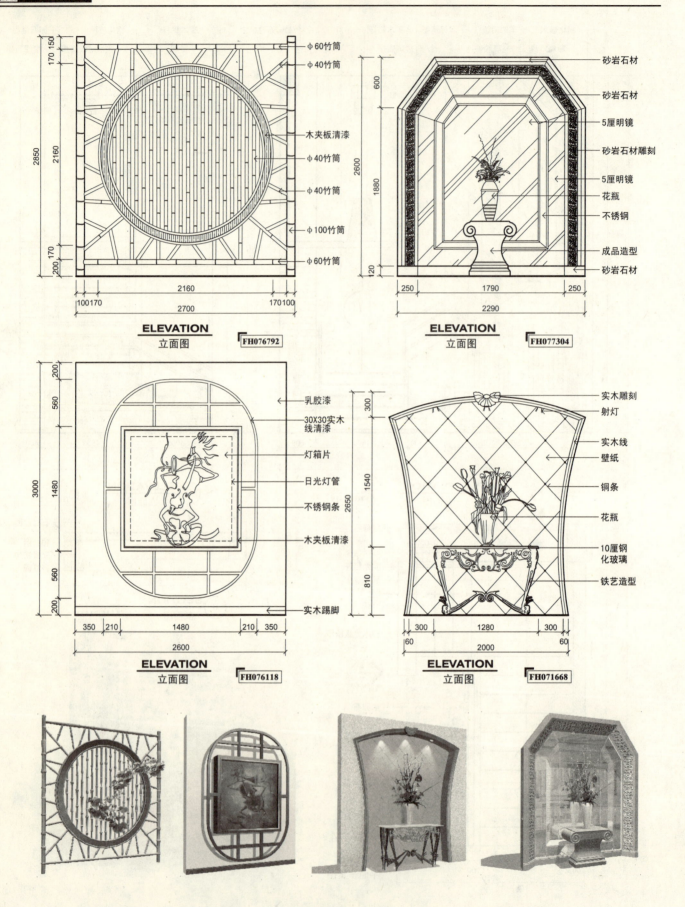

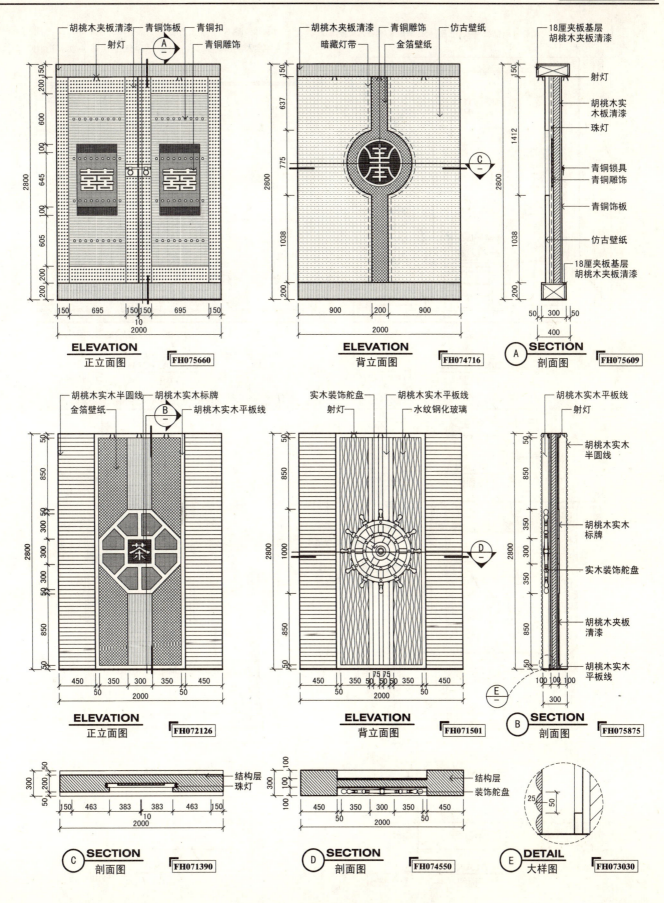

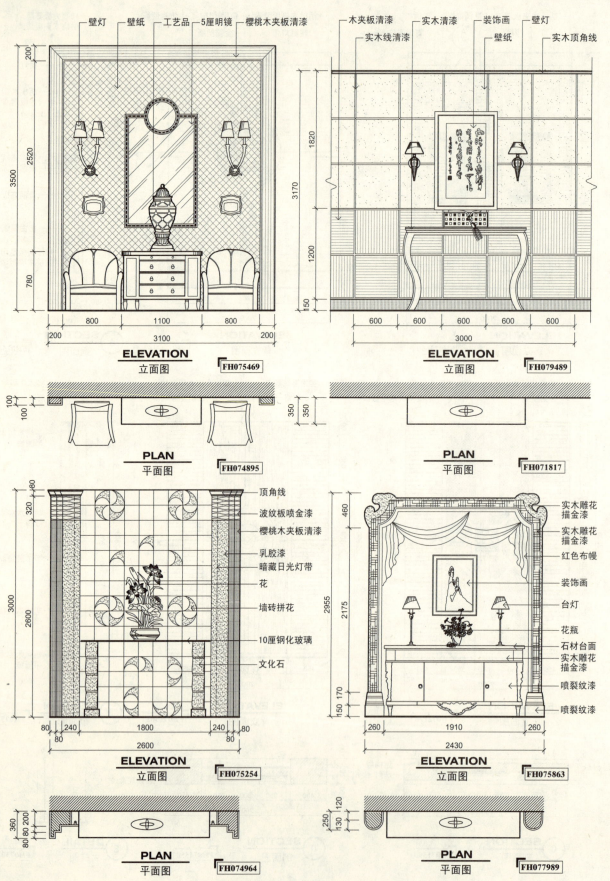

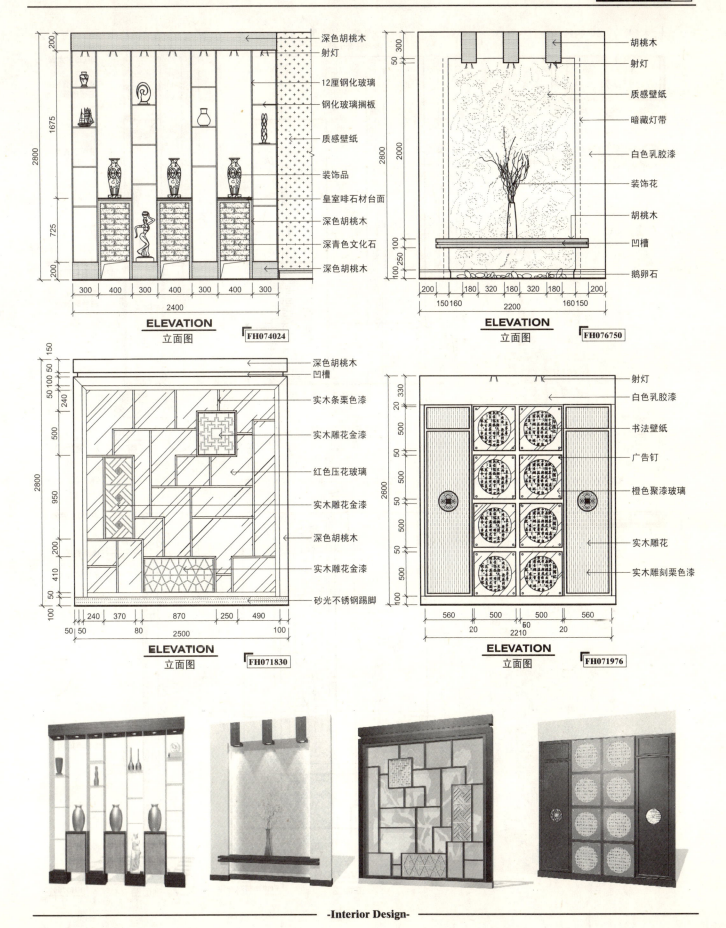

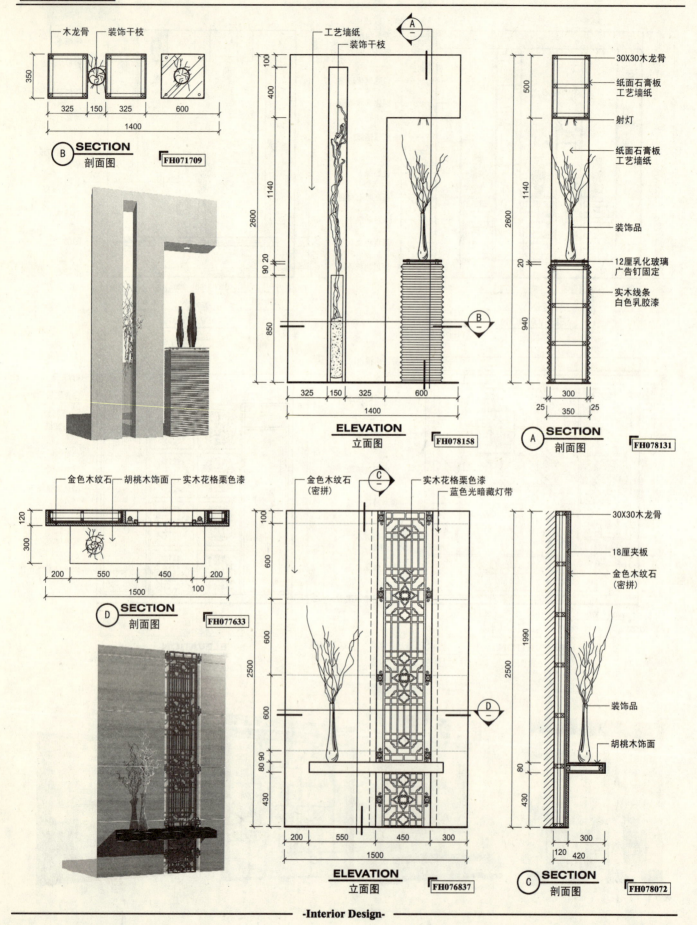

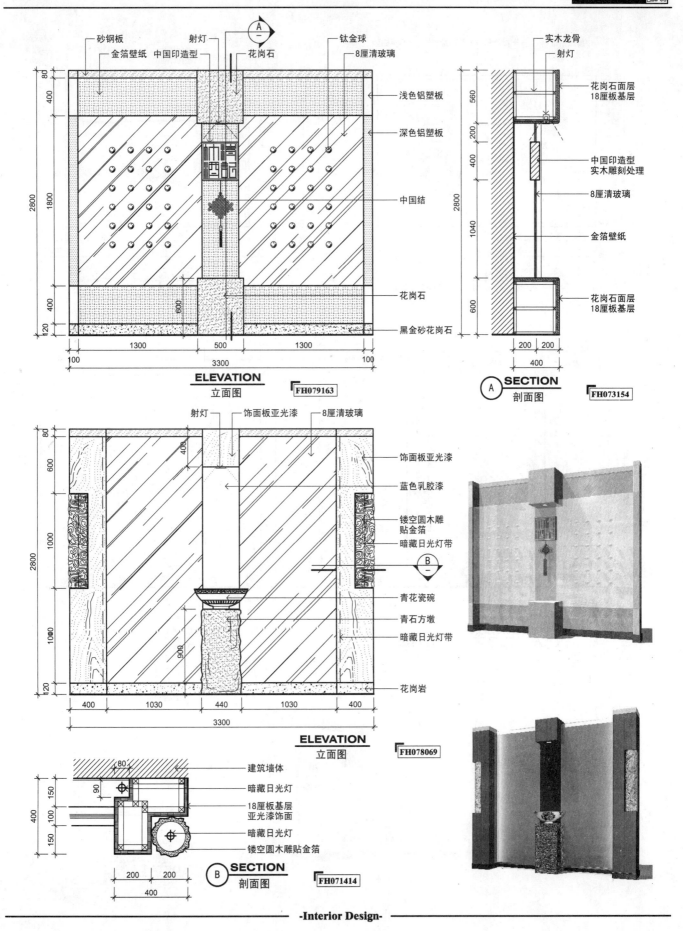

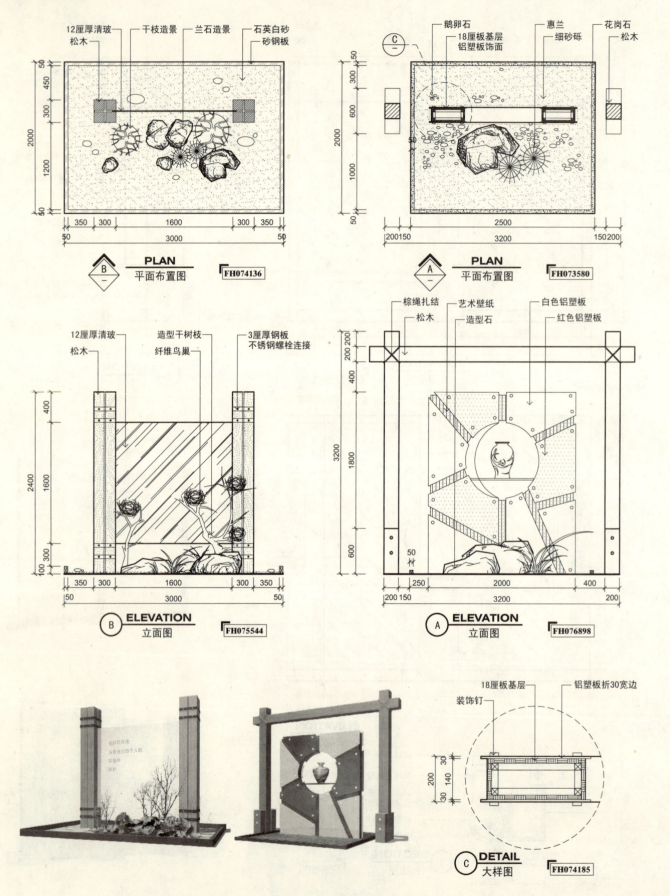

端景台·详图　　EXAMPLE　　实例

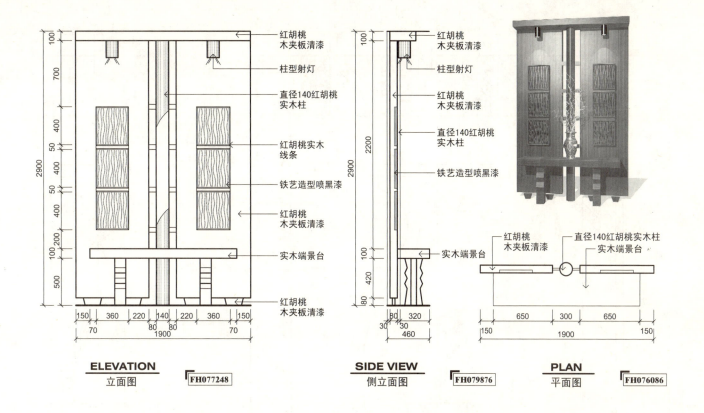

ELEVATION 立面图　FH077248
SIDE VIEW 侧立面图　FH079876
PLAN 平面图　FH076086

标注：红胡桃木夹板清漆、柱型射灯、直径140红胡桃实木柱、红胡桃实木线条、铁艺造型喷黑漆、红胡桃木夹板清漆、实木端景台、红胡桃木夹板清漆

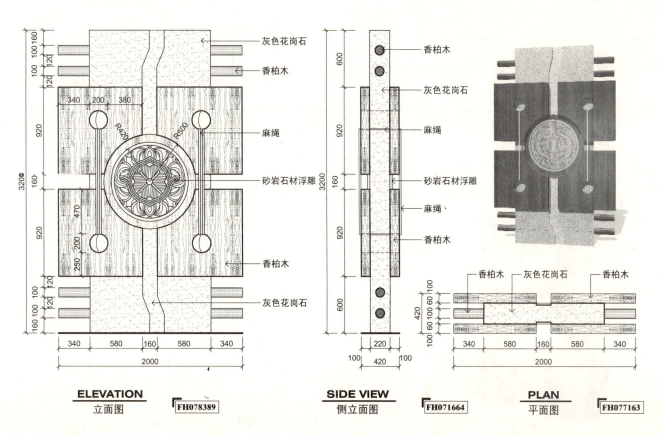

ELEVATION 立面图　FH078389
SIDE VIEW 侧立面图　FH071664
PLAN 平面图　FH077163

标注：灰色花岗石、香柏木、麻绳、砂岩石材浮雕、麻绳、香柏木、灰色花岗石

-Interior Design-

237

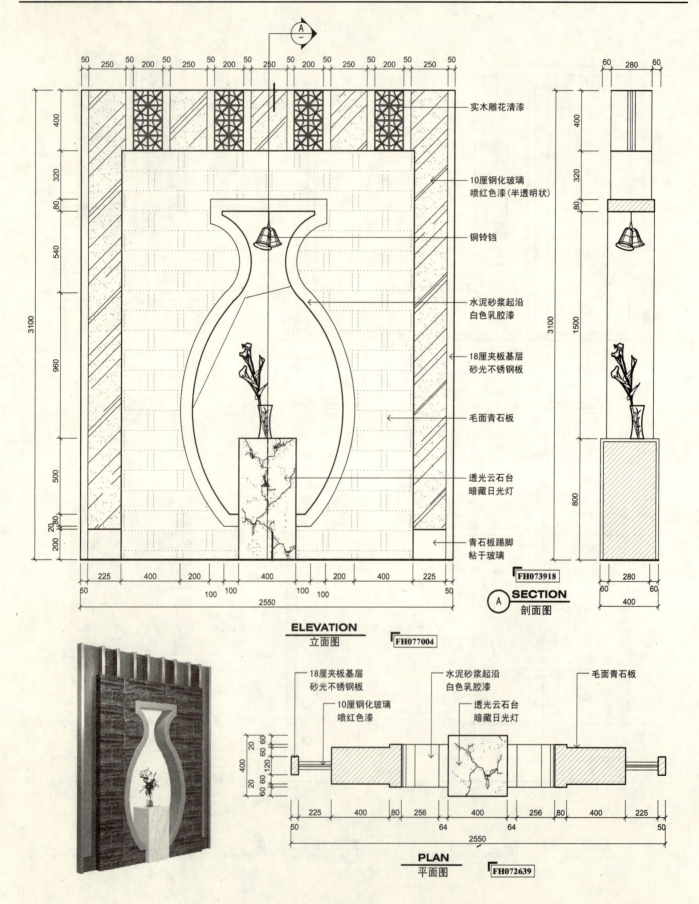

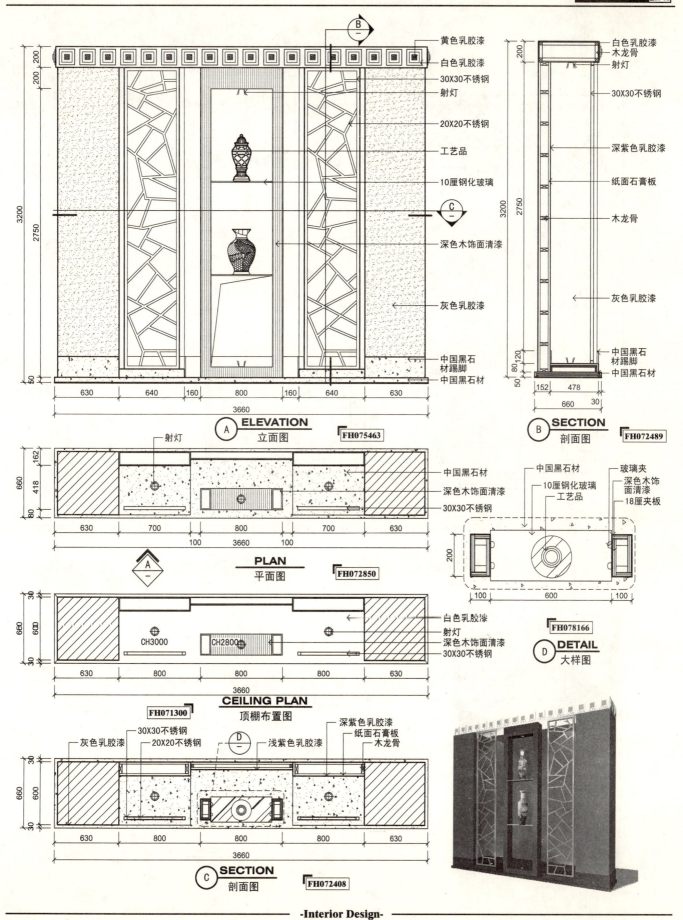

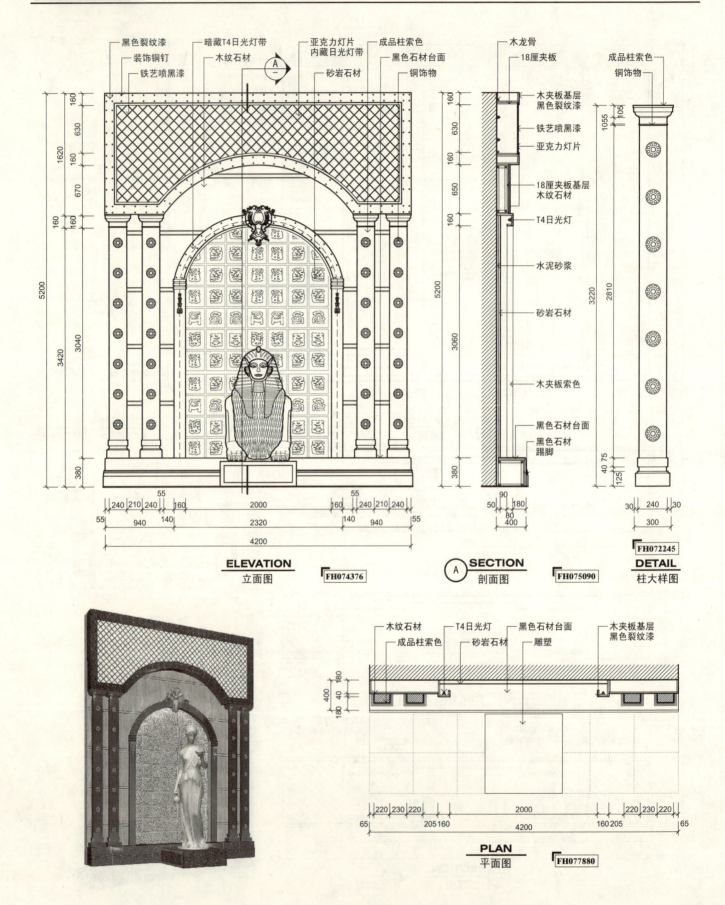

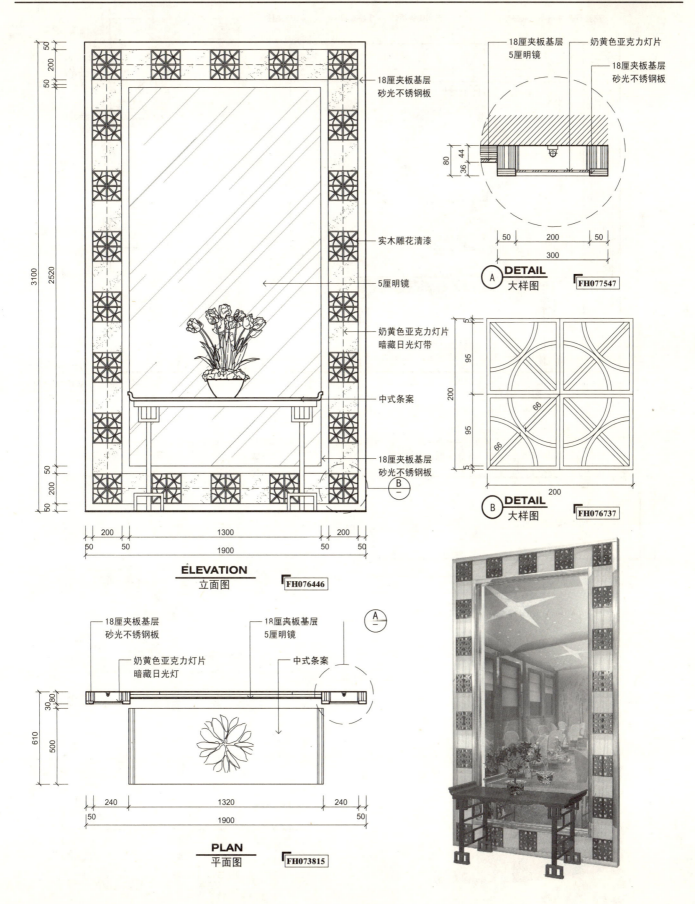

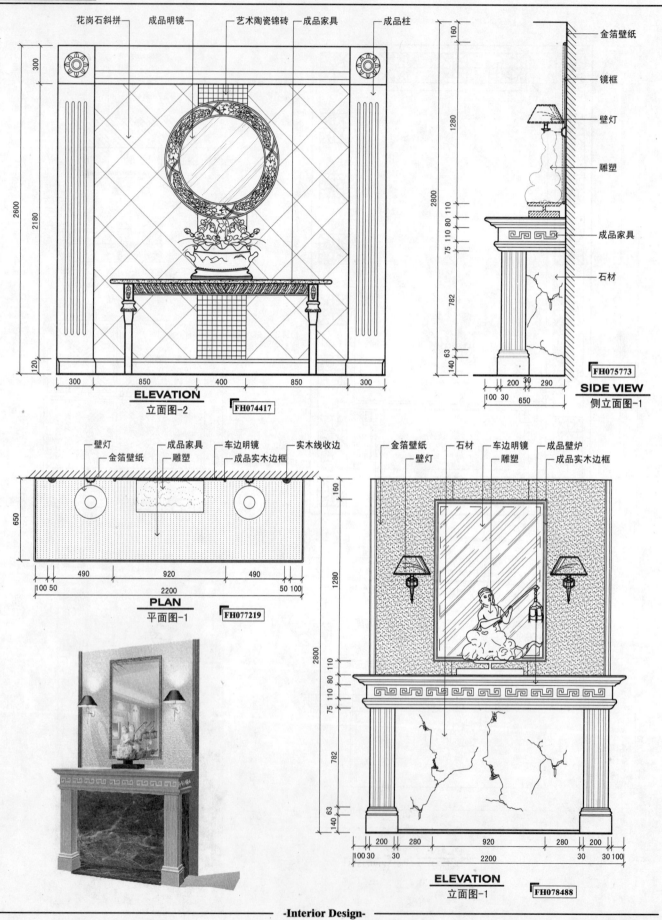

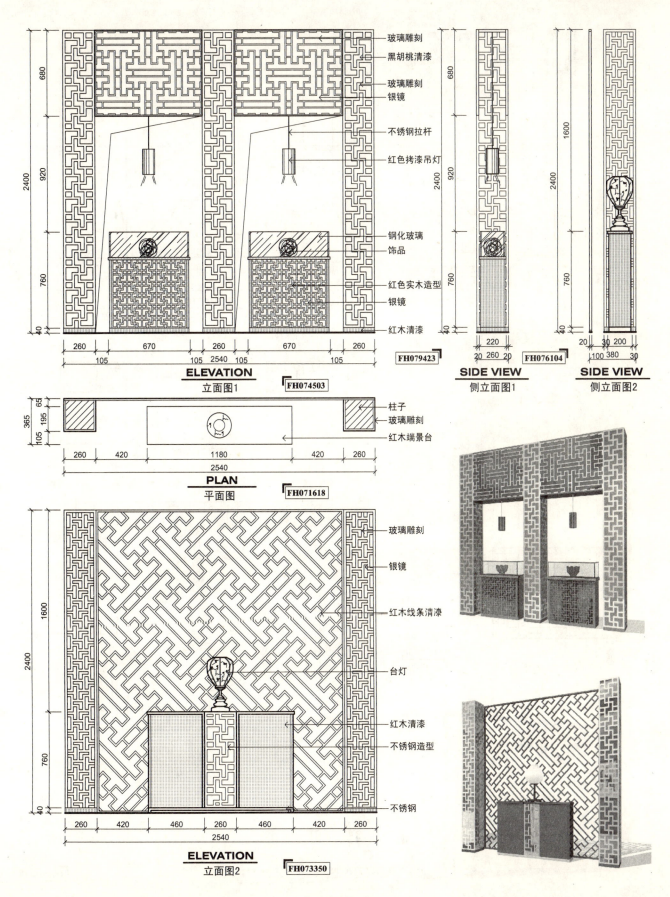

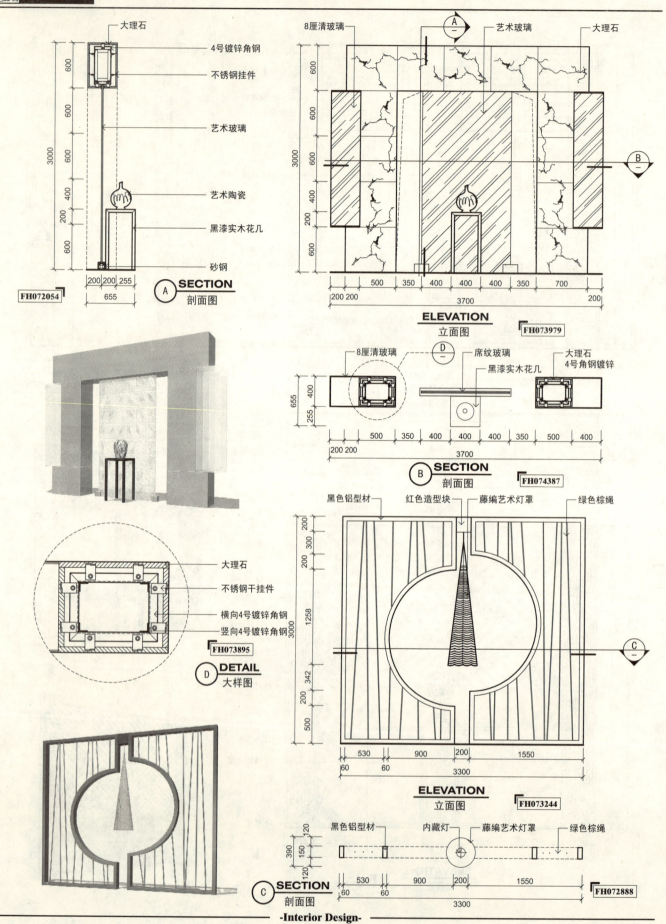

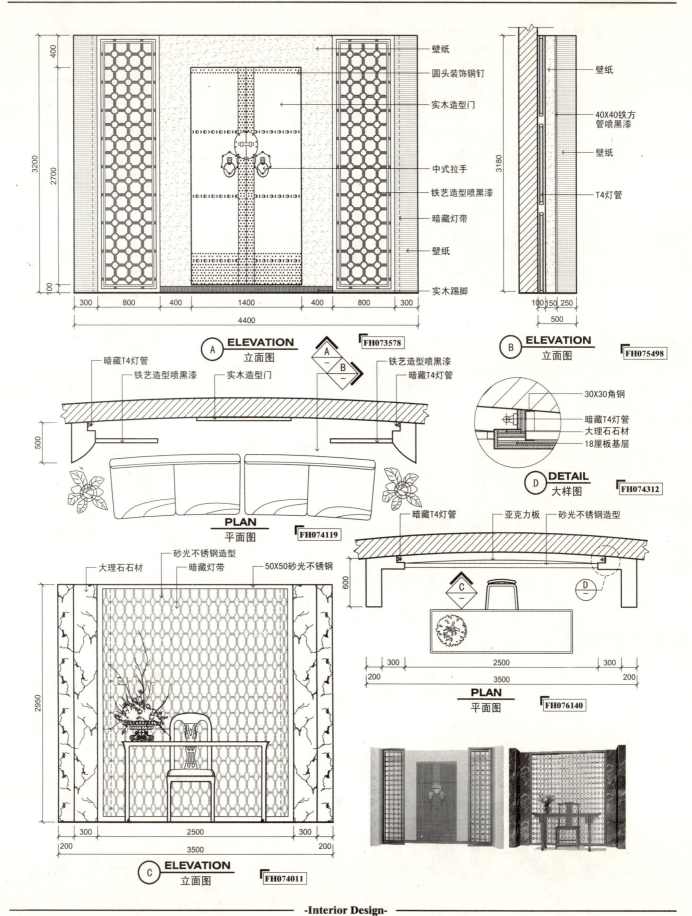

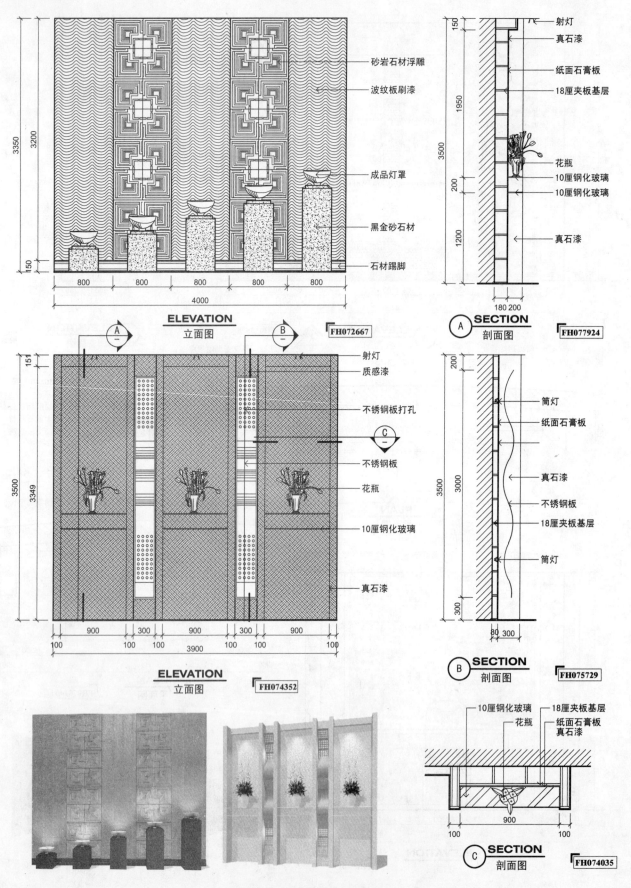

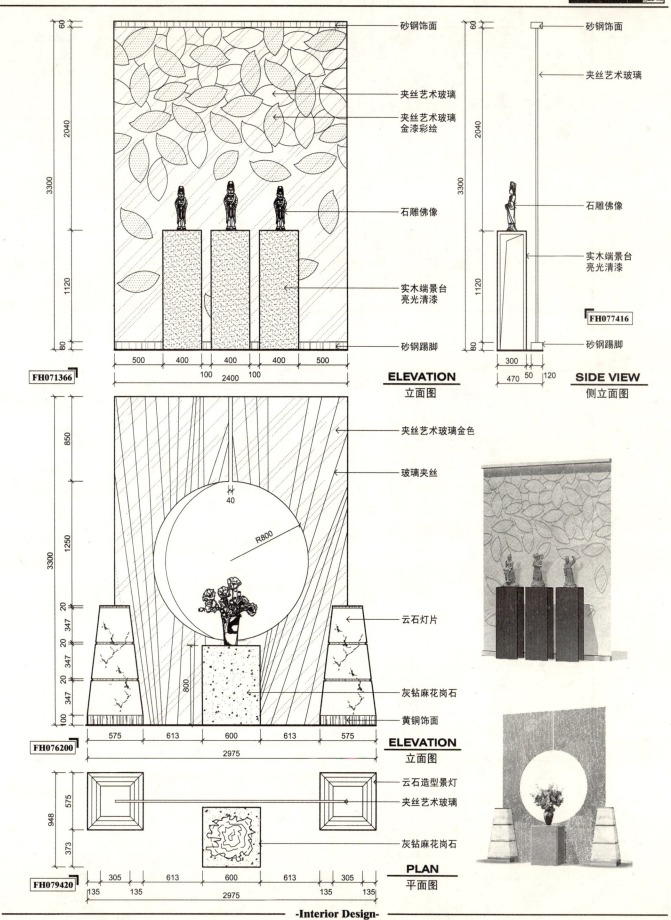

实例 EXAMPLE 端景台·详图

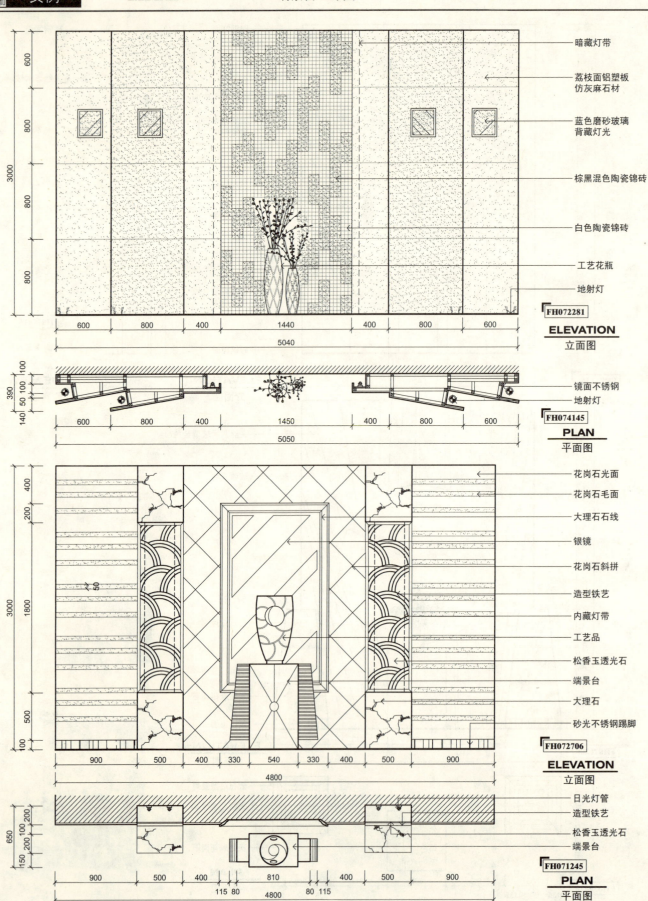

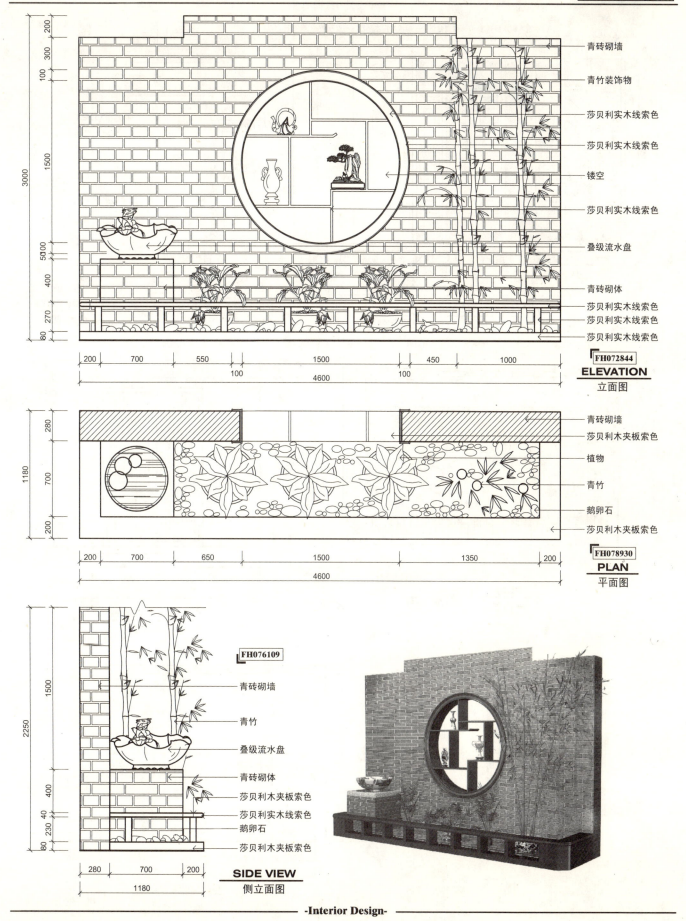

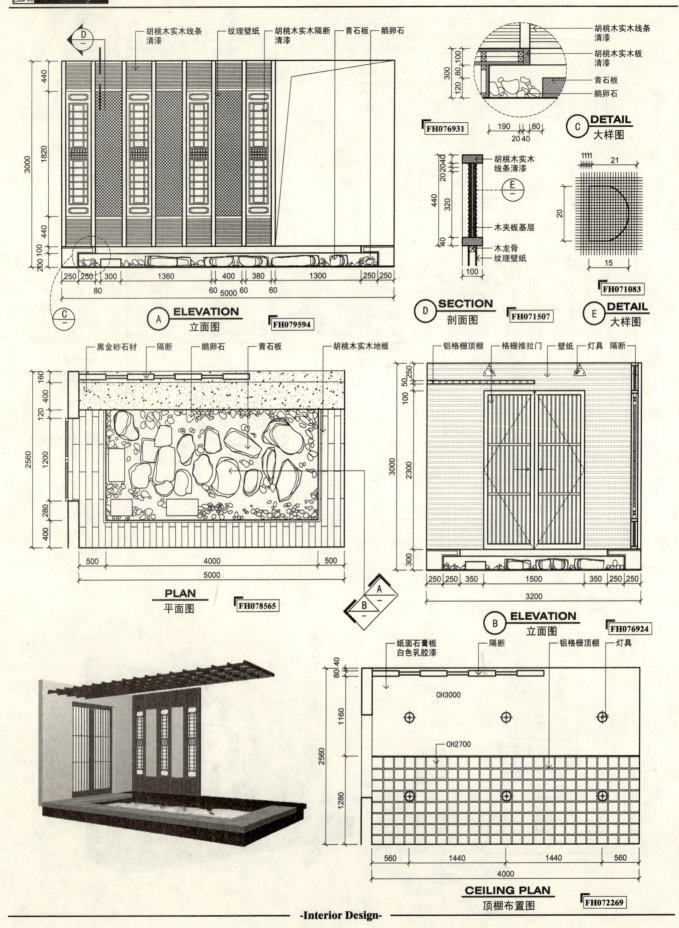

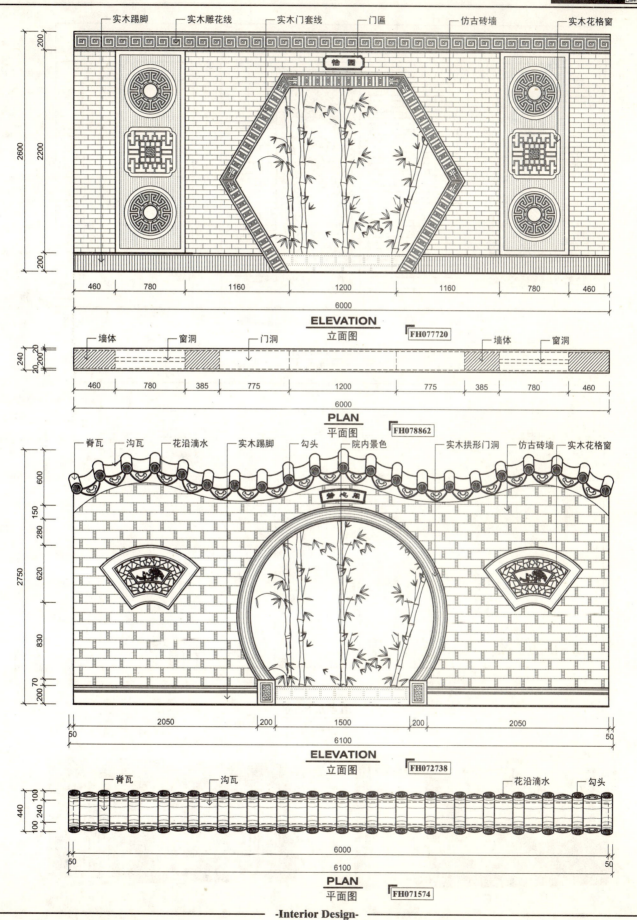

实例 EXAMPLE 景观墙·详图

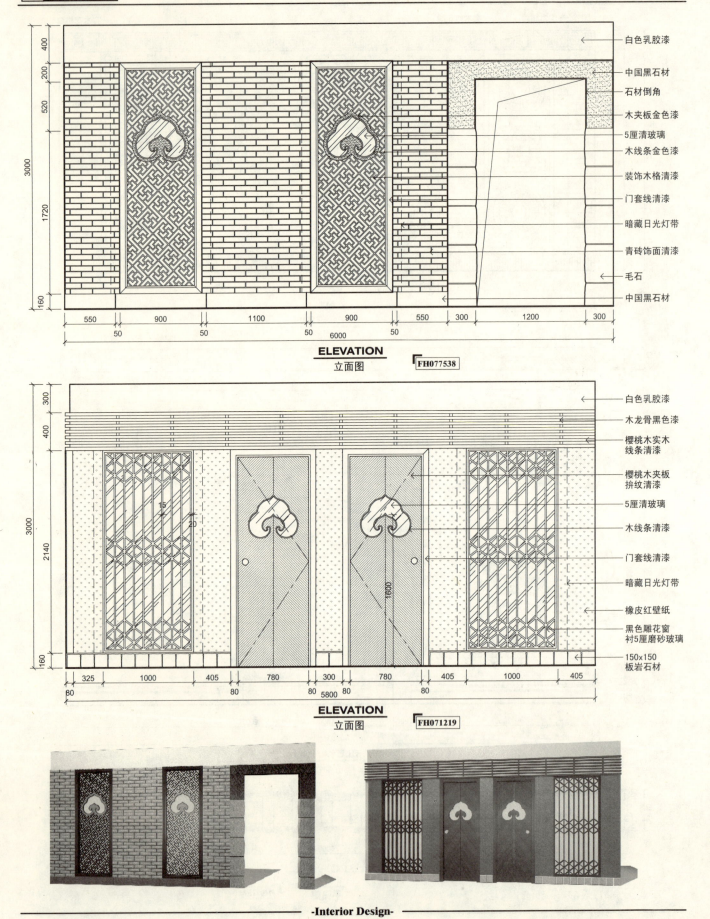

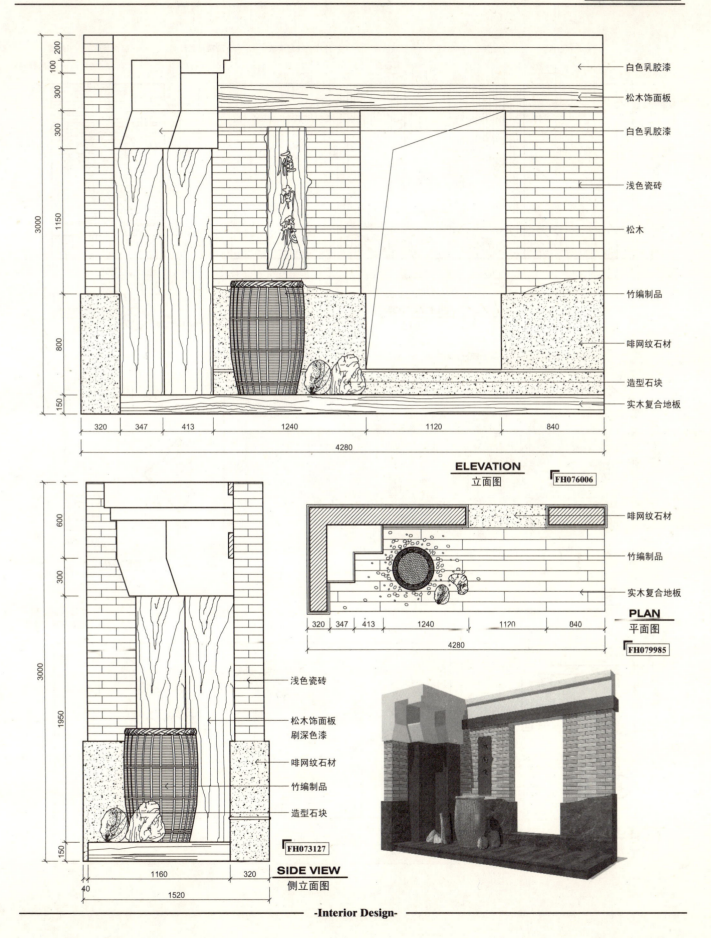

实例 EXAMPLE 景观墙·详图

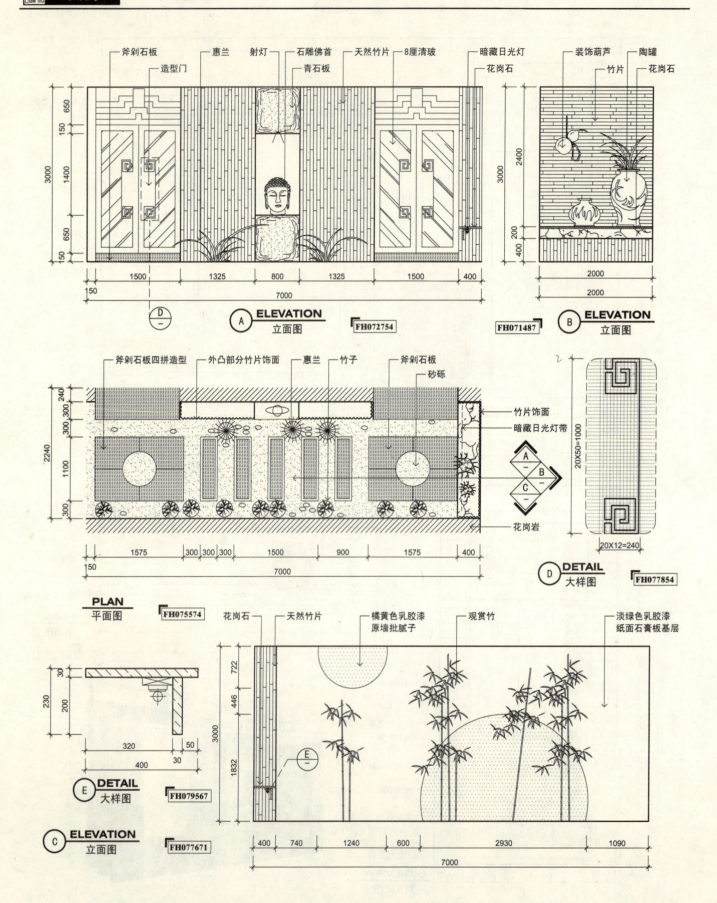

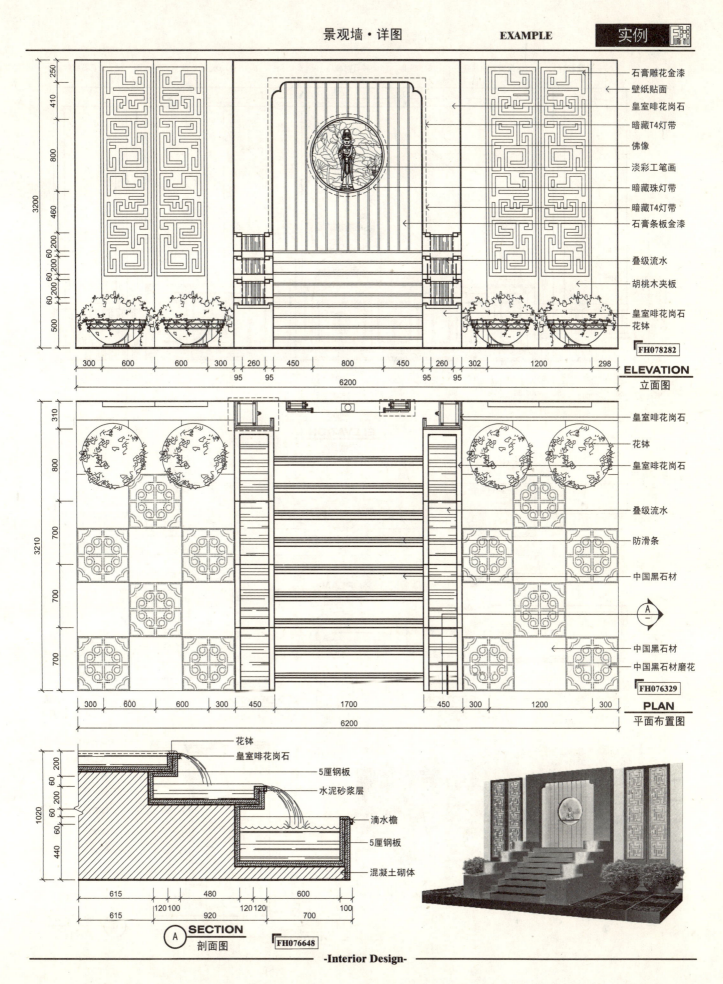

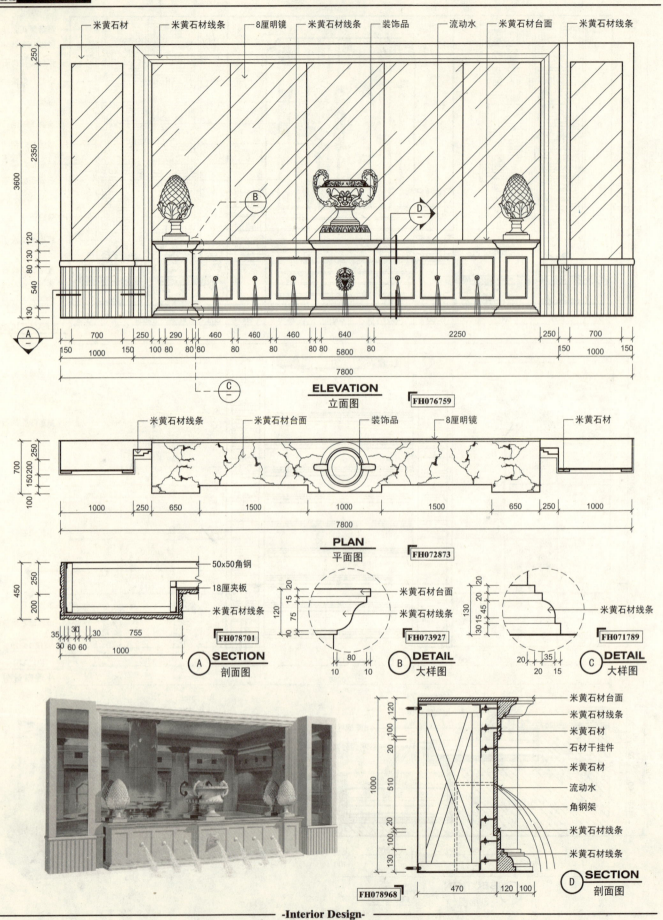

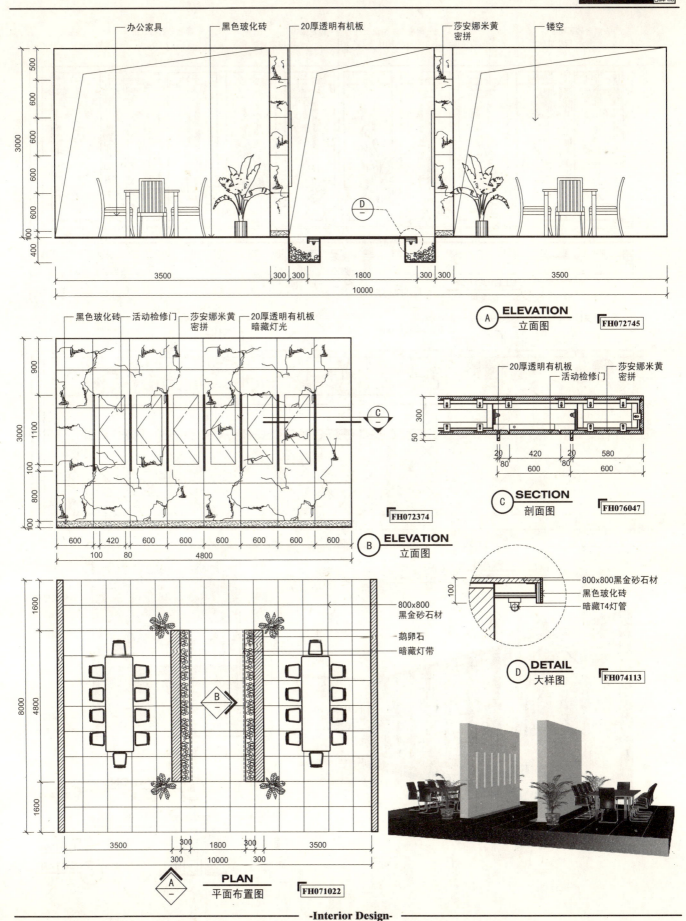

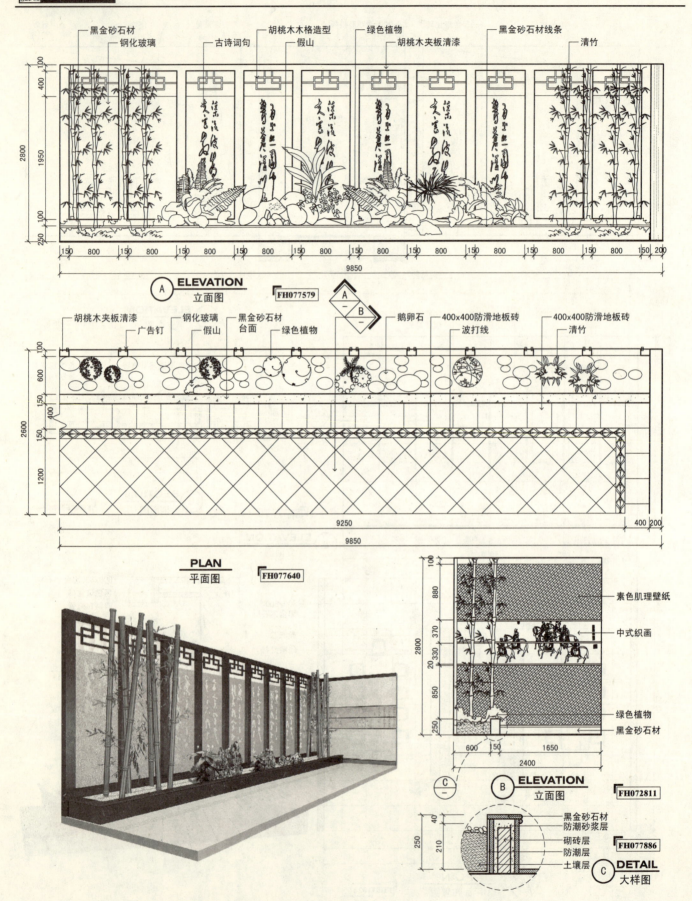

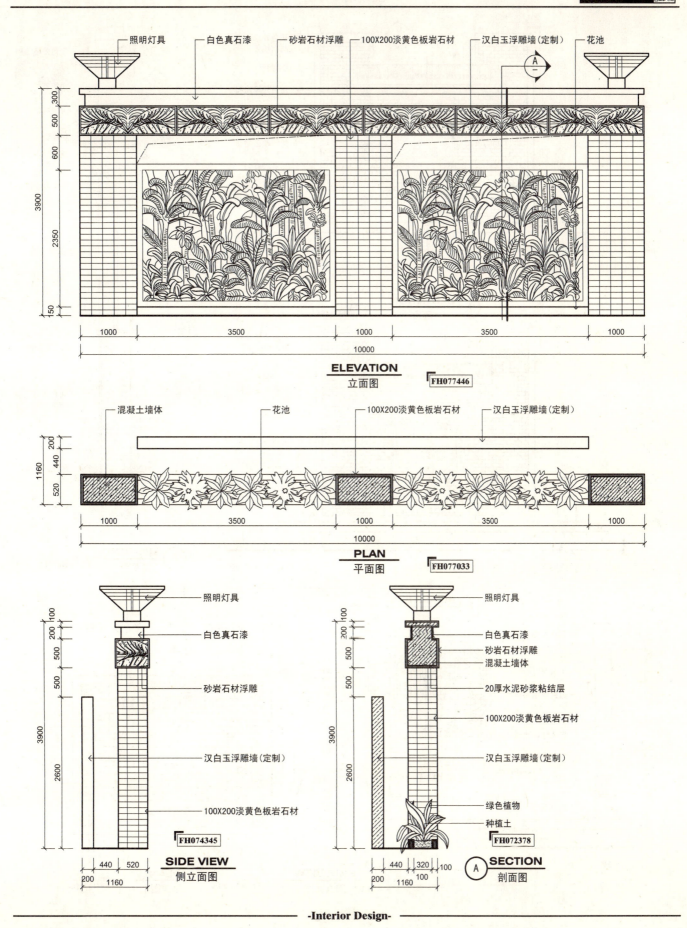

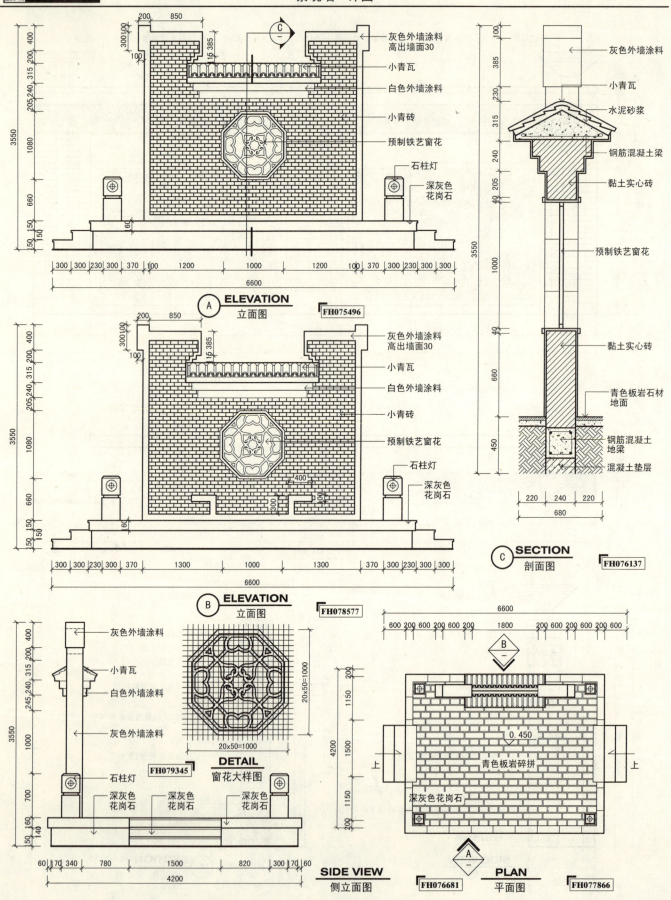

景观墙·详图 EXAMPLE 实例

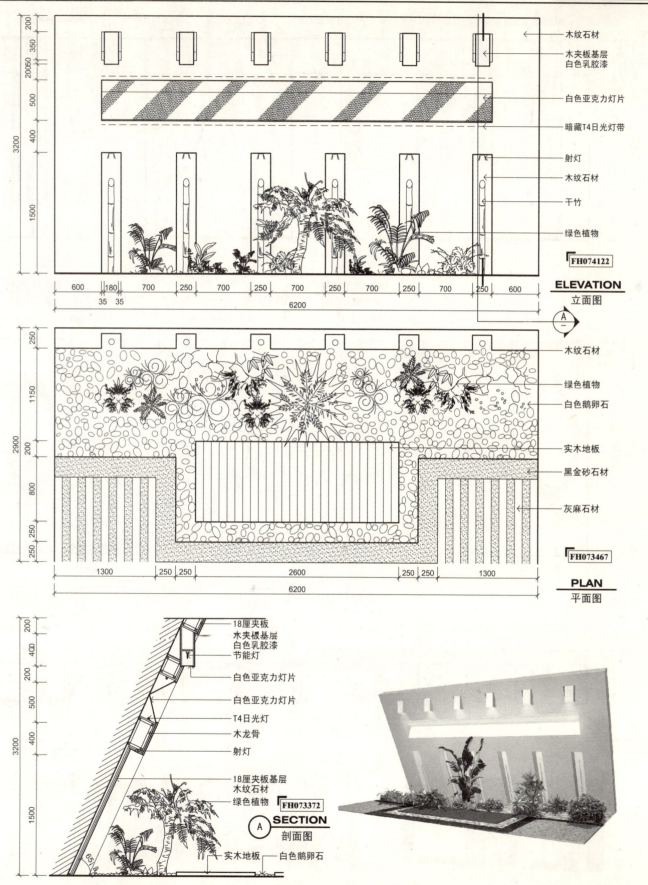

- 木纹石材
- 木夹板基层 白色乳胶漆
- 白色亚克力灯片
- 暗藏T4日光灯带
- 射灯
- 木纹石材
- 干竹
- 绿色植物

FH074122

ELEVATION 立面图

- 木纹石材
- 绿色植物
- 白色鹅卵石
- 实木地板
- 黑金砂石材
- 灰麻石材

FH073467

PLAN 平面图

- 18厘夹板 木夹板基层 白色乳胶漆
- 节能灯
- 白色亚克力灯片
- 白色亚克力灯片
- T4日光灯
- 木龙骨
- 射灯
- 18厘夹板基层 木纹石材
- 绿色植物

FH073372

SECTION 剖面图

实木地板 — 白色鹅卵石

-Interior Design-

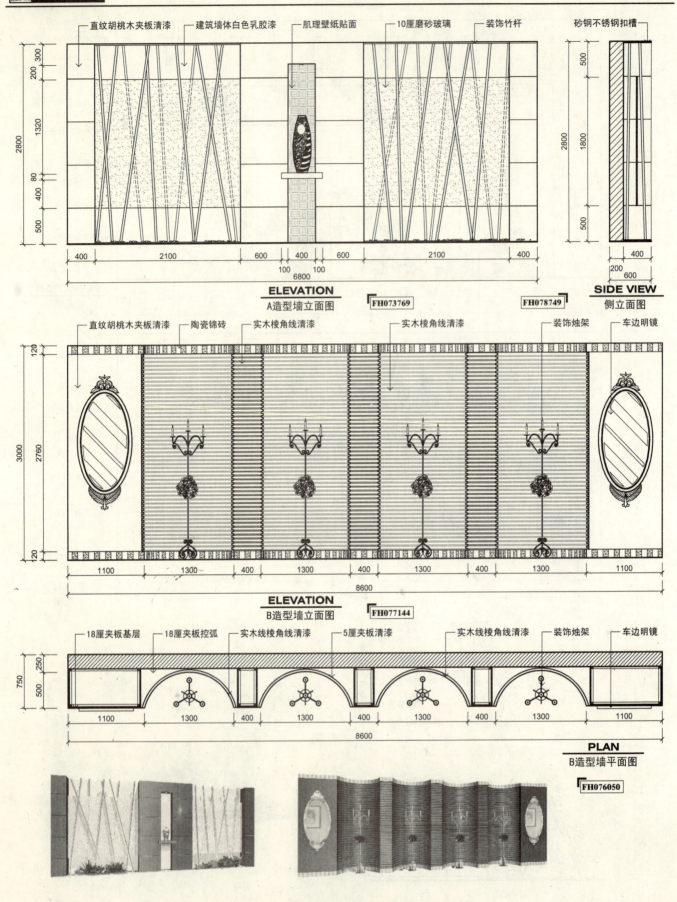

实例 EXAMPLE　景观墙·详图

A造型墙立面图　ELEVATION
侧立面图　SIDE VIEW
B造型墙立面图　ELEVATION
B造型墙平面图　PLAN

-Interior Design-

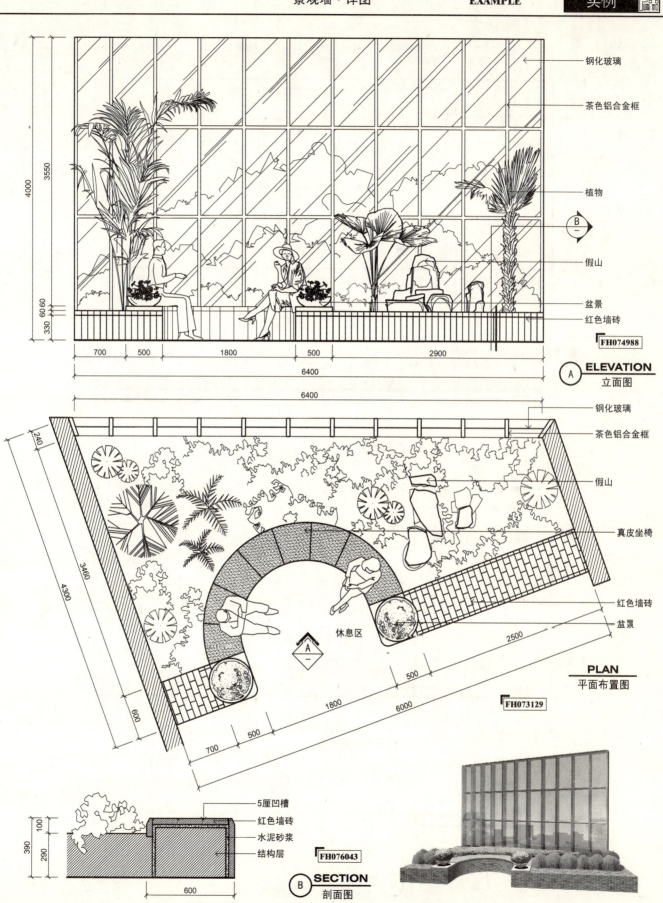

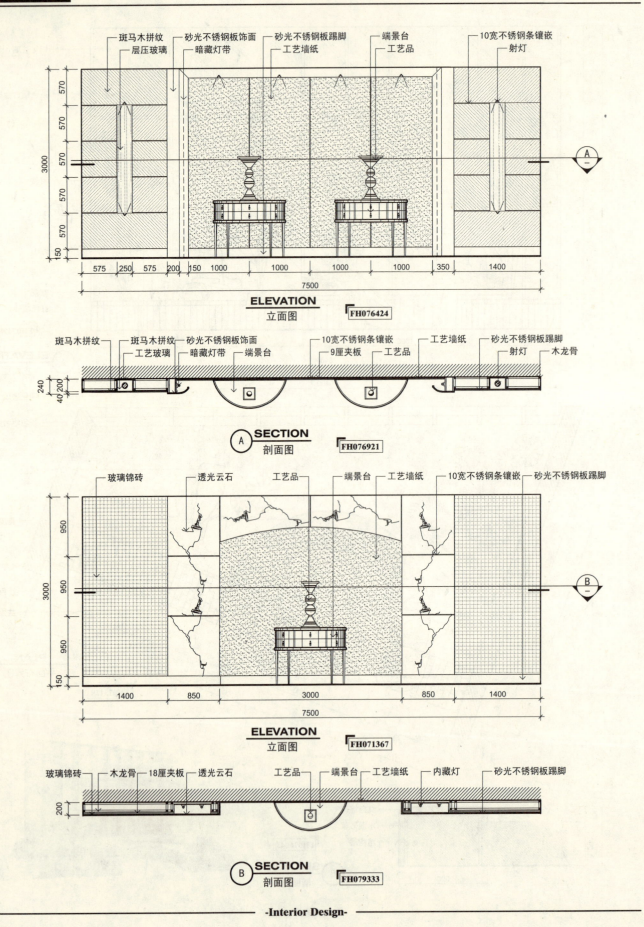

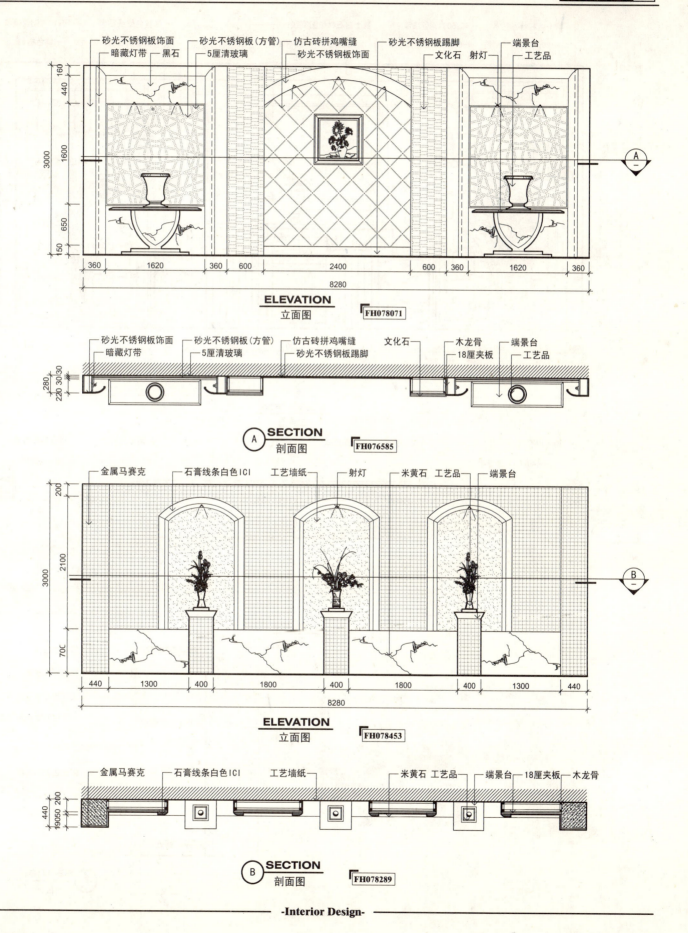

实例 EXAMPLE　　景观墙·详图

ELEVATION 立面图　FH072412

PLAN 平面图　FH072663

SECTION A 剖面图　FH079198

立面图标注：
- 爵士白石材
- 40×60方钢管喷漆
- 爵士白石材半圆实线
- 米黄色壁纸贴面
- 10×10方钢管喷漆
- 20×20方钢管喷漆
- 60×10钢板喷漆
- 金属镜框
- 车边明镜
- 大花绿石材内嵌
- 爵士白石材
- 绿色植物

平面图标注：
- 爵士白石材
- 40×60方钢管喷漆
- 建筑墙体
- 金属镜框
- 爵士白石材
- 烛台
- 爵士白石材
- 18厘夹板基层
- 40×40角钢

剖面图标注：
- 爵士白石材
- 18厘夹板基层
- 大花绿石材内嵌
- 爵士白石材半圆实线
- 爵士白石材
- 米黄色壁纸贴面
- 爵士白石材
- 18厘夹板基层

-Interior Design-

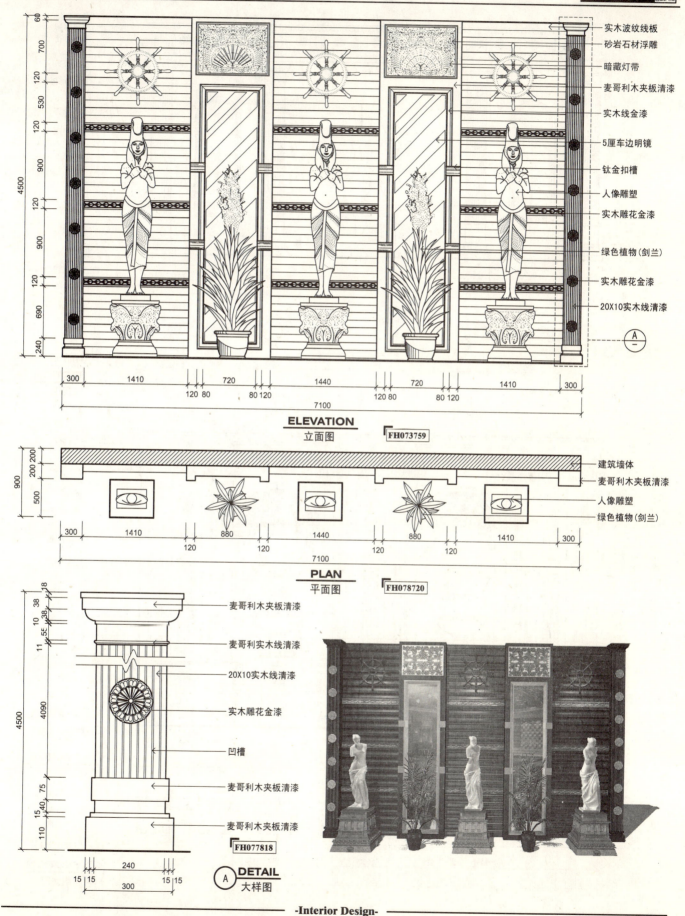

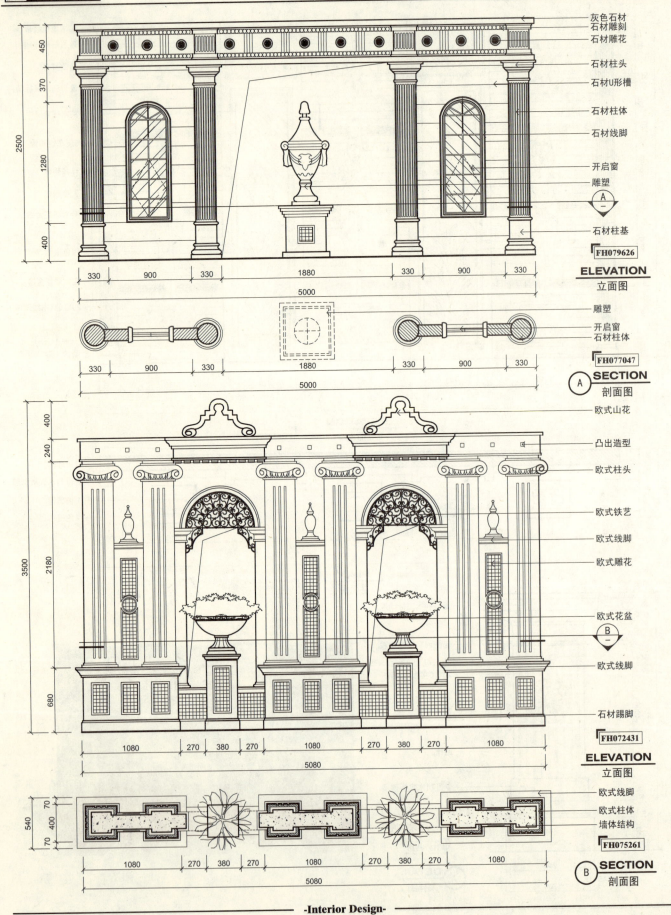

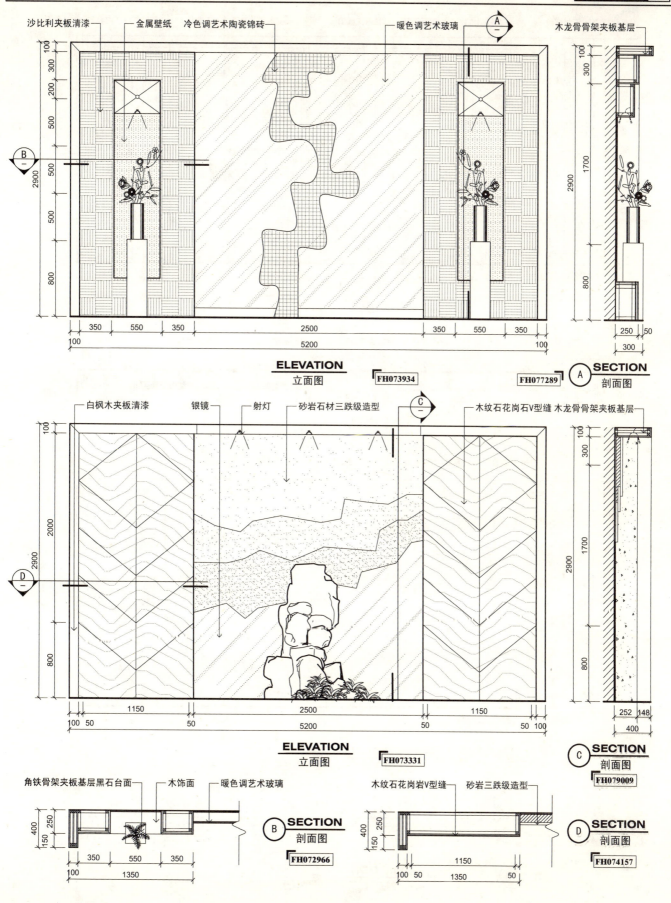

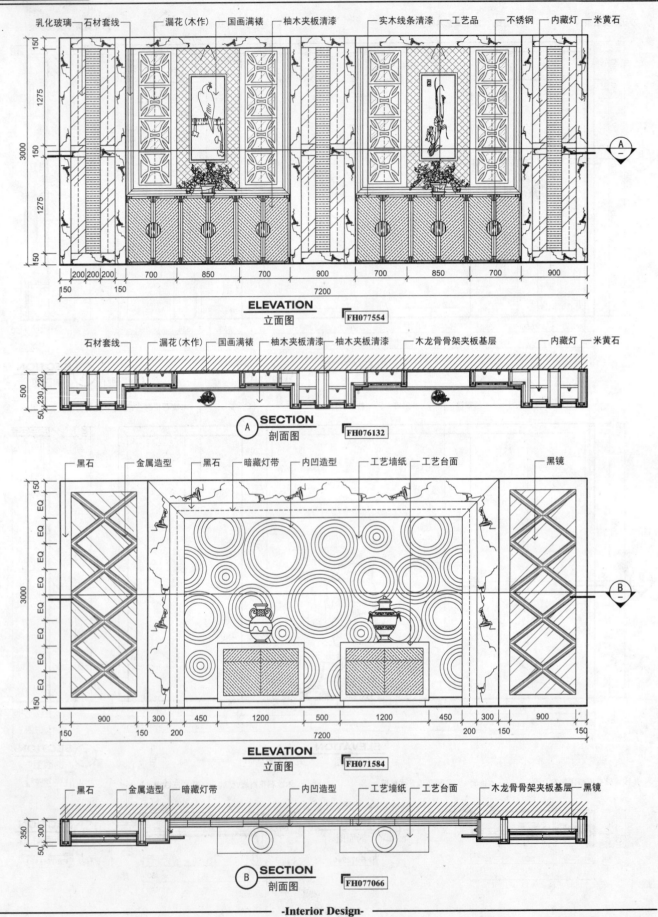

实例 EXAMPLE 景观墙·详图

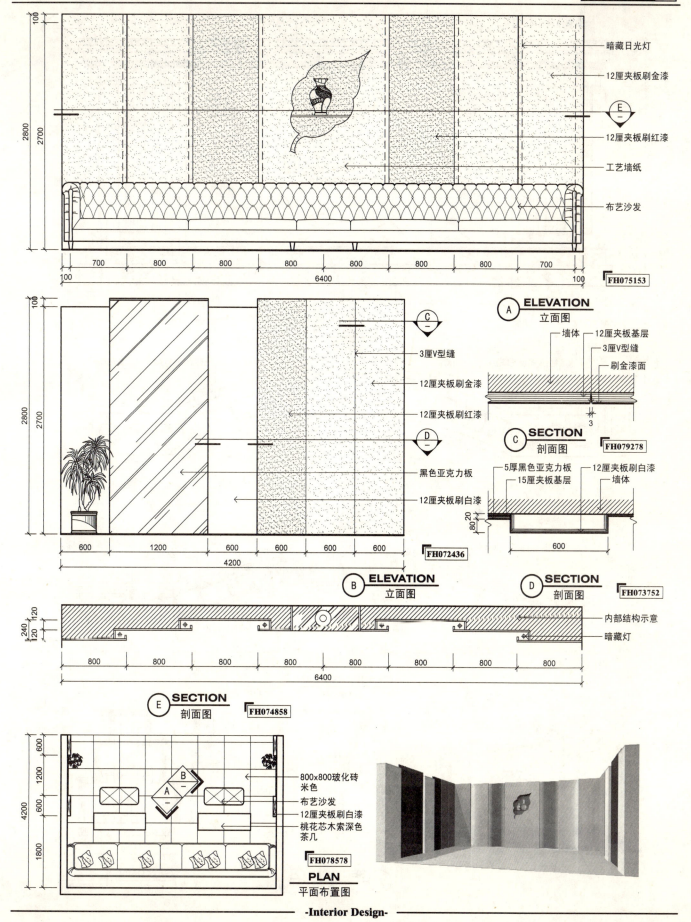

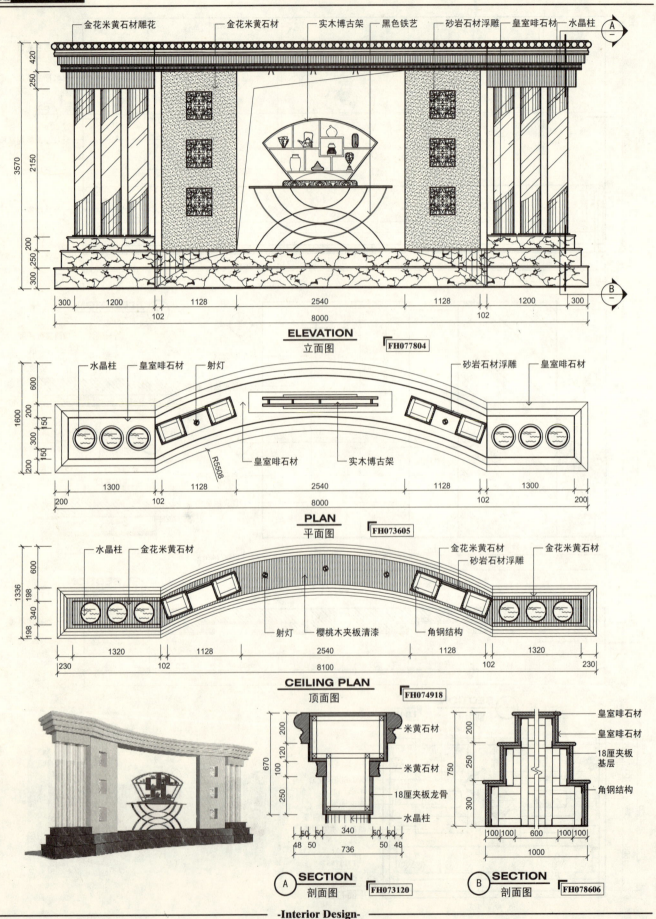

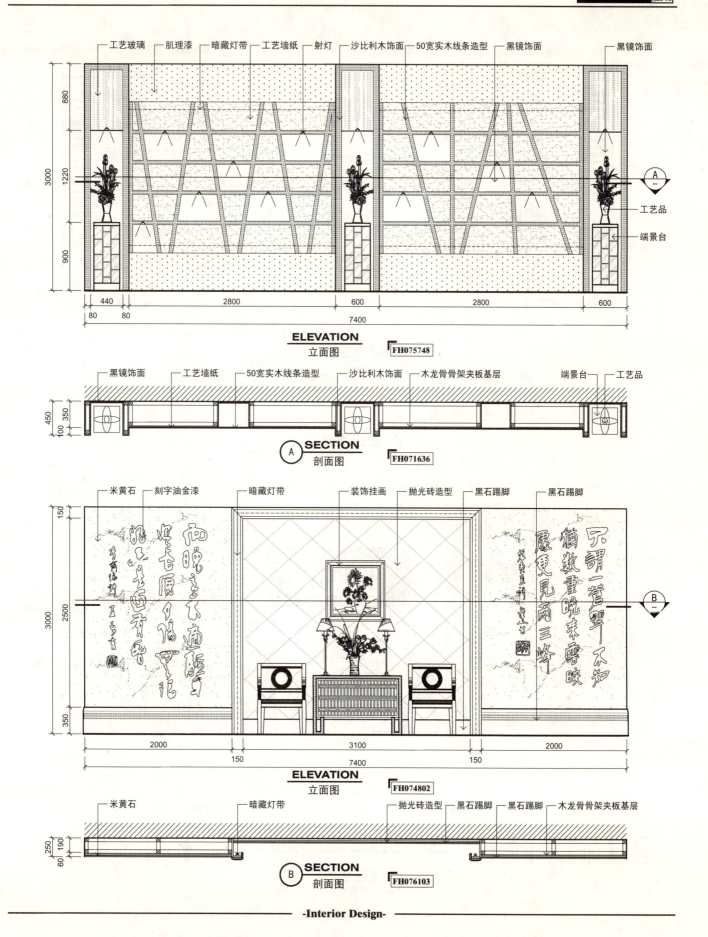

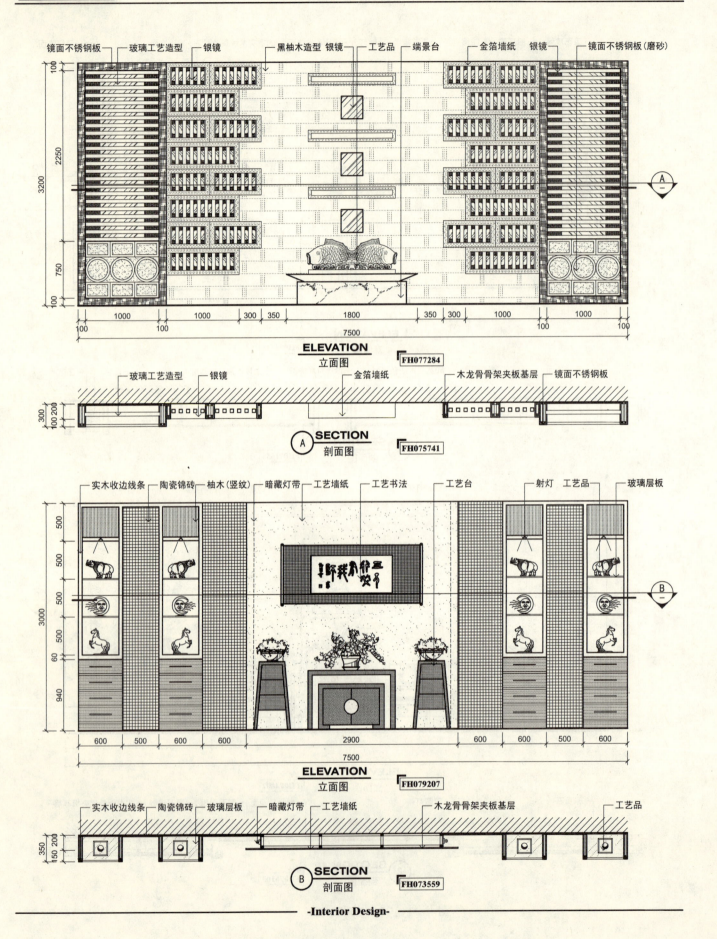

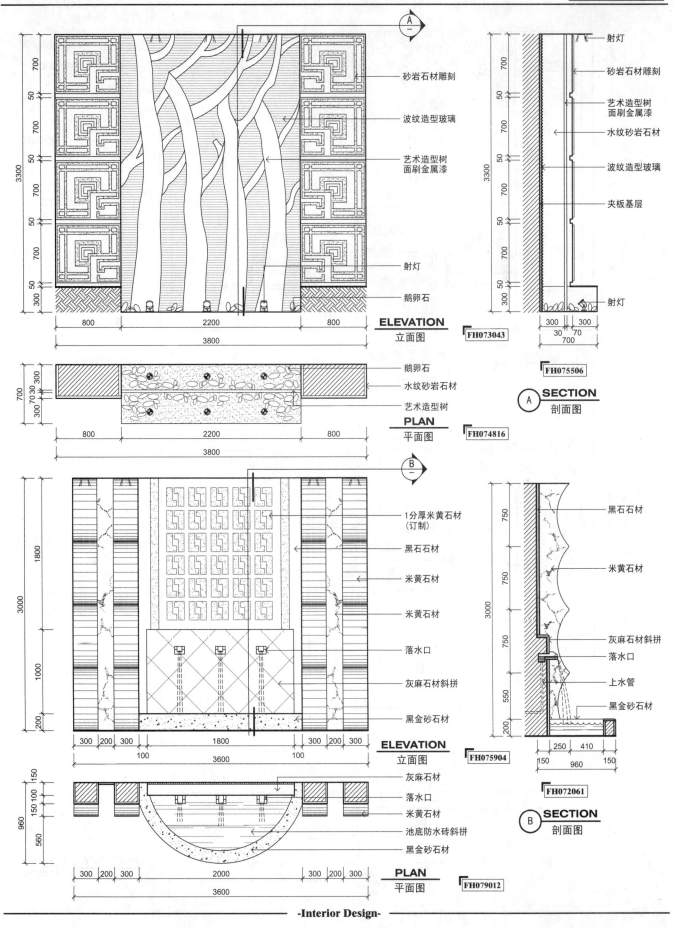

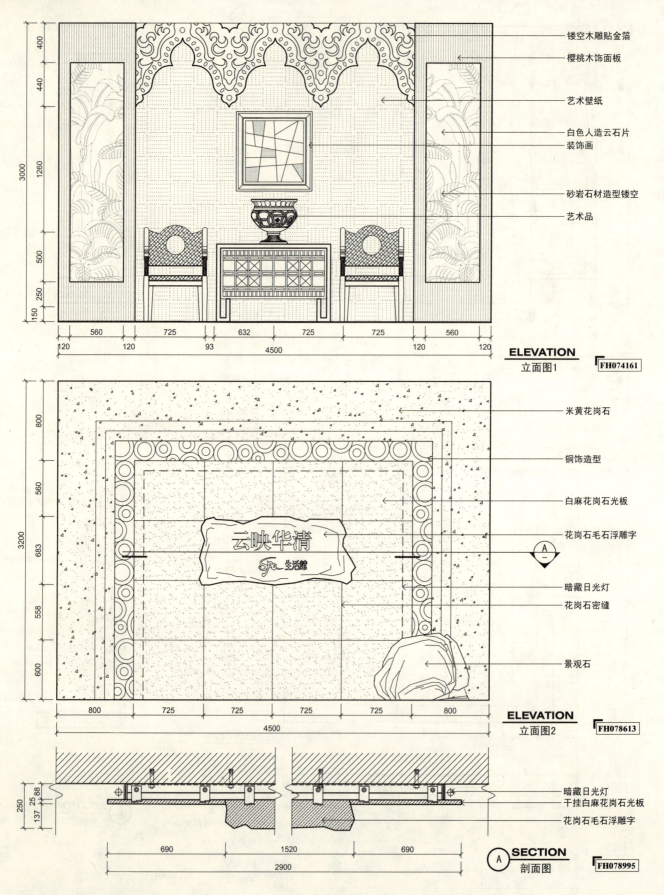

景观墙·详图　EXAMPLE　实例

立面图 FH073024 ELEVATION

标注：
- 艺术玻璃（淡绿色）
- 内藏灯带
- 射灯
- 米色石材刻花
- 实木线条
- 艺术壁纸
- 玫瑰金镜
- 黑金砂石材
- 玫瑰金镜
- 米黄洞石

尺寸：800 / 1100 / 150 / 150 / 800；500 / 2500 / 200 / 2500 / 500；100 / 6400 / 100

A 剖面图 SECTION FH073905

标注：
- 米色石材刻花
- 艺术玻璃（淡绿色）
- 艺术壁纸
- 实木线脚
- 玫瑰金镜
- 米黄洞石
- 玫瑰金镜
- 米黄洞石

尺寸：800 / 1100 / 150 / 150 / 800；300 / 150 / 250；700

B 剖面图 SECTION FH075134

标注：
- 木饰面栗色漆
- 玫瑰金镜
- 木饰面栗色漆
- 米色石材刻花
- 黑金砂石材台面
- 实木花格金漆
- 松香玉透光石
- 角钢结构

尺寸：180 / 520 / 100 / 250 / 100 / 1000 / 100 / 720 / 130；100 / 95 / 900 / 95 / 100；510

立面图 FH073654 ELEVATION

标注：
- 木饰面栗色漆
- 玫瑰金镜
- 实木花格栗色漆
- 实木线条栗色漆
- 米色石材刻花
- 黑金砂石材
- 松香玉透光石
- 实木花格金漆
- 木饰面栗色漆

尺寸：700 / 100 / 250 / 1000 / 100 / 730 / 120；500 / 245 / 150 / 450 / 150 / 450 / 150 / 450 / 150 / 450 / 150 / 450 / 150 / 450 / 500；75 / 205 / 6400 / 75

-Interior Design-

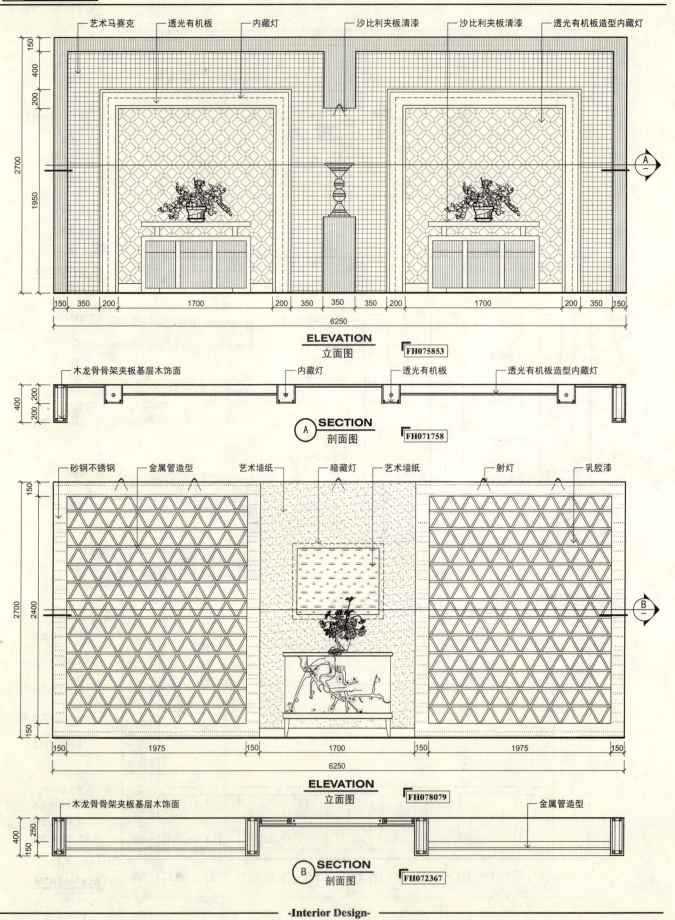

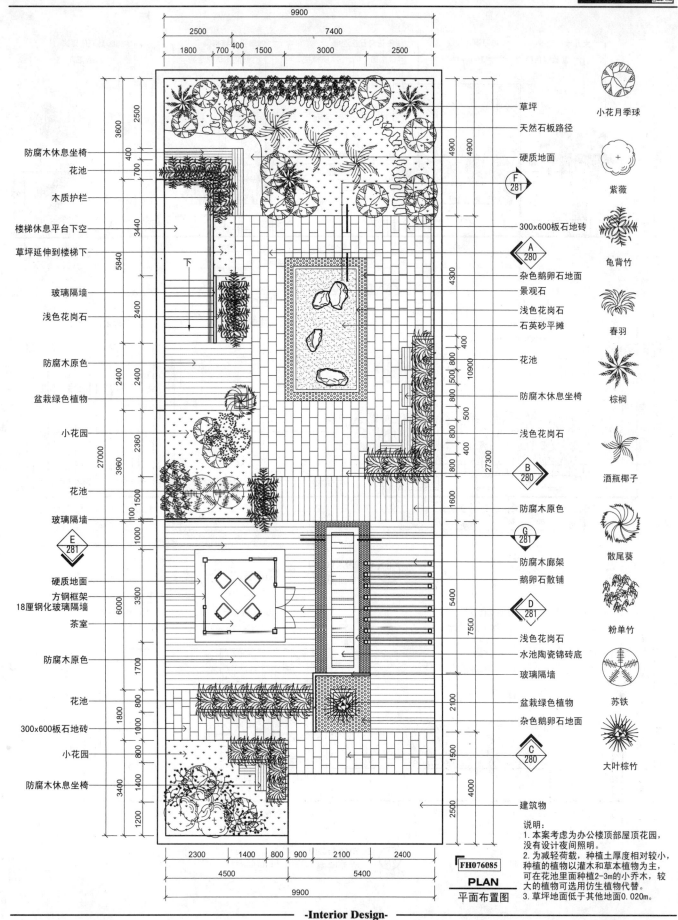

实例 EXAMPLE 屋顶花园·详图

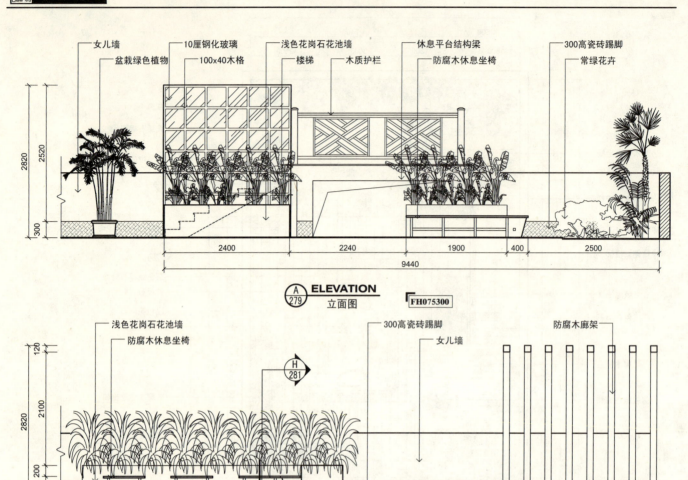

A/279 ELEVATION 立面图 FH075300

B/279 ELEVATION 立面图 FH072565

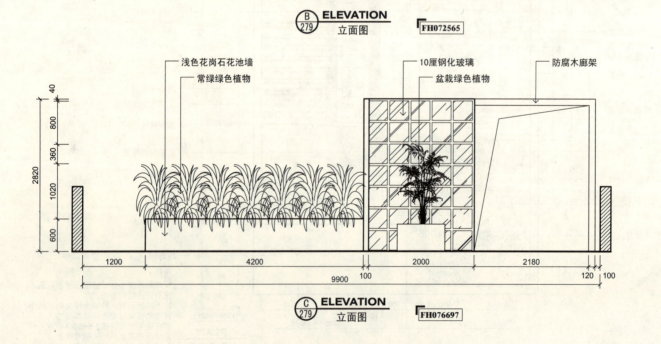

C/279 ELEVATION 立面图 FH076697

屋顶花园·详图　EXAMPLE　实例

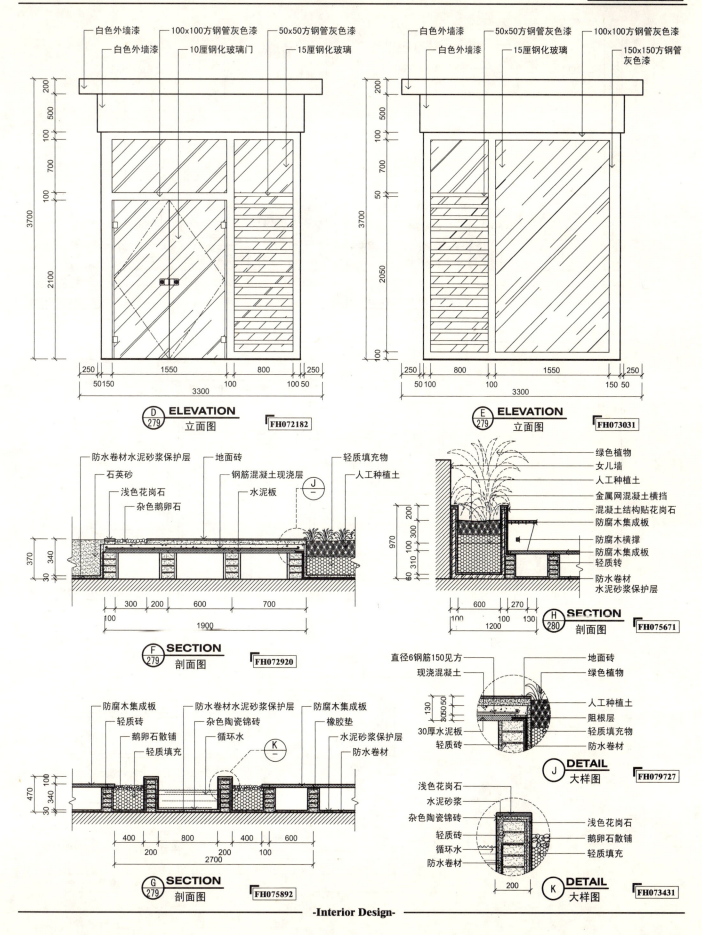

实例 EXAMPLE 屋顶花园·详图

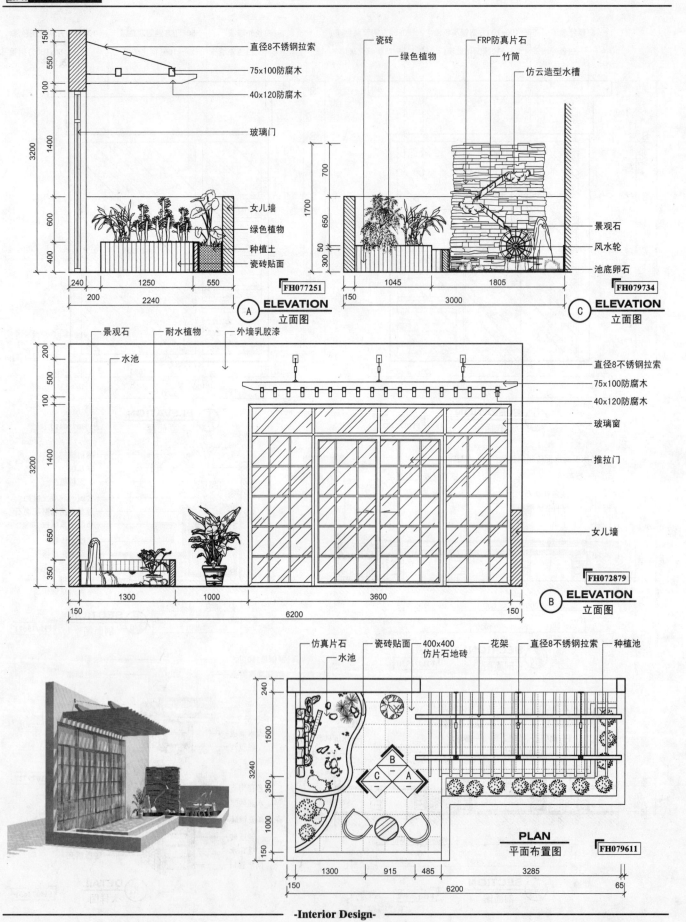

-Interior Design-

屋顶花园·详图　　EXAMPLE　　实例

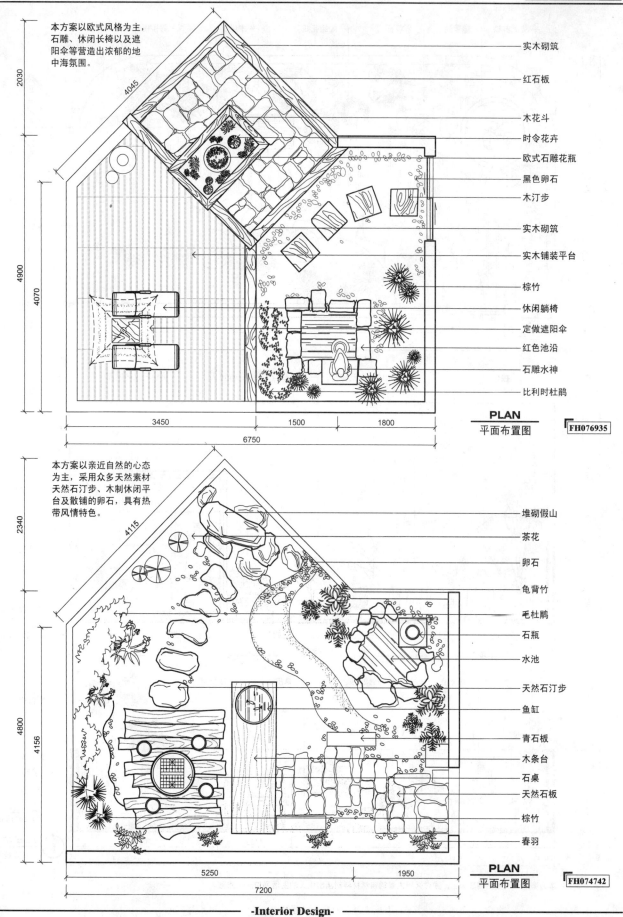

PLAN 平面布置图

实例 EXAMPLE 屋顶花园·详图

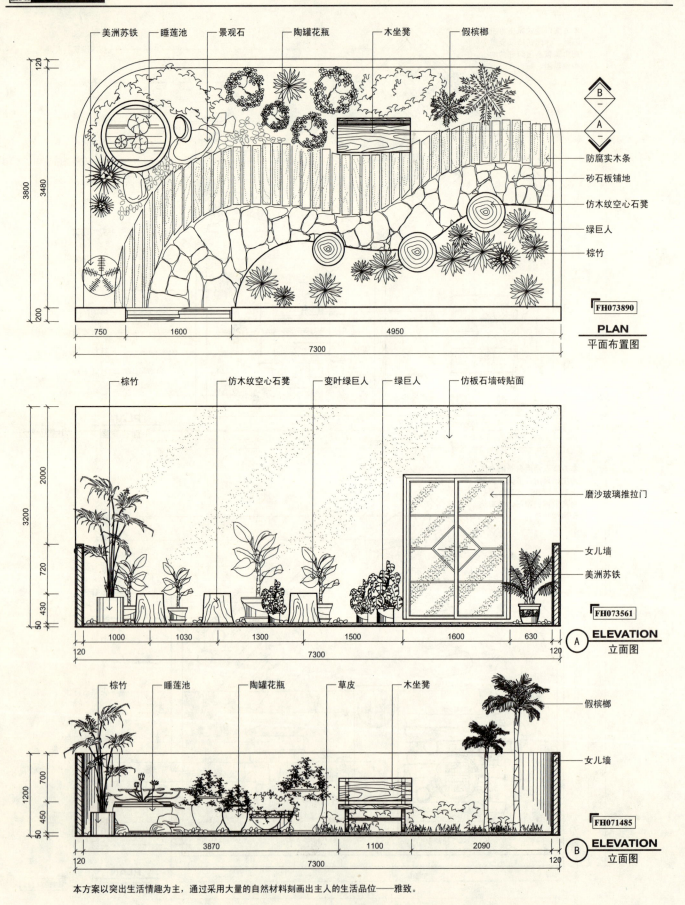

本方案以突出生活情趣为主，通过采用大量的自然材料刻画出主人的生活品位——雅致。

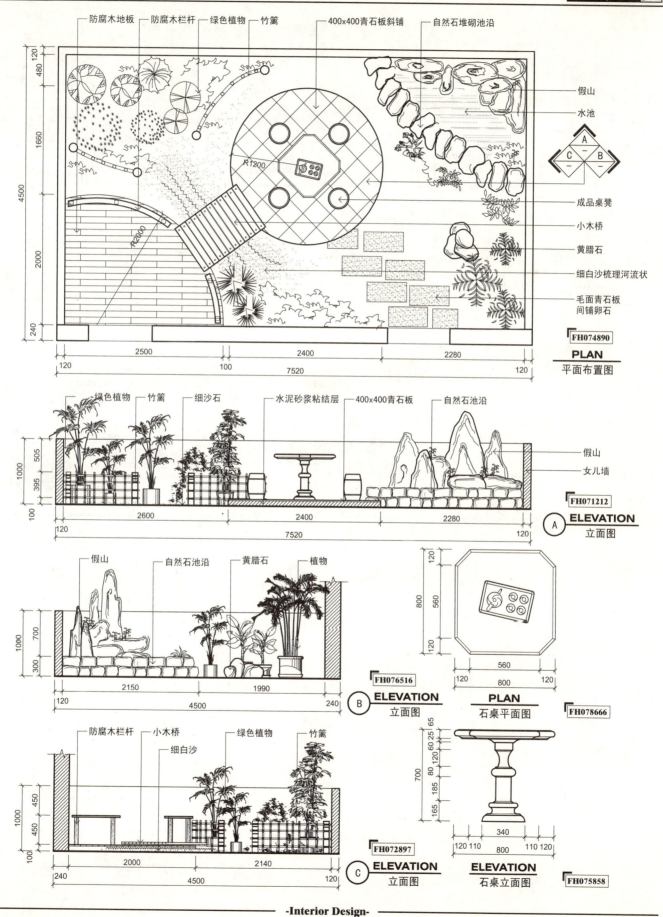

实例 EXAMPLE 屋顶花园·详图

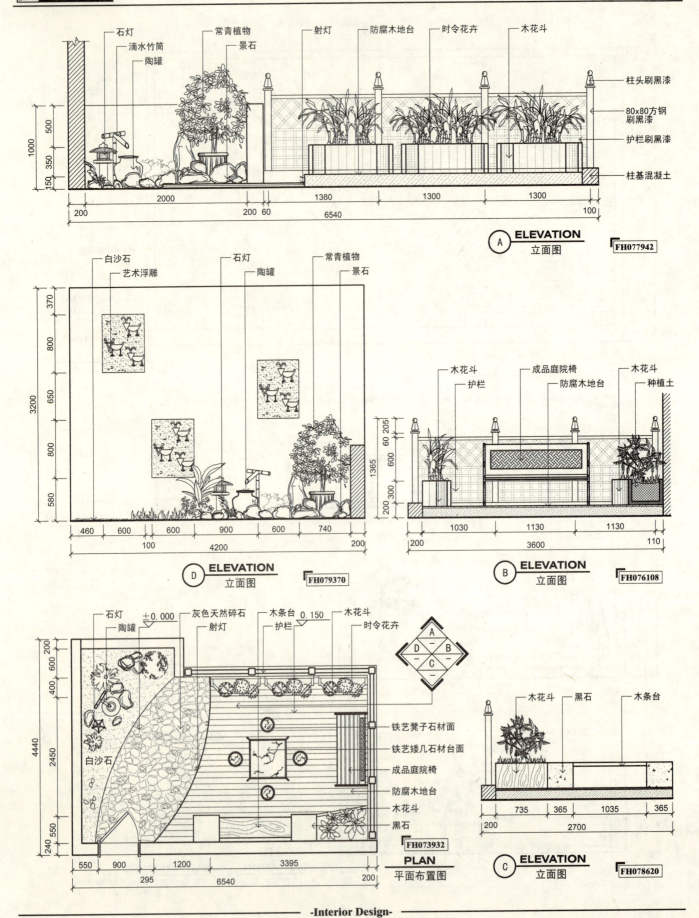

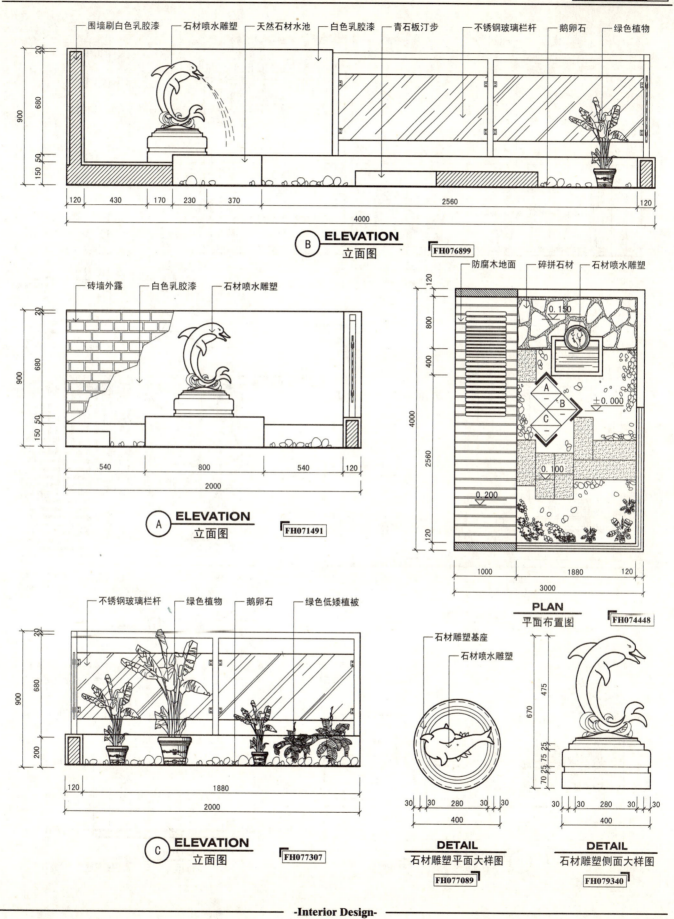

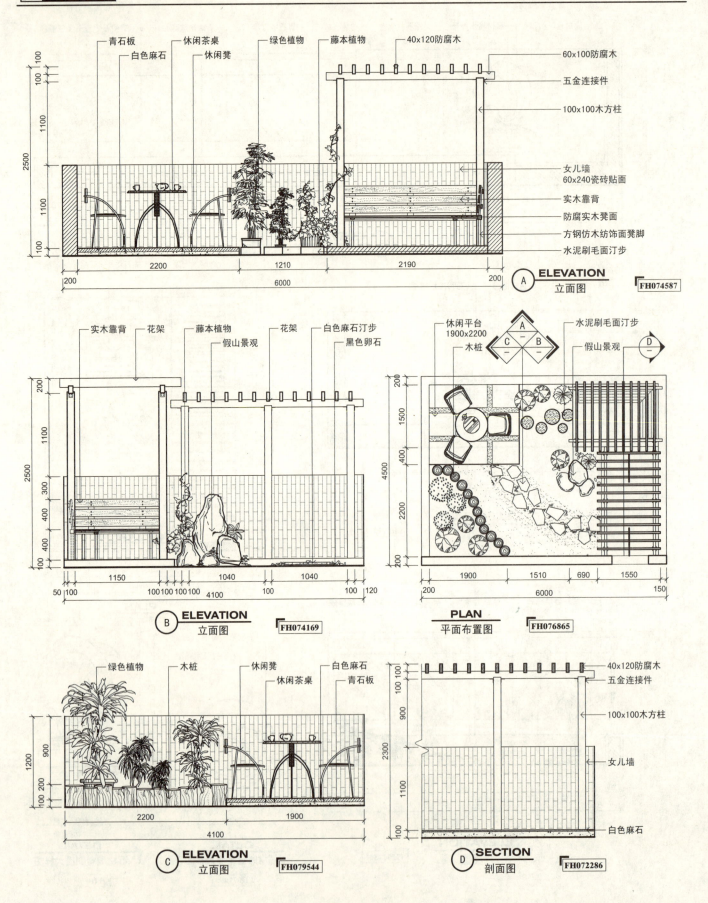

生态餐厅·详图　　EXAMPLE　　实例

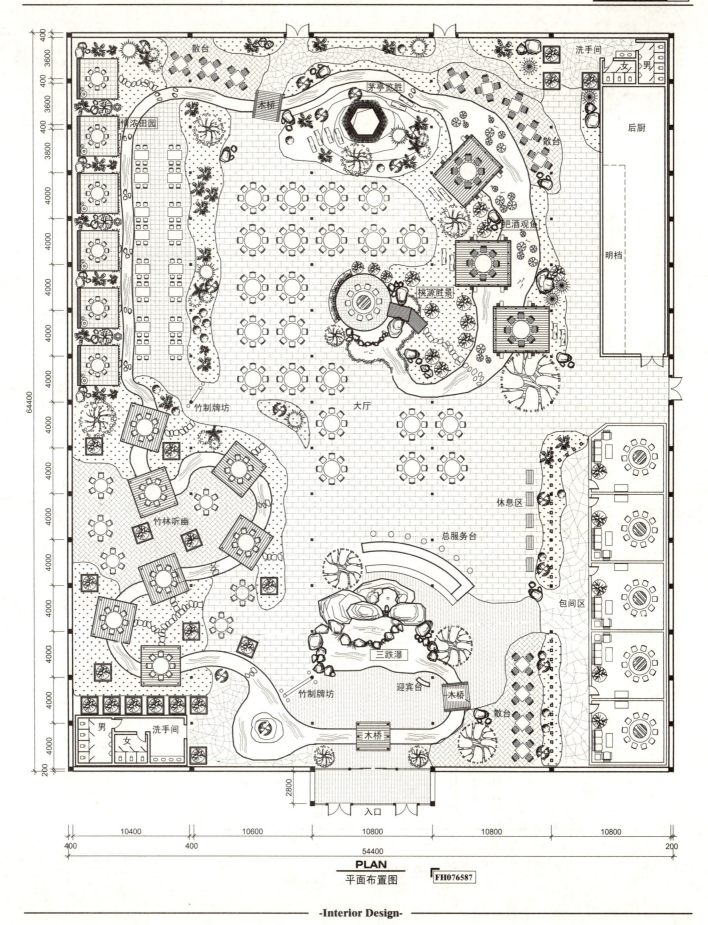

PLAN
平面布置图

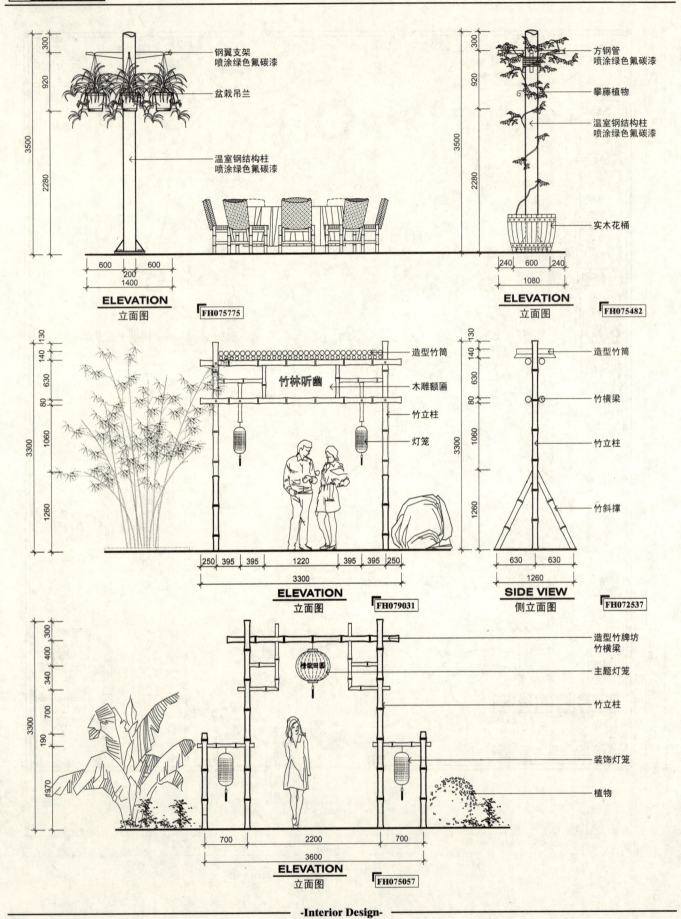

生态餐厅·详图　　EXAMPLE　　实例

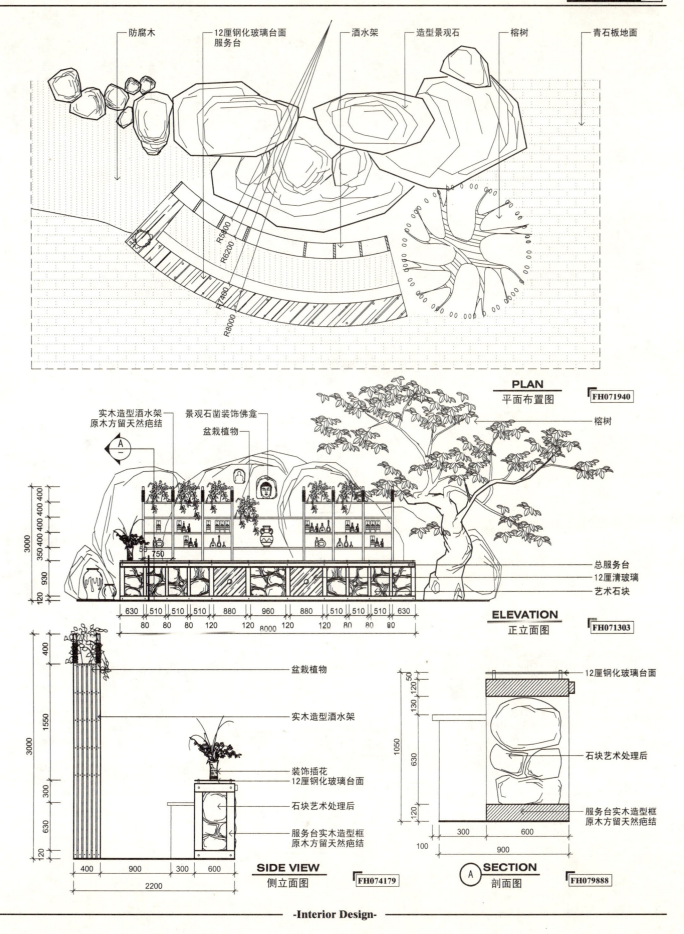

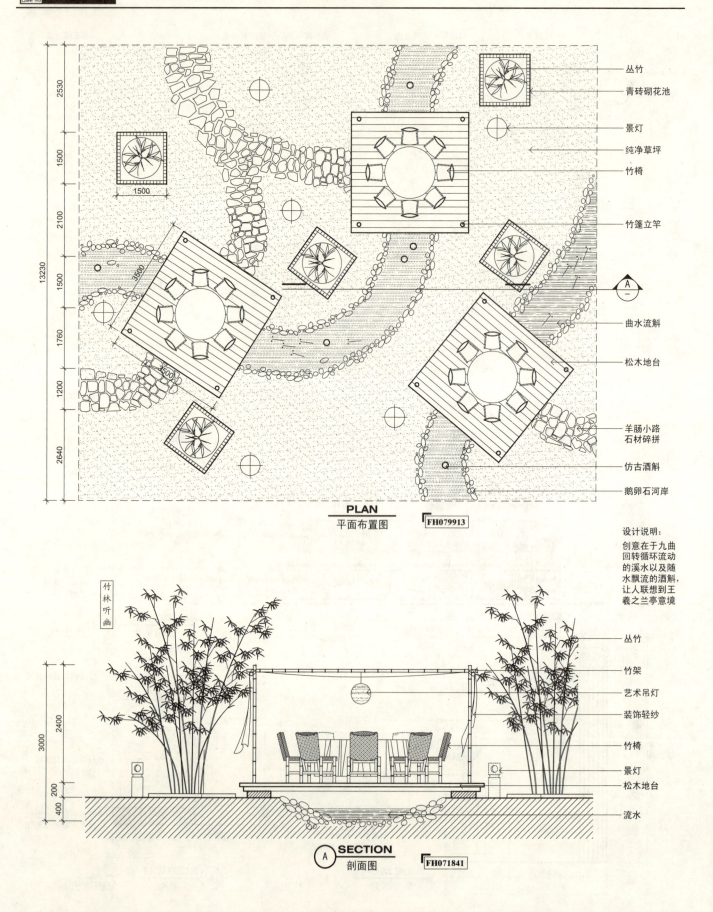

生态餐厅·详图　　　EXAMPLE　　　实例

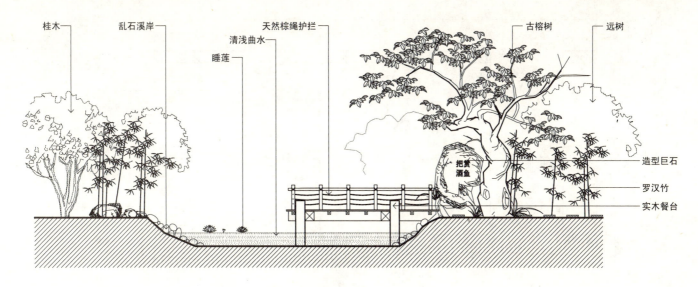

A ELEVATION 立面图 FH071248

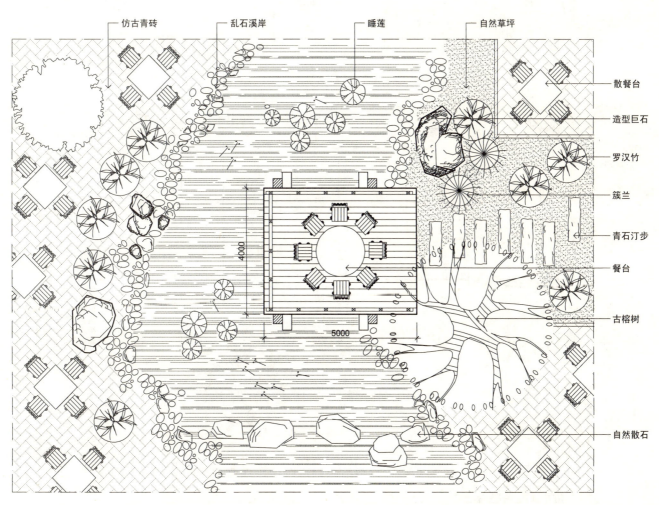

A PLAN 局部平面布置图 FH078736

-Interior Design-

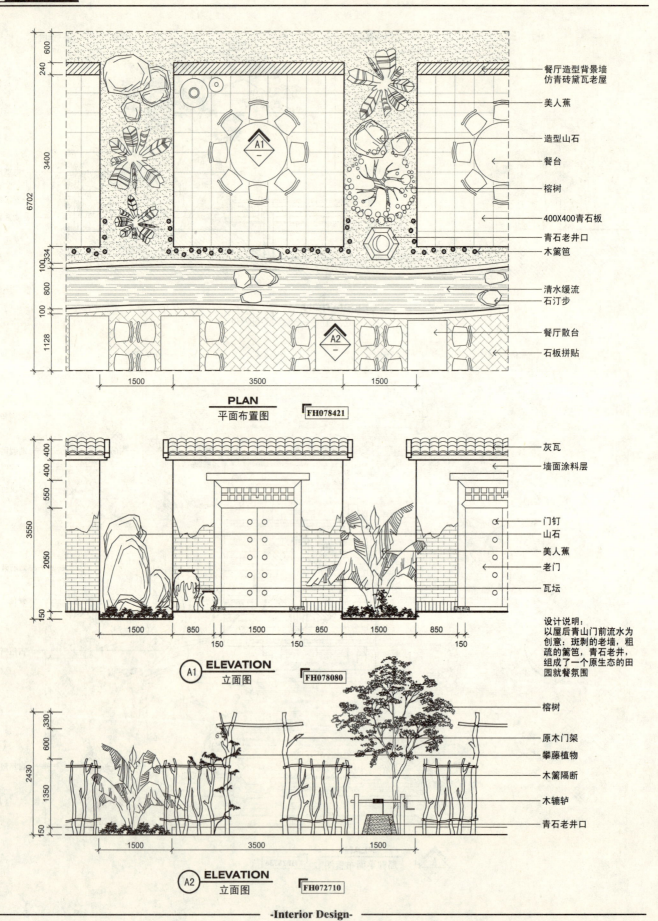

生态餐厅·详图　　EXAMPLE　　实例

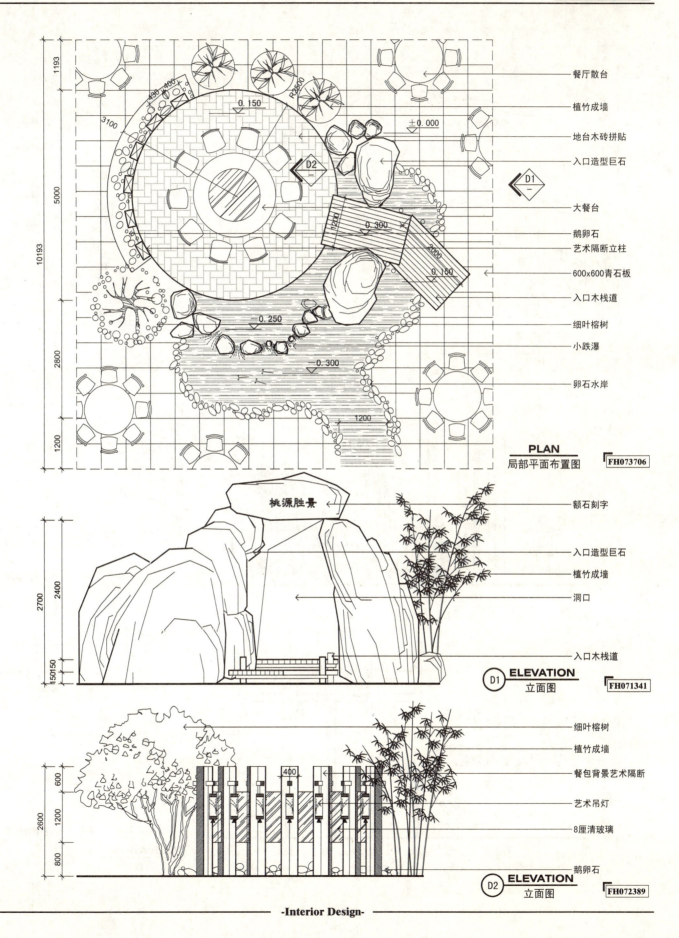

实例 EXAMPLE 生态餐厅·详图

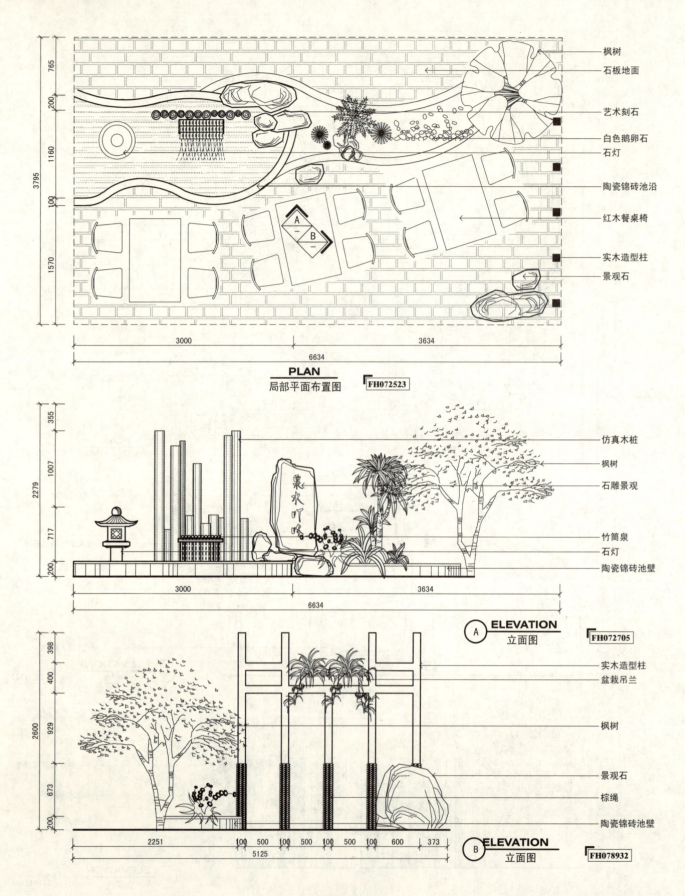

生态餐厅·详图 EXAMPLE 实例

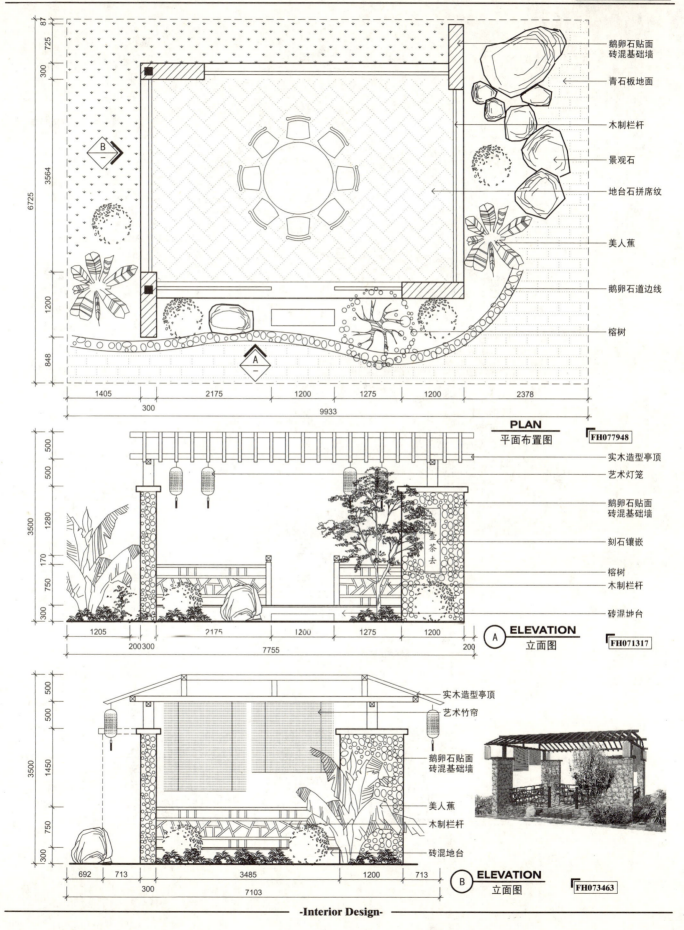

PLAN 平面布置图 FH077948

A ELEVATION 立面图 FH071317

B ELEVATION 立面图 FH073463

-Interior Design-

实例 EXAMPLE　生态餐厅·详图

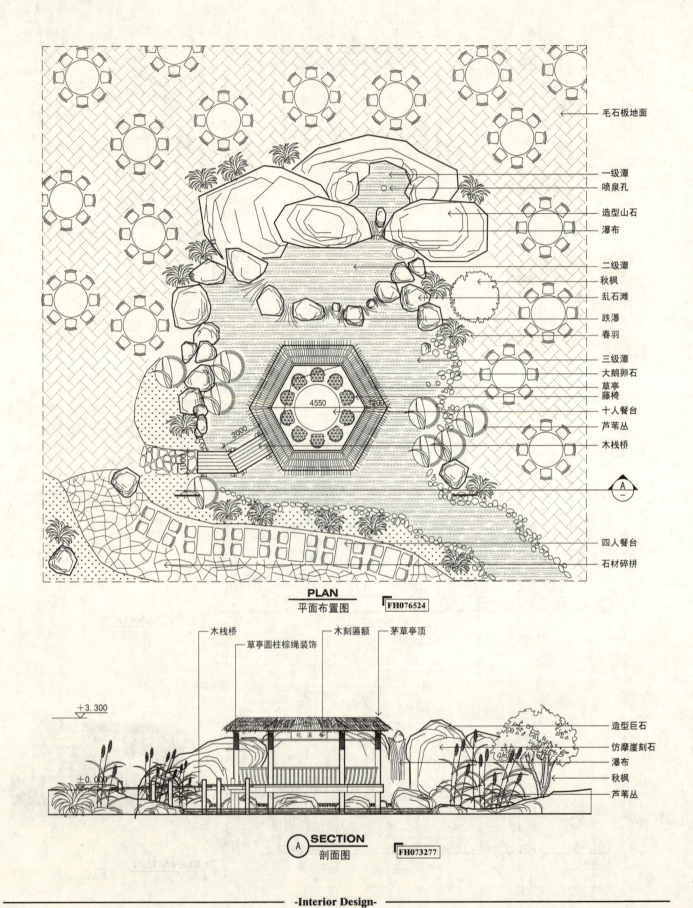

PLAN 平面布置图　FH076524

A SECTION 剖面图　FH073277

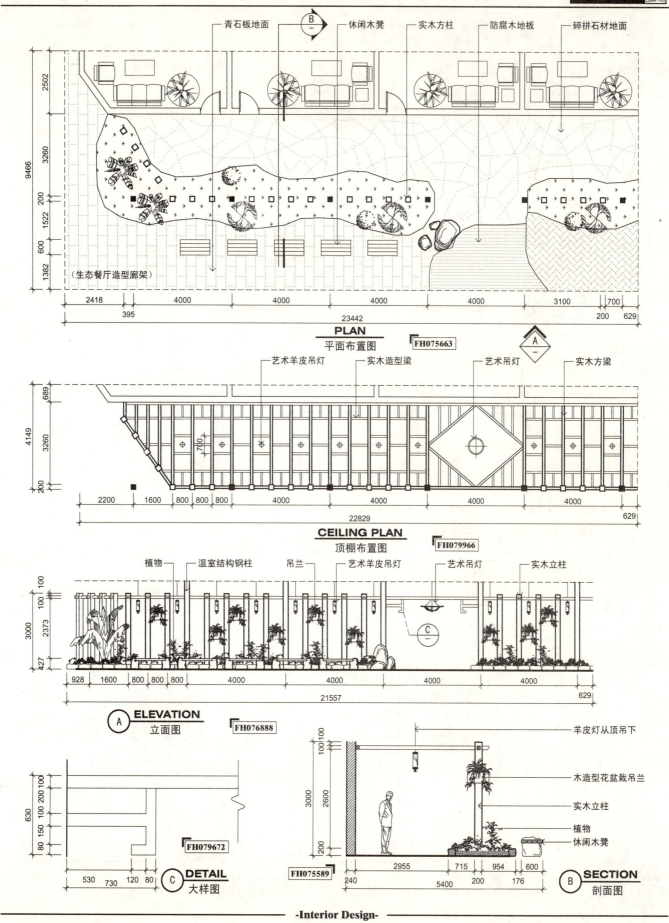

实例 EXAMPLE 生态餐厅·详图

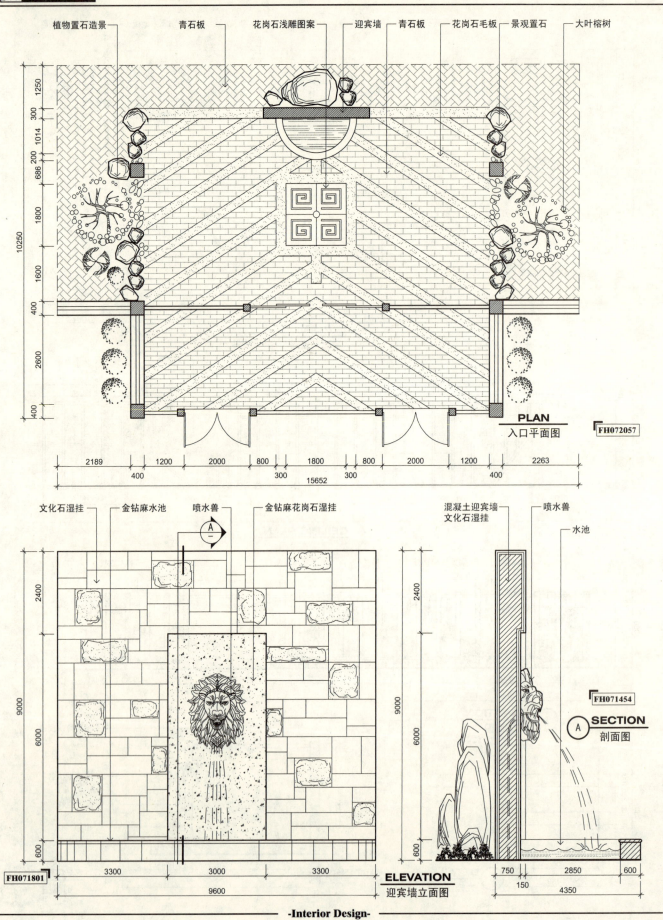

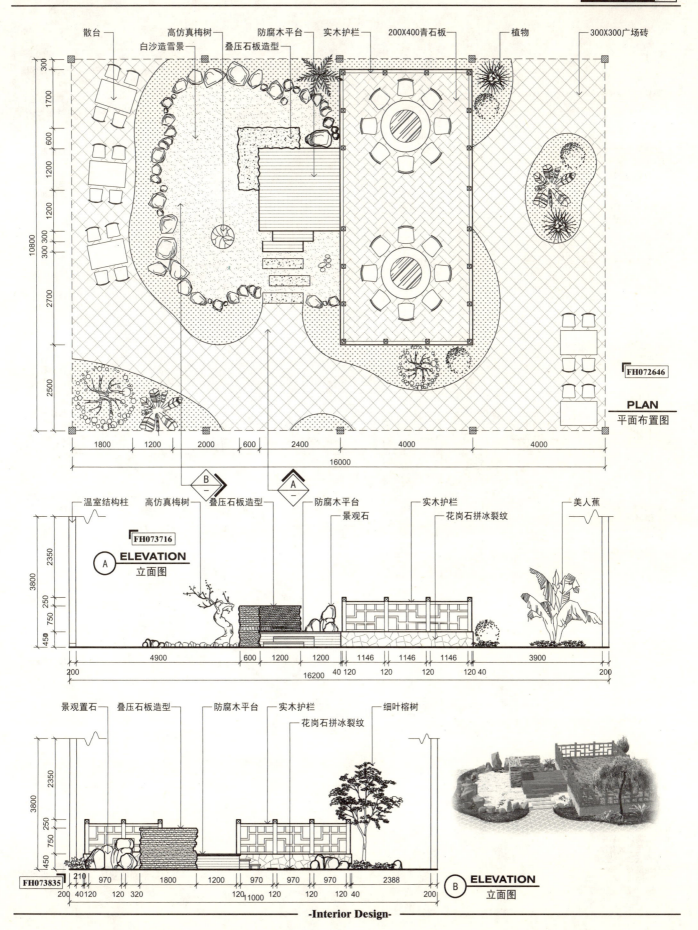

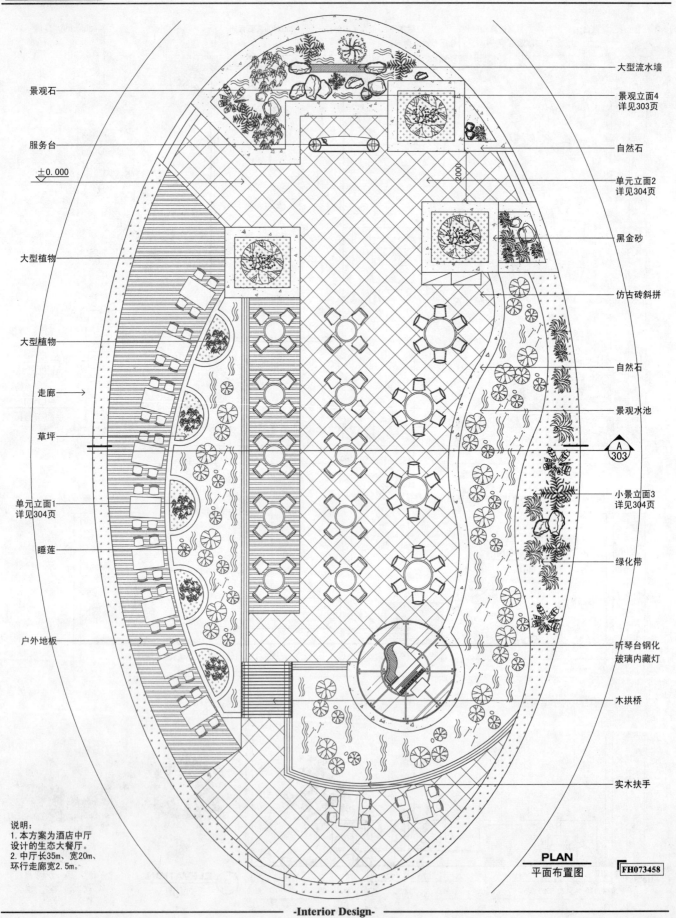

生态餐厅·详图　　EXAMPLE　　实例

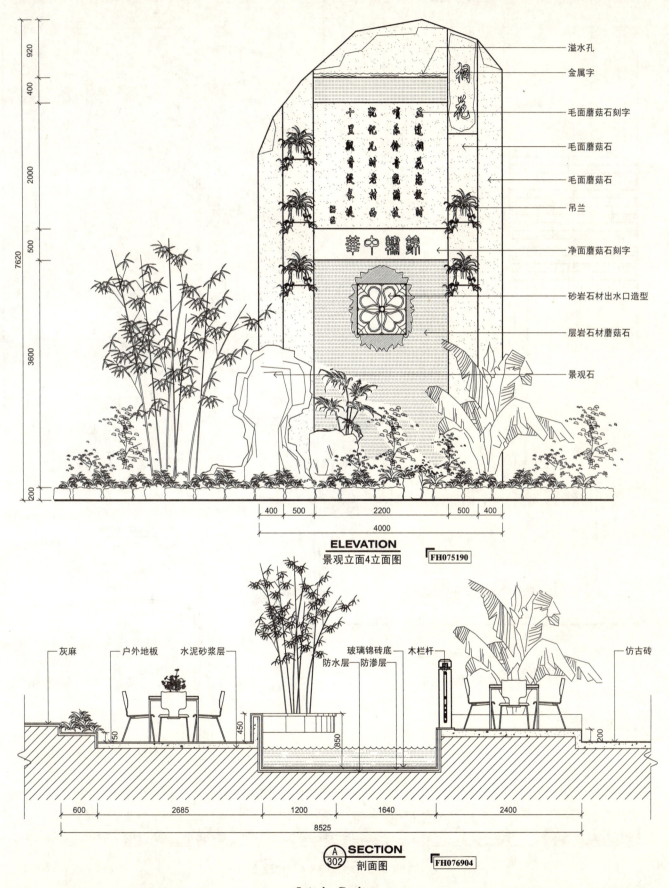

ELEVATION
景观立面4立面图　FH075190

A/302 **SECTION**
剖面图　FH076904

-Interior Design-

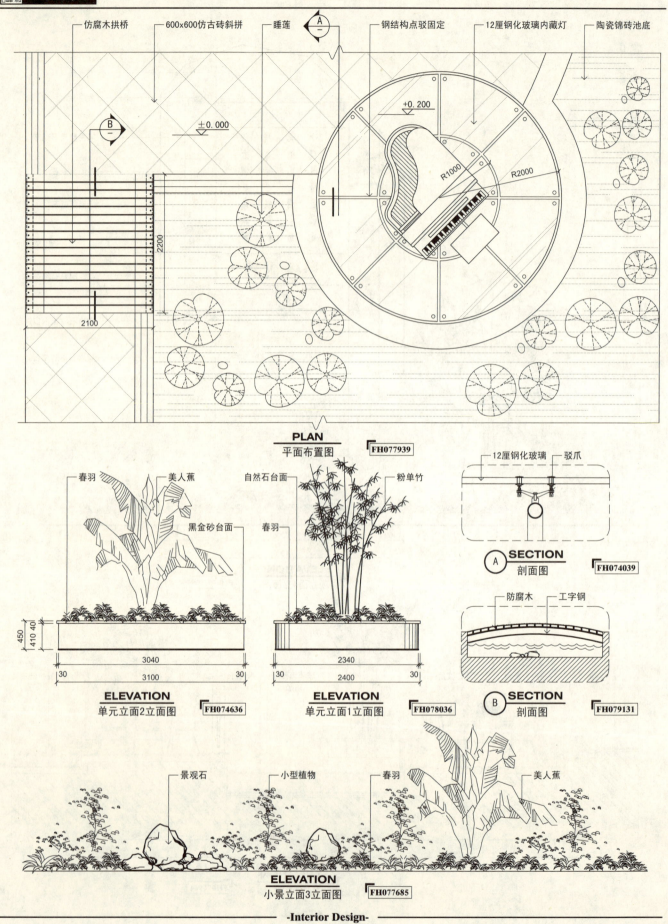

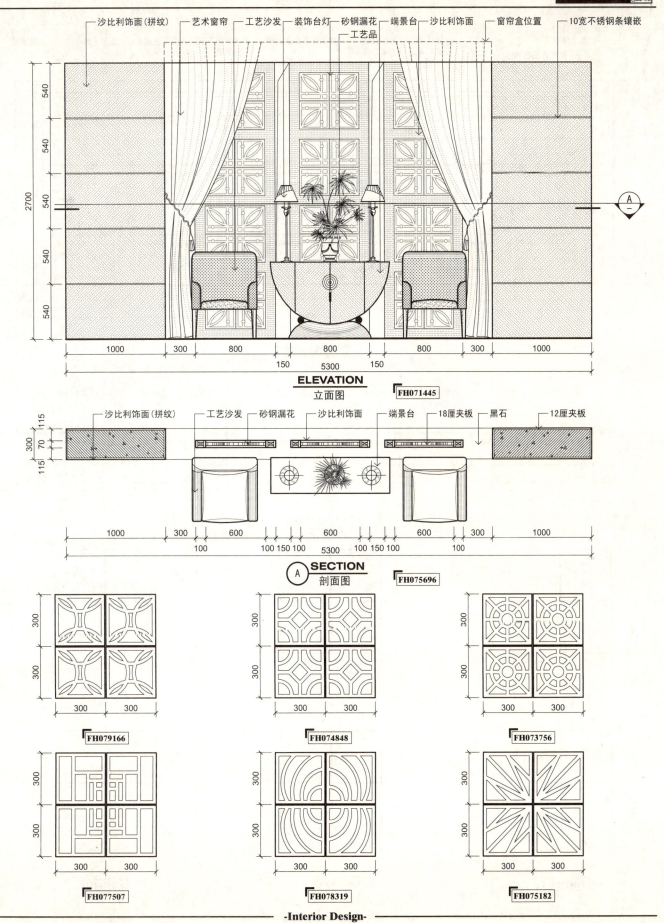

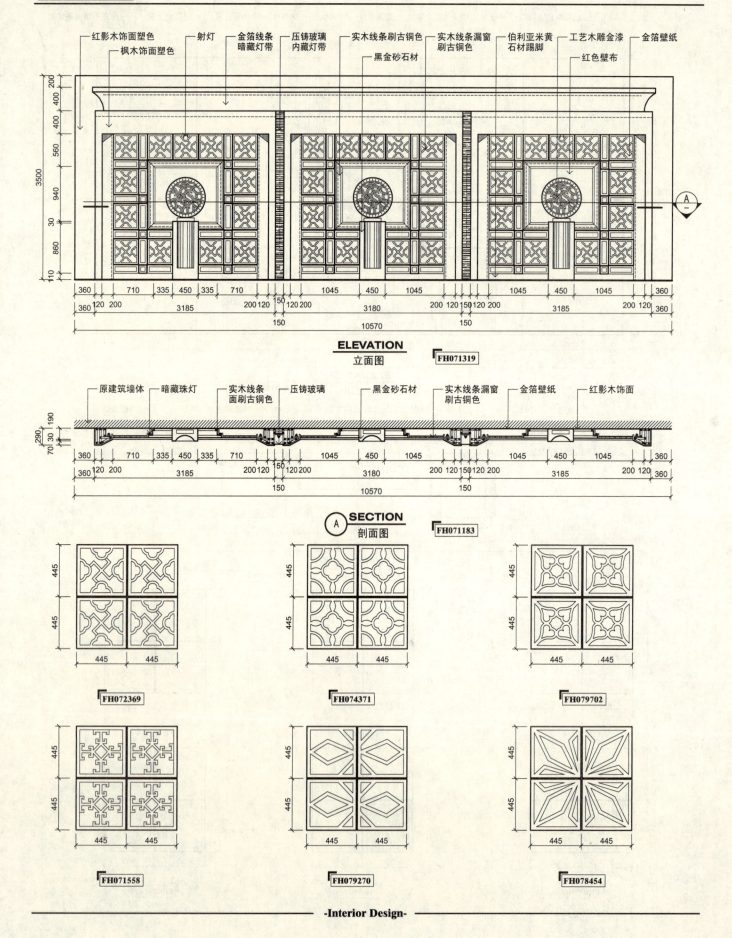

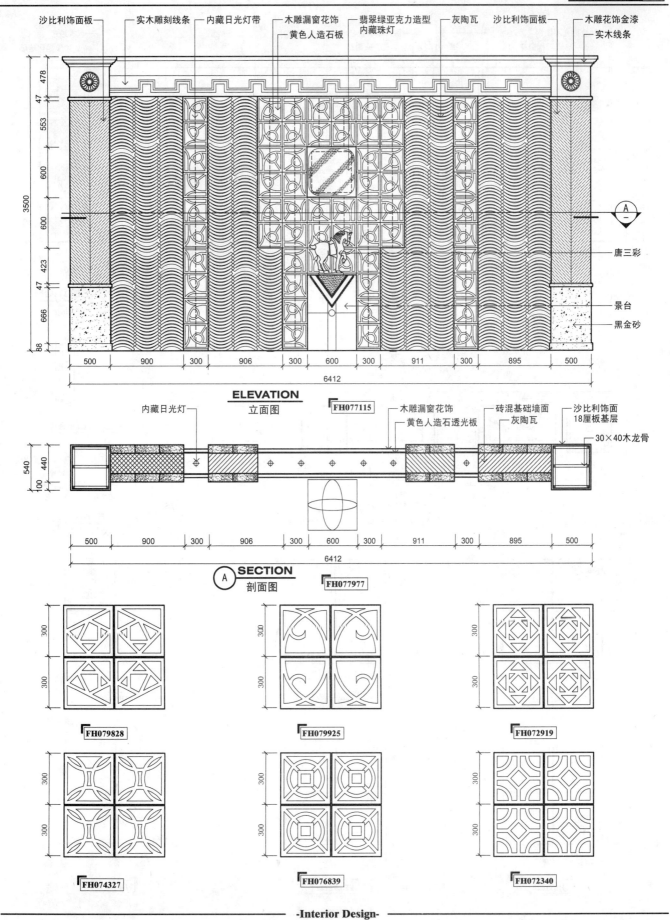

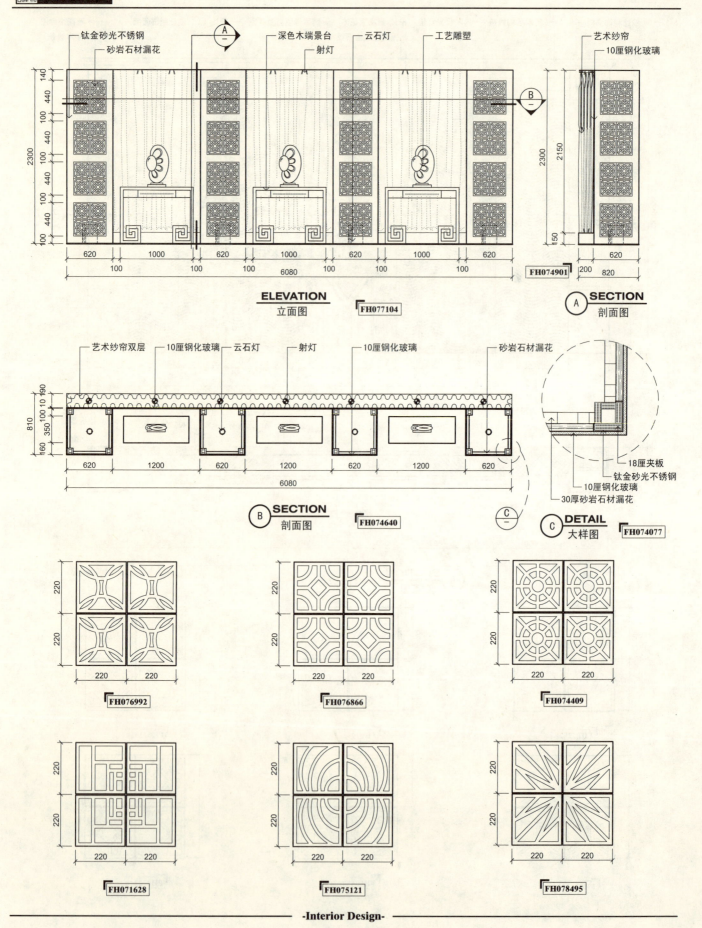

漏花纹饰·详图 EXAMPLE 实例

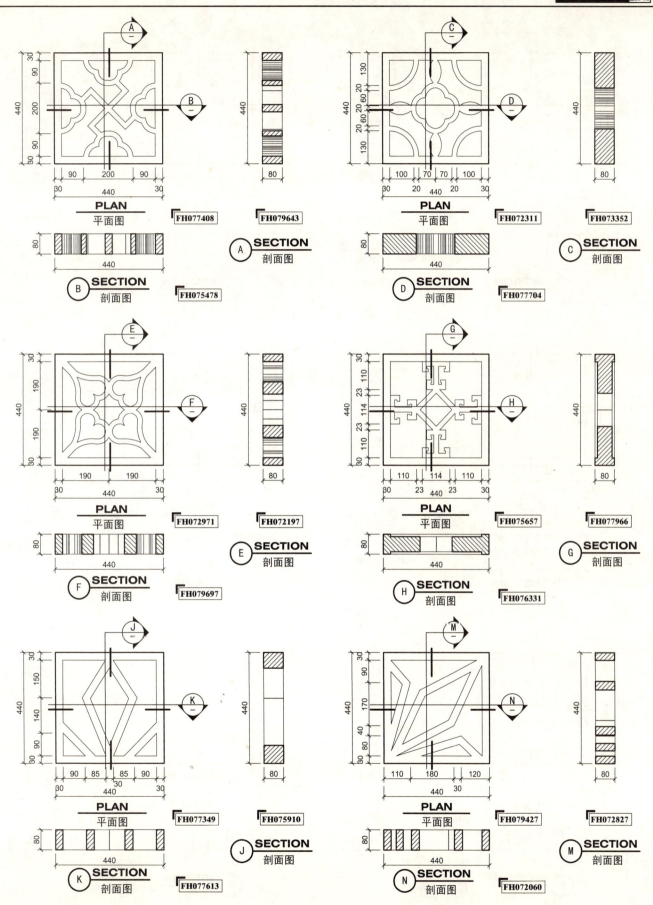

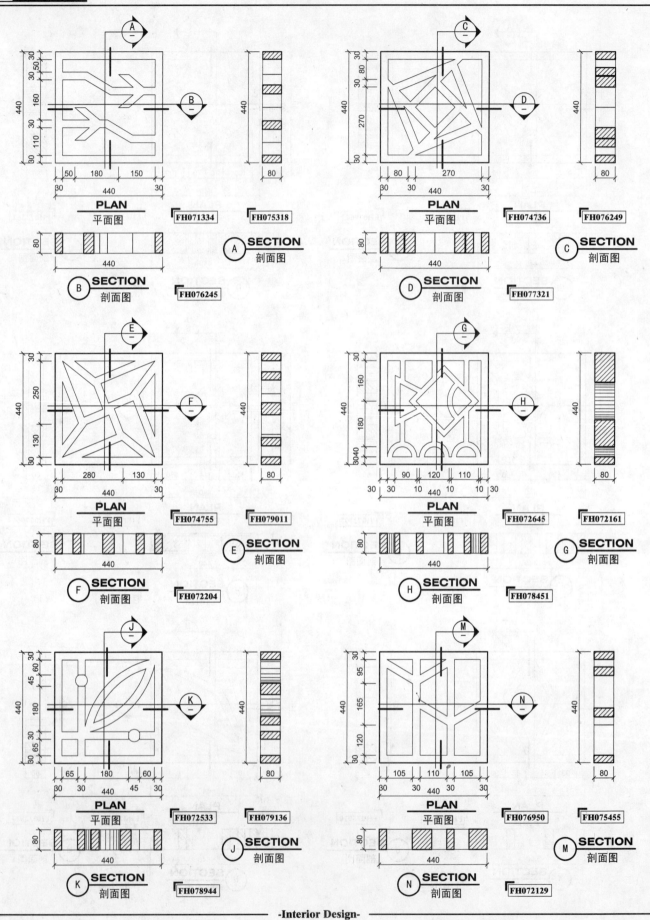

漏花纹饰·详图　EXAMPLE　实例

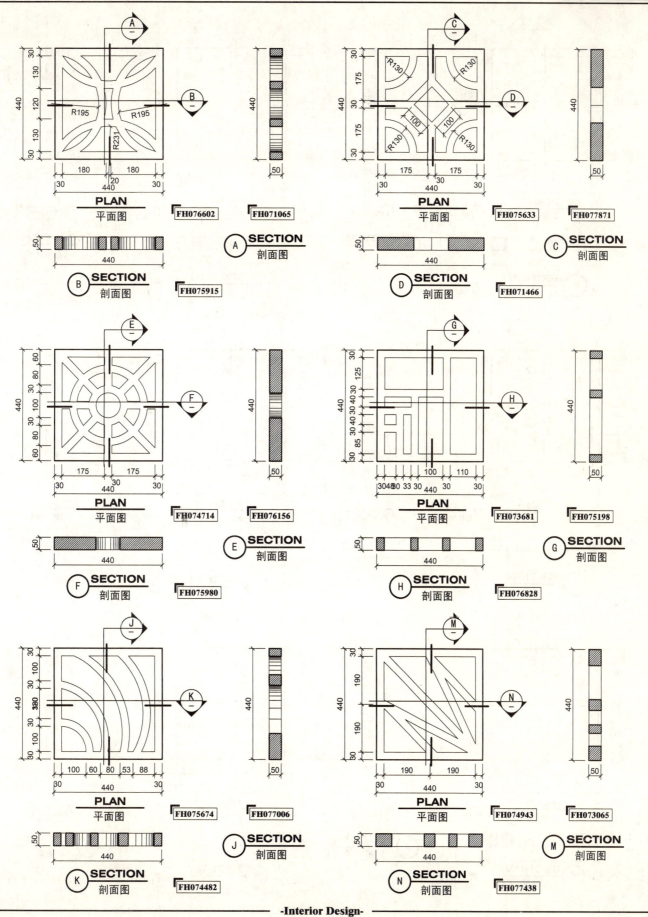

实例 EXAMPLE 漏花纹饰·图块

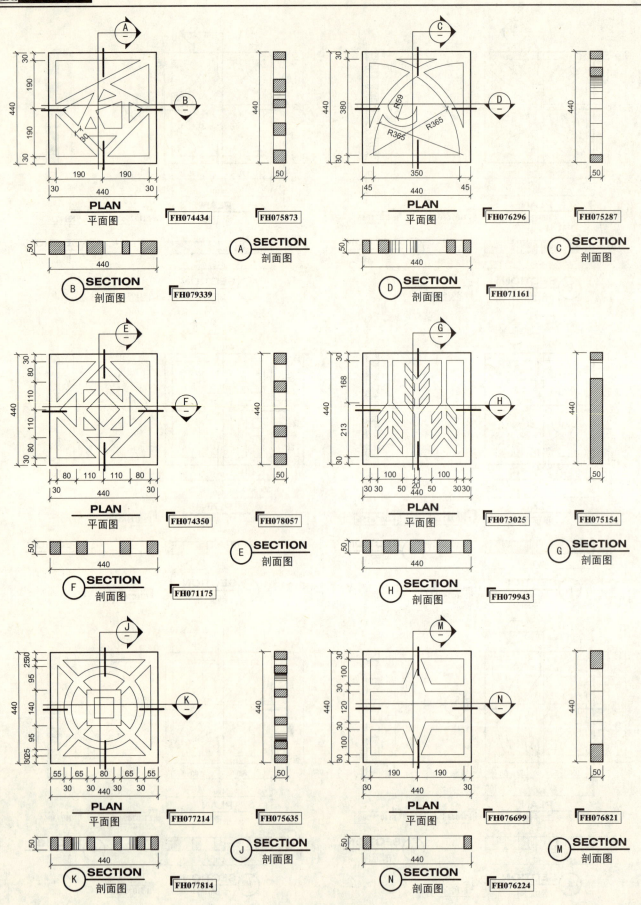

"方案王3.0"软件使用说明

1. "峰和图库方案王" V3.0功能使用介绍

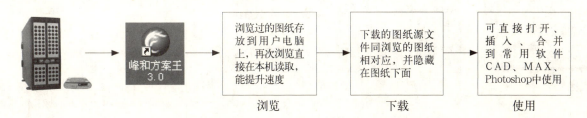

1.1 用户安装方案王V3.0后，初次进入主界面，如图1-1所示：显示出方案王所包含七大类内容，根据自己需要点击相应的分类，展开更详细的内容分类，在右侧同步显示出所点击分类的缩略图，以便更直观查找所需内容，选定缩略图后，双击该图，即变为单幅大图显示，同时可以通过点击左侧的功能键，如图1-2所示，调节显示效果。

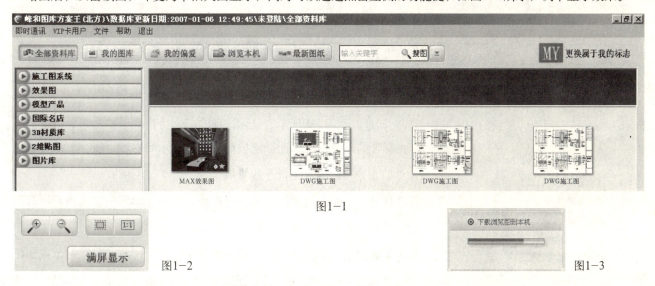

图1-1

图1-2   图1-3

1.2 凡用户没有浏览过的图纸及"中央数据库"添加的最新图纸，点击查看时均出现此进度条，如图1-3所示，用户浏览过后，再次浏览时就不会再出现进度条，方案王的浏览速度会随着浏览内容的增多而加快，这是方案王区别于网站浏览模式的亮点之一。

1.3 在浏览图纸内容时，图纸及其关联图纸是缩略图形式，在右侧显示如图1-4所示，用户可以按需下载。

图1-4

1.4 选定施工图、效果图及模型缩略图后，点击右键，出现对话框如图1-5所示，选择"源文件下载"，出现对话框如图1-6，点击"确定"开始下载，下载的是ZIP文件，软件程序会把所下载的施工图、效果图及模型的ZIP文件同时存储到本机默认的路径上，在此过程自动解压，此时源文件已经隐藏到图纸下面，点击右键出现对话框如图1-7所示，此时选择打开、插入、合并操作时，方案王会自动把源文件运行到你正在使用的绘图软件中，无需再进行手工操作。

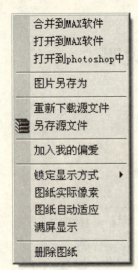

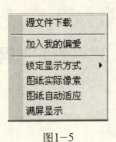

图1-5

图1-7　　　　　　　　图1-6

1.5 下载过的图纸浏览时，缩略图的右下角会有蓝色圆点标记，界面下部路径导航条上会显示源文件默认的存储路径，如图1-8所示，用户也可以双击导航条或者在图纸上点击右键，另外存储到方案王软件之外的地方，但另存的是ZIP压缩文件，需要解压后使用。

图1-8

1.6 点击方案王界面上的"我的图库"，弹开对话框，如图1-9所示，显示该项的三个功能：

图1-9

(1) 带★符号的免费图纸。选择此项后，左侧显示的内容中所有图纸均是免费文件，用户可以随意免费下载使用。

(2) 带⊙符号的即插即用图纸。选择此项后，左侧显示的内容是用户所有下载过的文件，可以随时即插即用，方便快捷。

(3) 加入其他图纸。利用此项，可以扩充个人图纸资源，即可以对个人图纸进行分类保存、统一管理，又方便同客户沟通业务及展示个人作品，同样支持打开、插入、合并到绘图软件中的功能。

1.7 点击方案王界面上的"我的偏爱"，弹开对话框，如图1-10所示，显示出两个功能，用户可以根据个人的操作习惯选择使用。该项最大优点是：用户在平时通过方案王浏览"峰和图库"网上内容和本机内容时，遇到自己喜欢的或经常会用到的图纸，在图纸上点击右键，选择"加入我的偏爱"，图纸即可成功加入，避免以后使用时再重复查找，节省时间，提高工作效率。

图1-10

1.8 点击方案王界面上的 浏览本机 ，本项功能可以和常用浏览工具软件相媲美，支持jpg、gif、bmp、tga、dwg、ico等图片格式的浏览。支持AUTOCAD、3DMAX、PHOTOSHOP软件的即插即用。

1.9 "峰和图库"每日添加最新图纸，点击方案王界面上的 ，可以查看到峰和图库最近5次添加的最新图纸，用户即能按次数查看，又可以按左侧内容分类查看。

1.10 方案王V3.0图纸搜索功能可快速对"全部资源库"进行搜索，输入需要查询的图纸内容，即可快速找到您所需要的内容分类，提高工作效率。

    例：在方案王界面上的 栏中，用户可键入关键字，如"客厅"，点击"搜图"，可搜索到方案王中与客厅有关联的所有内容。

1.11 利用方案王V3.0浏览缩略图时，每当点击打开方案王界面左侧分类时，缩略图上方蓝框内会显示该类文件相应的信息，图1-11所示，内容包括：

(1) 该类内容的总数量。

(2) 该类即插即用源文件总数量。

(3) 免费内容的总数量。

图1-11

1.12 方案王V3.0还为用户提供更换LOGO的功能，用户可以把方案王界面右上角的"峰和图库"的标志更换成自己的个性标志。

1.13 联网使用方案王V3.0客户端软件的用户，可以发现"即时通信"功能，峰和客户会主动向用户定期发布信息；用户也可通过"即时通信"直接与峰和客户人员进行交流互动，如图1-12所示。

图2-1

图1-12

2．"峰和图库"产品模式

2.1 "峰和图库"产品通过图书、网站、客户端软件三结合，为您最大化地扩充设计资源，方便您的设计工作并提升竞争力。为解决用户因图书版面不足造成的局限，用户除享用峰和图库提供的部分免费DWG和MAX源文件外，还可以利用随书赠送的价值60元的"峰和图库VIP下载卡"，如图2-1所示，通过网站或方案王V3.0来下载所急需的收费源文件。

图书静态资源   网站动态资源   即插即用客户端软件方案王V3.0

3. 如何安装"峰和图库方案王"V3.0

3.1 "峰和图库方案王"V3.0软件说明

适用群体：专业设计师、专业设计公司和装饰工程公司。

安装环境：windows Me/2000/Xp/2003

3.2 "峰和图库方案王"V3.0软件安装

(1) 将随书配套光盘插入光驱，点击"方案王V3.0"文件夹后，双击方案王"V3.0.exe"图标程序如图3-1所示，出现如图3-2所示安装界面。已安装方案王V3.0的用户，则无需安装。

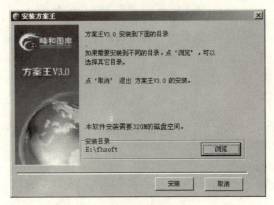
图3-2

方案王V3.0.exe
图3-1

图3-3

(2) 点击图3-2中的"安装"按钮，开始安装过程，如图3-3所示，由于光盘缩略图较多，可能需要几分钟，请耐心等待。

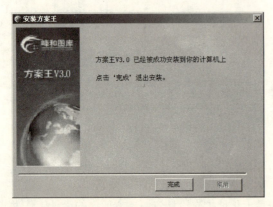
图3-4

图3-5

(3) 等待几分钟后，软件提示安装完成，如图3-4，点击"完成"即可。此时桌面上会出现如图3-5所示图标，表示安装已完成。

注：本书配套软件及图纸资源为2007年元月版本，之后软件版本及图纸资源会有升级和丰富，如果您的计算机能够连接互联网，软件会自动升级和更新图纸资源。更多详细信息咨询请关注以下联系方式：

网址：http://www.dwg-cool.com   电　话：010-82845014   传　真：010-82844944313